U0933652

镁离子电池研究进展

许 婧　谢宛珍　黄克靖　王进双　著

北 京
冶 金 工 业 出 版 社
2024

内 容 提 要

本书介绍了目前可充电镁离子电池正极材料、负极材料及电解液的类型、物理化学性质、制备方法及相应的电化学性能，着重介绍了当前国内外研究机构在上述三方面所取得的进展及未来的研究方向。

本书可供从事能源相关方向的科研工作者阅读参考，也可作为化学、材料化学等相关专业本科生和研究生的教学参考书。

图书在版编目(CIP)数据

镁离子电池研究进展/许婧等著. —北京：冶金工业出版社，2024. 11
ISBN 978-7-5024-9598-5

Ⅰ. ①镁…　Ⅱ. ①许…　Ⅲ. ①镁离子—电池—研究　Ⅳ. ①TM912

中国国家版本馆 CIP 数据核字（2023）第 153941 号

镁离子电池研究进展

出版发行　冶金工业出版社　　**电　　话**　(010)64027926
地　　址　北京市东城区嵩祝院北巷 39 号　　**邮　　编**　100009
网　　址　www. mip1953. com　　**电子信箱**　service@ mip1953. com

责任编辑　武灵瑶　张熙莹　美术编辑　彭子赫　版式设计　郑小利
责任校对　梁江凤　责任印制　窦　唯
三河市双峰印刷装订有限公司印刷
2024 年 11 月第 1 版，2024 年 11 月第 1 次印刷
710mm × 1000mm　1/16；10. 5 印张；204 千字；160 页
定价 80. 00 元

投稿电话　(010)64027932　投稿信箱　tougao@ cnmip. com. cn
营销中心电话　(010)64044283
冶金工业出版社天猫旗舰店　yjgycbs. tmall. com
（本书如有印装质量问题，本社营销中心负责退换）

前　言

随着社会经济的发展、能源危机的加剧及环境污染的日益加重，人们对绿色能源的开发和生态环境的保护越来越关注。铅酸电池、镍镉电池、镍氢电池和锂离子电池广泛应用于日常生活中。其中，铅酸电池和镍铬电池含有有害元素铅、镉，在电池运行过程中产生的废气和液体严重污染环境。镍氢电池环保、质量轻、使用寿命长，但价格昂贵。目前，锂离子电池以其能量密度高、循环寿命长等优势在手机、电脑等小器件设备中得到广泛应用。然而，金属锂在地壳中的含量低、分布不均匀，并且在充放电过程中极易产生枝晶从而引发一系列安全问题，这些因素严重制约了锂离子电池在大型储能系统中的应用。发展资源丰富、价格低廉、安全可靠的新型电池体系是当今时代发展的需要。

与锂相比，金属镁具有高体积能量密度、离子脱嵌过程无枝晶产生（安全性高）、资源储量丰富（成本低）等优点。此外，镁离子电池的储能机制和锂离子电池相似，都是以碱金属离子在正负极之间的“摇椅式”可逆反应为基础。但是，镁离子极性高，导致其在正极材料中有着可逆脱嵌过程受阻、扩散速率缓慢，以及循环充放电过程中材料结构崩塌等问题。此外低易燃性、低成本、高导电性、电解液的开发也面临巨大挑战。金属镁耐蚀性不佳和明显的负差效应导致镁负极实际电流效率降低。另外，覆盖在电极表面的钝化膜也会阻碍离子和电子传输引发电池滞后效应。以上因素严重制约了镁离子电池的商业化进程。因此，如何设计、制备既有高能量密度又能够长时间支撑镁离子可逆脱嵌的正极电极材料，开发新型电解液，提高镁负极电压稳定性和循环效率是解决可充电镁电池发展瓶颈的关键。

本书主要介绍了目前可充电镁离子电池正极材料、负极材料及电解液的类型、物理化学性质、制备方法及相应的电化学性能，着重介绍了当前国内外研究机构在上述三方面所取得的研究进展及未来的研究方向。本书为作者在对国内外大量文献的研究、总结基础上结合自己在该领域的相关科研工作编写而成的，期望对相关科研工作者的研究提供一定的借鉴。

信阳学院高永平副教授、帅洪磊博士参与了本书部分章节的撰写，学生陈沛龙、刘吟冰、李昱瑾参与了本书的校对工作。本书的研究工作及出版得到了国家自然科学基金项目（22074130）、中原千人计划科技创新领军人才项目（204200510030）、广西高校应用分析化学重点实验室、信阳师范大学校级规划教材建设项目、信阳师范大学青年南湖学者计划项目及河南省豫南非金属矿资源高效利用重点大学实验室、信阳市功能纳米材料生物分析重点实验室、信阳市低碳能源材料实验室的资助，在此致以衷心的感谢。

由于作者水平有限，不足之处敬请广大读者批评指正。

作　者
2023 年 7 月

目　录

1 绪　　论

1.1 概　　述

能源是人类各项生产、生活活动的物质基础，目前世界能源消费对较低甚至零排放能源的需求越来越高，可持续能源的发展成为了解决能源危机和环境污染之间矛盾的核心。然而新能源的广泛应用却面临着诸多挑战，其中最大的阻碍之一便是能量的储存问题，传统的储能系统因各自的弊端已经不能满足可再生能源对储能技术的需求。在这样的背景下，新型储能系统逐步登上世界舞台[1-5]。化学电源多采用活泼金属作为负极材料为电流的产生输送电子。在放电过程中，负极发生氧化反应失去电子以金属离子的形式存在于电解液中。与此同时，电子通过外电路的传输产生能源供应所需的电流。金属负极材料决定化学电源的性质，特别是在电池的电压、能量密度和容量保持率方面起着至关重要的作用。与铝和锌相比，镁负极材料的应用前景更为广泛。金属镁的电极电势低，即镁负极在理论上具有较高的放电活性，可以为电流的产生输送更多的电子。镁的放电比容量高（2202mA · h/g），虽然比锂（3862mA · h/g）、铝（2980mA · h/g）低，但远远大于锌的理论比容量（820mA · h/g），即在相同的质量单元内镁负极可以为电流的产生输送更多电子[6-10]。金属镁的密度（1. 74g/cm^3）比铝（2. 70g/cm^3）和锌（7. 14g/cm^3）都要低，这一特性可以降低镁电池体系的质量，提高电池的输出能量密度[11-13]。基于以上优势，金属镁可用作不同类型化学电源的负极材料，如镁 - 空气电池、镁海水激活电池、镁干电池、镁可充电电池等[14-16]。

1.2 镁电池简介

1.2.1 镁 - 空气电池

作为一种特殊的燃料电池，空气电池具有高的能量密度和稳定的输出电压[17-19]。镁 - 空气电池通常采用金属镁作为负极，空气扩散电极作为正极[20]，含有侵蚀性离子的中性溶液（比如 NaCl）为电解液。镁 - 空气电池的结构如图 1-1 所示。在放电过程中镁负极失去电子发生氧化反应，空气中的氧气在正极得到电子发生还原反应生成 OH^-。正极反应物是十分充足的，只要有空气存在电化学进程就可以一直进行。在镁－空气电池体系中镁是唯一的活性电极材料，因此它的输出能量密度主要由镁负极控制。镁－空气电池的放电性能与外界环境有紧密关系，电池可工作温度范围很窄。镁－空气电池的电流产生及负极反应如下：

$$Mg \longrightarrow Mg^{2+} + 2e \tag{1-1}$$

$$HPO_4^{2-} + H_2O \longrightarrow H_2PO_4^- + OH^- \tag{1-2}$$

$$H_2PO_4^- + H_2O \longrightarrow H_3PO_4 + OH^- \tag{1-3}$$

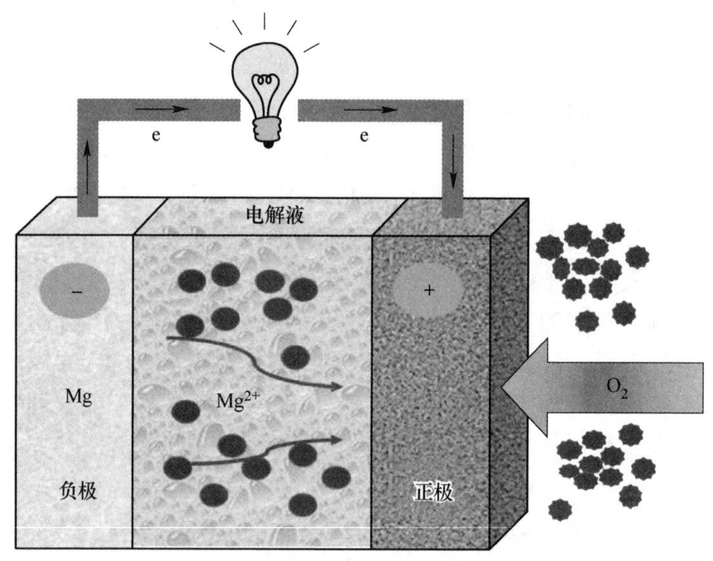

图 1-1　镁－空气电池示意图

金属镁在碱性电解液中（pH >11）会生成 $Mg(OH)_2$ 腐蚀产物，不利于电池放电；当 pH <6 时，金属负极会逐渐溶解并以镁离子的形式存在电解液中。因此，在实际应用中，镁－空气电池一般采用中性电解液体系。镁－空气电池的理论工作电压为 3.1V，但是它的实际输出电压只有 1.6V。这一现象与 $Mg(OH)_2$ 的形成有关，钝化膜的出现不但会减小镁电极的有效反应面积而且会降低电极的导电性。解决上述问题的一个简单的方法是采用合适的镁合金代替金属镁作为电池的负极[21]。选择合适的电解液体系对提高镁－空气电池的放电性能也是至关重要的。

Khoo 等人[22]研究了一种磷氯离子液体电解液体系，实验发现镁电极在这一新型电解液中会形成非晶胶状膜。该膜层的存在一方面保证电池在开路电位下处于钝化状态，另一方面由于其良好的导电特性可以使镁电极长期保持放电稳定性。需要特别指明的是，这一非晶胶状膜在开路电位下还可进行自修复，为金属基底提供长时间的保护。

镁合金在保持金属镁优良特性的同时增大其耐蚀性，被广泛用作镁－空气电池负极材料[23]。镁负极的固有缺陷是限制镁－空气电池发展的主要因素。除了较差的耐蚀性，钝化膜的形成会减小电极与电解液的接触面积及降低材料的导电性，致使镁－空气电池工作电压减小甚至造成电池放电过程的终止。采用不同种类的镁合金是改善电池电化学性能的一个有效方法。向镁合金中添加 Li 和 Ce 可以提高负极的放电活性，这是因为该合金表面形成的放电产物很疏松，在放电过程中容易脱落。Ga 和 Hg 的引入会促进放电产物的脱落使 Mg-Hg-Ga 合金具有优异的放电特性。

点火温度是镁负极材料结构性能的一个考察指标。Ca 的加入会明显改变镁合金的点火温度，改善电池的电化学特性[24-25]。有报道中采用含有 Ca 元素的镁合金作为镁电池负极材料[26]，Ca 的加入明显地缩短了电池的激活时间和提高了电池的输出电压，但是目前对 Ca 元素影响电池放电特性的相关机理还不是很明确。以 AMX602 镁合金作为镁－空气电池负极材料与不含 Ca 的镁合金相比，耐蚀性和放电活性均得到改善，主要原因是 AMX602 镁合金的放电产物很薄很致密，可以为基底提供有效的保护，电极表面的放电产物被 Al_2Ca 粒子隔开使电极表面出现很多微小裂纹，增大了电极与电解液的接触面积，有利于放电过程的进行。

催化剂也是制约镁－空气电池电化学特性的关键因素[27]。寻找可在中性条件下促进氧还原反应（ORR）的催化剂是非常有必要的。氧气的还原过程与水溶液中的 OH^- 有着密切的联系，与酸性和碱性条件下的 ORR 相比，中性条件下的催化反应比较迟钝[28]。贵金属材料，比如 Pt、Pd、Ir 对镁－空气电池具有极高的催化活性[29-30]，但同时也会增加镁－空气电池的成本。目前的研究热点是寻找低成本催化剂代替贵金属，钙钛矿结构的氧化物比如 $LaMnO_3$、$CaMnO_3$、$La_{1-x}Sr_xMnO_3$、$Sr_{0.95}Ce_{0.05}CoO_{3-y}$ 及 $LaSr_3Fe_3O_{10}$ 在近几年来逐渐引起了大量的关注[31-33]。目前镁－空气电池正极催化剂的相关研究[34-35]都是以 0.1mol/L KOH 为测试电解液，有关中性电解液催化剂的研究不多。$SmMn_2O_5$ 化合物由于极高的催化活性与持久的催化性能受到了广泛关注。研究表明[36]合成了纯相、混合相多铝红柱石样本，多相样品在 1mol/L NaCl 电解液中具有优异的催化活性和稳定性，它的催化性能比钙钛矿催化剂还要高。总的来说，$SmMn_2O_5$ 催化剂是一种非常有应用前景的镁－空气电池催化剂。

1.2.2 镁海水激活电池

海水激活电池是在 20 世纪 40 年代发展起来的一种满足军事应用需求的化学电源[37]。该电池体系由两大部分组成：激活金属负极（如 Mg）和金属氯化物正极（如 AgCl、$CuCl_2$、CuI_2、$PbCl_2$）。海水激活电池的构造和储存均是在干燥的环境中，可有效避免镁金属基底的腐蚀，因此该化学电源具有长储存寿命。图 1-2 所示为海水激活电池的构造。一旦有海水注入体系中电池就被激活，镁负极失去电子发生氧化反应，正极金属氯化物接收到循环电路中的电子后发生还原反应。海水激活电池在短期、高能海底设备中具有非常广泛的应用，如探测设备、电动鱼雷、海洋浮标、海上救援设备和声呐浮标等[19,38-39]。

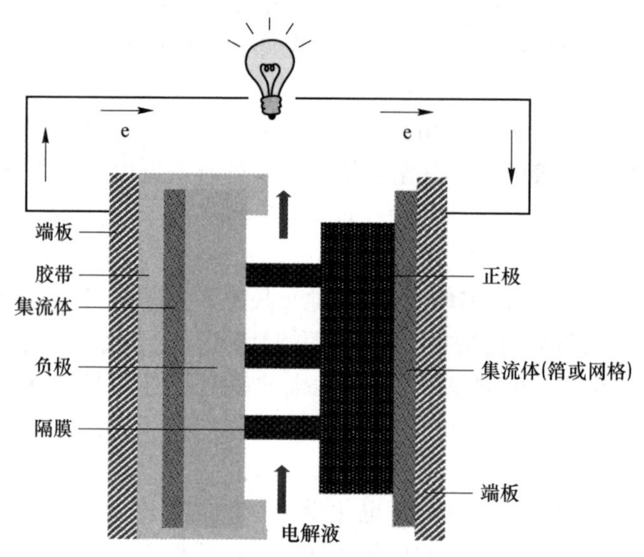

图 1-2 海水激活电池基本单元

镁海水激活电池有以下几种：Mg/AgCl、Mg/CuCl、Mg/CuI_2、Mg/PbCl。Mg/AgCl 电池最早是由贝尔实验室研发的电鱼雷电源。这一电池体系的设计促进了其他适用于海底设备的小型高能量密度化学电源的发展。Mg/AgCl 电池的反应化学方程式如下：

负极：
$$Mg \longrightarrow Mg^{2+} + 2e \tag{1-4}$$
正极：
$$AgCl + e \longrightarrow Ag + Cl^- \tag{1-5}$$
总反应：
$$Mg + 2AgCl \longrightarrow MgCl_2 + 2Ag \tag{1-6}$$

在大电流密度下，Mg/AgCl 电池依然具有高能量密度（88W · h/kg）。该电池体系适用温度范围宽，储存时间久（干燥环境可储存 5 年）。不足的是 AgCl 的使用造成该体系电池的成本偏高而不利于大规模推广。

Mg/CuCl 电池最早被苏联研发出来并在 1949 年达到商业化。与 AgCl 相比，CuCl 的造价相对便宜，因此 Mg/CuCl 电池的成本很低。但是，与 Mg/AgCl 电池相比，Mg/CuCl 电池的电流密度和放电容量都比较低。除此之外，Mg/CuCl 电池不能在高湿度下储存，在使用的时候必须加入 $SnCl_2$ 或者氩气以避免 CuCl 正极的氧化。Mg/CuCl 激活电池多用于空用雷达，该体系的化学反应方程式如下：

负极：
$$Mg \longrightarrow Mg^{2+} + 2e \tag{1-7}$$

正极：
$$CuCl + e \longrightarrow Cu + Cl^{-} \tag{1-8}$$

总反应：
$$Mg + 2CuCl \longrightarrow MgCl_2 + 2Cu \tag{1-9}$$

镁负极自腐蚀是海水激活电池体系的副反应，该反应的发生导致放电过程中氢气的释放和内部温度的升高。反应方程式如下：

$$Mg + 2H_2O \longrightarrow Mg(OH)_2 + H_2 \tag{1-10}$$

自放电反应的发生致使电极材料不能完全用于产生电流，降低镁负极的电流效率和放电比容量。另外，在自放电过程中氢气的产生造成电极表面放电产物的局部脱落，增大电极表面与电解液的接触有利于放电过程的顺利进行。除此之外，自放电过程中热量的释放会提高海水激活电池的反应活性，保证电池在低温环境中也有很好的放电性能。

1.2.3 溶解氧海水电池

溶解氧海水电池采用镁作为负极，碳纤维或石墨等惰性材料作为正极，海水为电解液[40]。海水中的溶解氧在正极得到电子发生还原反应，镁负极失去电子发生氧化反应。该电池体系中电流的产生及相应的电化学反应如下：

负极：
$$Mg \longrightarrow Mg^{2+} + 2e \tag{1-11}$$

正极：
$$O_2 + 2H_2O + 4e \longrightarrow 4OH^{-} \tag{1-12}$$

总反应：
$$2Mg + O_2 + 2H_2O \longrightarrow 2Mg(OH)_2 \tag{1-13}$$

溶解氧海水电池中的镁负极会发生严重的自放电反应，即使最大限度地减小电极反应面积来降低副反应速率也不能在温海水层进行。溶解氧海水电池的正常输出电压在 1V 左右。氧气在海水中的溶解度较低，还原反应受限导致正极电流变小。基于上述原因，溶解氧海水电池不能向外界提供高能量密度，该化学电源不能满足高能海下设备的需求。通过改进电池装置增加海水流动的速度可弥补这个缺陷，但是溶解氧海水电池体系还是只能用于长时间、低功率的海底设备。

Hasvold 等人[20]采用溶解氧海水电池作为潜水器电源，在 130W 负载功率下的运行时间长达 504h。在电池的构造中，镁条负极与碳氟正极平行放置，海水充当电解液从单个电池的一端进去再从另一端出来进入下一个单元。在放电过程中腐蚀产物不断累积，以及电解液流动过程中溶解氧浓度降低导致电池放电性能的衰退。这一现象随电解液流动路径的延长而加剧，随海水流动速率的增加而减小。电池的输出电压随海水流动速度的增加会显著提高，但过高的流速会造成水动力损耗，降低电池的输出能量密度。海水的流速也有最低值的限制，若流速太低放电产物会在海水中堆积致使电池放电性能的丧失。基于上述考虑，选择合适的海水流动速度以兼顾溶解氧海水电池的输出电压和能量密度是非常重要的。

1.2.4 过氧化氢半燃料电池

过氧化氢半燃料电池采用金属镁作为负极，H_2O_2 作为正极活性材料[41]。该电池体系采用海水作为负极电解液，NaCl、H_2SO_4、H_2O_2 混合溶液作为正极电解液。电池的负极和正极用导电薄膜分开。在放电过程中，镁负极失去电子发生氧化反应，H_2O_2 正极接受电子发生还原反应。理论上来讲，Mg/H_2O_2 半燃料电池在中性电解液中的输出电压高达3.25V，比镁溶解氧海水电池和镁-空气电池的输出电压都要高[42]，这是由于 H_2O_2 正极材料的氧化活性比 O_2 更高。Mg/H_2O_2 半燃料电池在中性电解液中的反应如下：

负极：
$$Mg \longrightarrow Mg^{2+} + 2e \tag{1-14}$$
正极：
$$HO_2^- + H_2O + 2e \longrightarrow 3OH^- \tag{1-15}$$
总反应：
$$Mg + HO_2^- + H_2O \longrightarrow Mg(OH)_2 + OH^- \tag{1-16}$$

此外，该体系在中性电解液中会发生以下几种副反应：

过氧化氢自分解：
$$2H_2O_2 \longrightarrow 2H_2O + O_2 \tag{1-17}$$
镁负极自放电：
$$Mg + 2H_2O \longrightarrow Mg(OH)_2 + H_2 \tag{1-18}$$
沉积反应：
$$Mg^{2+} + 2OH^- \longrightarrow Mg(OH)_2 \tag{1-19}$$
$$Mg^{2+} + CO_3^{2-} \longrightarrow MgCO_3 \tag{1-20}$$

副反应的存在促进过氧化氢的自分解，同时也导致 $MgCO_3$ 和 $Mg(OH)_2$ 在电池体系中的堆积，降低电池的实际工作电压和电流效率。添加硫酸可以溶解正极沉淀，增大电极的活性反应区域和提高整个电池的输出电压。在酸性电解液中，Mg/H_2O_2 半燃料电池的电压可以达到4.14V，以下是相关的电化学反应方程式：

负极：
$$Mg \longrightarrow Mg^{2+} + 2e \tag{1-21}$$
正极：
$$H_2O_2 + 2H^+ + 2e \longrightarrow 2H_2O \tag{1-22}$$
总反应：
$$Mg + H_2O_2 + 2H^+ \longrightarrow Mg^{2+} + 2H_2O \tag{1-23}$$

Mg/H_2O_2 半燃料电池多用在低倍率、长时间运行的海底车辆上。Medeiros 等人[43]探究了影响 Mg/H_2O_2 半燃料电池放电性能的相关因素。实验结果表明，电池的性能与以下几点有关：电解液的流动速度、过氧化氢浓度、电池运行电流密度、体系温度。同时，该课题组还研究了不同正极材料对 Mg/H_2O_2 半燃料电池放电性能的影响。实验结果表明，在 $25mA/cm^2$ 电流密度下电池的输出电压为1.3V，当采用含有催化活性的钯和铱的镍箔，电池的输出电压增大至1.5V。

1.2.5 镁干电池

干电池是指一次使用后不能通过充电方式回到初始状态的一类化学电源。传统镁干电池采用镁或镁合金作为负极材料，MnO_2 作为电池正极，$Mg(ClO_4)_2$ 为电解液[43]。镁干电池的结构如图 1-3 所示。电池整体是圆柱形，导电碳棒位于圆柱体的中心位置，底部与四周的集流体会缩短电池的传输路径。镁负极四周被正极材料包围最大限度地增大电极间的反应面积。在放电过程中，镁负极发生氧化反应为外电路输送电子，MnO_2 正极收到循环电路中传输过来的电子发生还原反应，从而建立起整个电池体系的氧化还原反应。镁－锰干电池体系的反应方程式如下：

负极：
$$Mg + 2OH^- \longrightarrow Mg(OH)_2 + 2e \qquad (1\text{-}24)$$

正极：
$$2MnO_2 + H_2O + 2e \longrightarrow Mn_2O_3 + 2OH^- \qquad (1\text{-}25)$$

总反应：
$$Mg + 2MnO_2 + H_2O \longrightarrow Mn_2O_3 + Mg(OH)_2 \qquad (1\text{-}26)$$

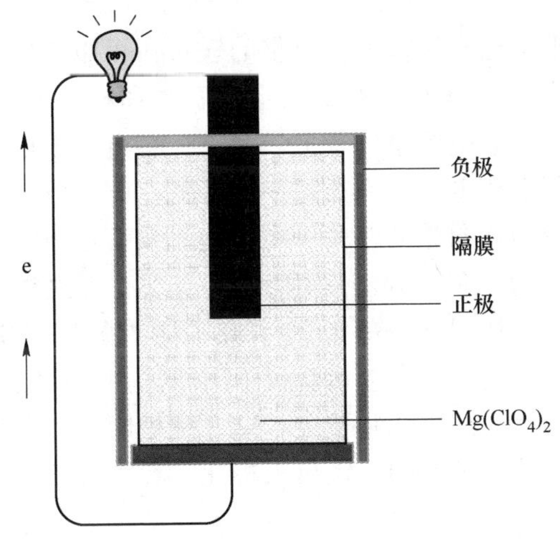

图 1-3 镁－锰干电池示意图

镁－锰干电池的理论输出电压可以达到 2.8V，但是在实际应用中钝化膜层（$Mg(OH)_2$、MgO）的存在会减小电极的有效反应面积，使电池的工作电压降低为 1.9～2.0V。钝化膜的存在一方面可以降低镁负极在含水电解液中的腐蚀速率，抑制电池在储存期间的自放电；另一方面，该膜层的存在会使电池在初始放电阶段引发严重的滞后效应。镁电极表面钝化膜层不稳定并且在放电过程很容易被施加的电流破坏，破坏后的钝化膜很难通过自修复反应回到初始状态，因此在间歇放电过程中，电池会发生严重的自放电反应降低电流效率。在电解液中添加腐蚀抑制剂（如 $BaCrO_4$ 或 Li_2CrO_4）是抑制电池自放电反应、提高负极效率的一种有效的方式。镁－锰干电池的平均工作电压为 1.6～1.8V，比商业化锌－锰电池的电压要高，它的适用温度范围很宽，甚至可以在 －20℃下运行。

镁－锰干电池有很大的应用前景，但至今仍未取代传统的锌－锰干电池实现商业化。限制其发展的两大瓶颈分别是耐蚀性和滞后特性。它们的存在与镁电极表面钝化膜特性直接相关[44]。镁是一种很活泼的金属，在含水电解液中很容易发生腐蚀反应生成钝化膜阻碍电极与电解液的接触。因此在实际放电过程中镁负极的电极电位先正向移动达到最大值然后缓慢地恢复到正常放电电位，即上述提到的滞后现象。

氢氧化镁钝化膜的形成与金属镁的溶解、沉积反应有关[45]。金属镁在含水电解液中溶解形成 Mg^{2+}，当溶液中 Mg^{2+} 浓度高于其溶解度就会在电极表面形成 $Mg(OH)_2$ 钝化膜，该过程所对应的化学反应如下：

镁的溶解：
$$Mg \longrightarrow Mg^{2+} + 2e \quad (1\text{-}27)$$

氢氧化镁的沉积：
$$Mg^{2+} + 2H_2O \longrightarrow Mg(OH)_2 + 2H^+ \quad (1\text{-}28)$$

镁具有较高的理论比容量，单位质量的镁负极可以为电流的产生输送大量的电子。镁电极在含水电解液中极易发生自腐蚀和析氢副反应[46]，造成电极利用率下降和电池实际放电容量的降低。此外，在电池放电过程中金属颗粒会从电极表面直接脱落造成电极效率的进一步降低。电解液体系中杂质的存在会造成镁负极放电电位的正向移动[47-48]，导致电池实际输出电压下降。镁电极的自放电特性与它固有的“负差效应（NDE）”有关，即电极的析氢量随放电电流密度的增大而显著增加。Song 等人[49]研究了纯镁在 1mol/L NaCl 电解液中的电化学和腐蚀行为，提出了一个能解释镁 NDE 行为的模型。在 1mol/L NaCl 电解液中，镁电极表面被局部钝化膜覆盖，这一疏松膜层在负极极化过程中不能为金属基底提供有效的保护作用。镁负极极化过程中的溶解反应通常包含两个步骤：

$$Mg \longrightarrow Mg^{+} + e \quad (1\text{-}29)$$

$$2Mg^{+} + 2H^{+} \longrightarrow 2Mg^{2+} + H_2 \quad (1\text{-}30)$$

镁电极溶解过程中会发生副反应形成 MgH_2，这一现象也会导致电流效率的下降。具体反应如下：

$$Mg + 2H^{+} + 2e \longrightarrow MgH_2 \quad (1\text{-}31)$$

MgH_2 不稳定极易发生分解反应：

$$MgH_2 + 2H_2O \longrightarrow Mg^{2+} + 2OH^{-} + 2H_2 \quad (1\text{-}32)$$

在负极极化过程中金属粒子会局部脱落，脱落的粒子发生溶解反应，加剧析氢反应，同时也造成镁电极电流效率的损失。

1.2.6 镁可充电电池

与锂（约 2046mA · h/cm^3）相比，金属镁具有更高的体积能量密度（约

3833mA·h/cm³)、更低成本、更高安全性等优点。近10年，镁离子电池是备受关注的新型可充电电池。在过去的20年中，锂离子电池受到广泛关注和研究。锂离子电池虽然避开了传统的储能系统的诸多弊端，但是目前最先进的锂离子电池仍然存在诸多问题，如由于锂过分活泼，将锂离子电池进行大电流充放电时极易在负极形成枝晶，可能引发电池爆炸，存在安全隐患，还有其他诸如容量较低、充电时间长、使用寿命短等问题[50-53]。

近年来，为了缓解与可再生能源系统的预期增长相关的能量储存需求，锂离子系统以外的可充电电池的发展引起了广泛关注，研究者们开始开发能够实现多价运输离子的电池。例如镁离子电池，在元素周期表中镁与锂的位置为对角关系，因此两者有许多化学性质相似。与锂对比，镁及镁的化合物几乎都无毒或低毒，更环保；镁的体积比容量几乎为锂的两倍，然而价格却更便宜，几乎只有锂价格的1/24；我国镁资源储量居世界之首，具有研制镁电池的物质基础；镁比锂稳定，更易加工处理，操作中更安全[54-58]。由此可见，镁离子电池具有成为理想储能系统的潜力。

二次电池是在经历多次充放电后仍可回到最初状态的一类化学电源，多采用金属镁作为电池负极材料，过渡金属硫化物、氧化物、有机化合物作为正极材料，有机非质子溶剂作为电解液，如图1-4所示。镁离子电池的研究是一个不断发展的领域，迄今为止仍存在很多问题制约其商业化进程，包括容量低、操作温度低、电流效率低等[21]。发展可充电电池体系的一个关键点是建立可逆氧化还原反应，即实现金属离子的可逆脱嵌[22]。镁在含水体系中发生氧化反应或在有机溶液中与质子溶剂结合均会形成钝化膜，阻碍镁离子的可逆沉积、溶解进程，降低电池的放电比容量和循环稳定性。

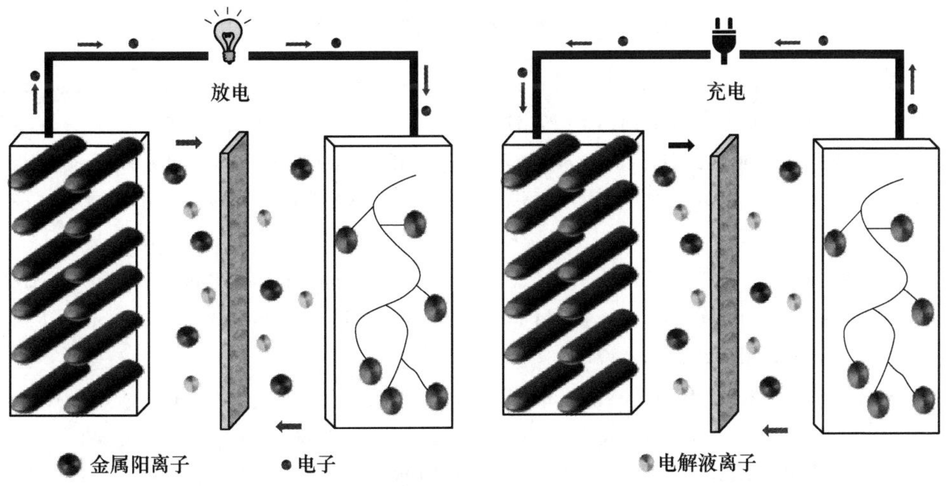

图1-4 镁离子电池示意图

1990 年，Gregory 等人首次成功组装镁二次电池：Mg | 0.25mol/L $Mg(BBu_2RPh_2)_2THF/DMF$ | Co_3O_4。该电池使金属镁的电化学可逆溶解和沉积得以实现，Mg^{2+} 在正极进行脱嵌，有明显的充/放电行为，但是同时该电池也存在开路电位较低和具有极强的极化性两大缺陷[59]。2000 年 Aurbach 等人[54] 在 *Nature* 上发表在此基础上取得的重大突破：关于成功组装镁二次电池 Mg | 0.25mol/L $Mg(AlCl_2BuEt)_2/THF$ | $Mg_xMo_3S_4$。该电池的金属镁可逆溶解和沉积效率可达到 100%，理论放电比容量达到 135W · h/kg，且其具有优异的循环稳定性，在电流密度为 0.1 ~ 1mA/cm^2 时，电池充放电循环 2000 次后，比容量仍能保持首次放电比容量的 85% 以上[7]。通过构建人工导电膜的方法在金属 Mg 表面构建了 Mg^{2+} 导电层，由此来阻止电解质的还原。借助这种方法，研究者使用含水的碳酸酯电解质构建了以 Mg/V_2O_5 为主要正负极材料的全电池，结果显示电池的循环寿命得到显著的提高。与锂离子电池相比，在小尺度能量应用领域，镁离子电池不占优势，但其具有高能量密度及绿色环保的特点，使其能与承载大负荷能量应用的铅酸电池类竞争，有望成为绿色蓄电池的未来之星。

然而，与锂离子电池的快速发展相反，镁可充电系统的发展在过去几十年中没有取得重大进展，这主要存在两方面的原因：（1）还未找到一种能够可逆地从镁负极释放 Mg^{2+} 的合适的电解液，不同于锂负极金属上由极性非质子电解液形成的锂离子的导电表面膜，镁金属上的表面膜会阻止 Mg^{2+} 自由地进出；（2）另一个挑战来自镁可充电电池的正极材料，正极材料在适当的输出功率下需要有较高的可逆容量和足够的操作电压。但由于 Mg^{2+} 的化合价较高，因此 Mg^{2+} 在无机材料中的固态扩散动力学很慢，导致正极材料只有较低的可逆容量和较低的功率输出[60-61]。

参考文献

[1] RAN A, SALAMA M, HIRSCH B, et al. Anode-electrolyte interfaces in secondary magnesium batteries [J]. Joule, 2019, 3(1): 27-52.

[2] WANG F T, WANG Y H, XU J, et al. Boosting performance of self-powered biosensing device with high-energy enzyme biofuel cells and cruciform DNA [J]. Nano Energy, 2020, 68: 104310.

[3] WU X, ZHANG H H, ZHAI Z B, et al. Tellurium-impregnated P-doped porous carbon nanosheets as both cathode and anode for an ultrastable hybrid aqueous energy storage [J]. Mater. Chem. A., 2020, 8: 17185.

[4] XU J, WANG Y H, WEI Z N, et al. Significantly improving the performance of self-powered biosensor by effectively combining with high-energy enzyme biofuel cells, N-doped graphene, and ultrathin hollow carbon shell [J]. Sensor Actua B-Chem., 2021, 327: 1289.

[5] SHUAI H L, XU J, HUANG K J, et al. Progress in retrospect of electrolytes for secondary

magnesium batteries [J]. Coordination Chemistry Reviews, 2022, 422: 213478.

[6] TUERXUN F, YAMAMOTO K, HATTORI M, et al. Determining factor on the polarization behavior of magnesium deposition for magnesium battery anode [J]. ACS Appl. Mater. Interfaces, 2020, 12, 23: 25775-25785.

[7] HU X C, SHEN Z Z, WAN J, et al. Insight into interfacial processes and degradation mechanism in magnesium metal batteries [J]. Nano Energy, 2022, 78: 105338.

[8] CHENG X Y, ZHANG Z H, KONG Q Y, et al. Highly reversible cuprous mediated cathode chemistry for magnesium batteries [J]. Angewandte Chemie International Edition, 2020, 59 (28): 11477-11482.

[9] GAO Y P, XU J, HUANG K J, et al. An overview of current status and prospects of cathode materials based on transition metal sulfides for magnesium-ion batteries [J]. Cryst. Eng. Comm., 2021, 23: 7546-7564.

[10] GAO Y P, ZHAI Z B, DONG Y J, et al. 1T-VSe_2 nanoparticles cooperated with reduced graphene oxide as a superior cathode material for rechargeable Mg-ion batteries [J]. Appl. Surf. Sci., 2022, 592: 153141-153150.

[11] LIU F F, WANG T T, LIU X B, et al. Challenges and recent progress on key materials for rechargeable magnesium batteries [J]. Advanced Energy Materials, 2021, 11: 2000787.

[12] WANG N G, WANG R C, PENG C Q, et al. Corrosion behavior of Mg-Al-Pb and Mg-Al-Pb-Zn-Mn alloys in 3.5% NaCl solution [J]. T. Nonferr. Metal. Soc., 2010, 20(10): 1936-1943.

[13] TAN S S, XIONG F Y, WAMG J J, et al. Crystal regulation towards rechargeable magnesium battery cathode materials [J]. Materials Horizons, 2020, 7: 1971-1995.

[14] KIM H, JEONG G, KIM Y U, et al. Metallic anodes for next generation secondary batteries [J]. Chem. Soc. Rev., 2013, 42(23): 9011-9034.

[15] PEI C Y, XIONG F Y, YIN Y M, et al. Recent progress and challenges in the optimization of electrode materials for rechargeable magnesium batteries [J]. Small., 2021, 17: 2004108.

[16] SHI J Y, ZHANG J, GUO J C, et al. Interfaces in rechargeable magnesium batteries [J]. Nanoscale Horizons, 2020, 11: 810.

[17] PENG B, CHEN J. Functional materials with high-efficiency energy storage and conversion for batteries and fuel cells [J]. Coordin. Chem. Rev., 2009, 253(23/24): 2805-2813.

[18] XIONG H, YU K, YIN X, et al. Effects of microstructure on the electrochemical discharge behavior of Mg-6wt%Al-1wt%Sn alloy as anode for Mg-air primary battery [J]. Alloy. Compd., 2017, 708: 652-661.

[19] ZHANG T, TAO Z, CHEN J. Magnesium-air batteries: From principle to application [J]. Mater. Horiz., 2014, 1(2): 196-206.

[20] HASVOLD Ø, LIAN T, HAAKAAS E, et al. CLIPPER: a long-range, autonomous underwater Vehicle using magnesium fuel and oxygen from the sea [J]. Power Sources, 2004, 136(2): 232-239.

[21] HUANG G, ZHAO Y, WANG Y, et al. Performance of Mg-air battery based on AZ31 alloy

sheet with twins [J]. Mater. Lett., 2013, 113: 46-49.

[22] KHOO T, HOWLETT P C, TSAGDURIA M, et al. The potential for ionic liquid electrolytes to stabilise the magnesium interface for magnesium/air batteries [J]. Electrochimica Acta, 2011, 58: 583-588.

[23] MA Y, LI N, LI D, et al. Performance of Mg-14Li-1Al-0.1Ce as anode for Mg-air battery [J]. Power Sources, 2011, 194(4): 2346-2350.

[24] MANDAI T, SOMEKAWAB H. Metallurgical approach to enhance the electrochemical activity of magnesium anodes for magnesium rechargeable batteries [J]. Chem. Commun., 2020, 56: 12122.

[25] ARTURO T, JOSE L C, ELENA M. Enlisting potential cathode materials for rechargeable Ca batteries [J]. Chemistry of Materials, 2021, 33(7): 2488-2497.

[26] YUASA M, HUANG X, SUZUKI K, et al. Discharge properties of Mg-Al-Mn-Ca and Mg-Al-Mn alloys as anode materials for primary magnesium-air batteries [J]. Power Sources, 2015, 297: 449-456.

[27] HASSAN H K, FARKAS A, VARZI A, et al. Mixed metal-organic frameworks as efficient semi-solid electrolytes for magnesium-ion batteries [J]. Batteries Supercaps, 2022, 5: e202200260.

[28] LIU L L, LIU Y H, WANG C, et al. Li_2O_2 formation electrochemistry and its influence on oxygen reduction/evolution reaction kinetics in aprotic Li-O_2 batteries [J]. Small., 2022, 6: 2101280.

[29] WANG Y, XU J J, LI F, et al. Driving oxygen electrochemistry in lithium-oxygen battery by local surface plasmon resonance [J]. ACS Appl. Mater. Interfaces, 2021, 13(22): 26123-26133.

[30] BARATHRAM J, KUNAL K. O_2 electrochemistry on Pt: A unified multi-step model for oxygen reduction and oxide growth [J]. Electrochimica Acta, 2018, 273(20): 367-378.

[31] HAN X B, YE S. Structural design of Oxygen Reduction Redox Mediators (ORRMs) based on Anthraquinone(AQ) for the Li-O_2 battery [J]. ACS Catal., 2020, 10(17): 9790-9803.

[32] HAN X, ZHANG T, DU J, et al. Porous calcium-manganese oxide microspheres for electrocatalytic oxygen reduction with high activity [J]. Chem. Sci., 2013, 4(1): 368-376.

[33] TULLOCH J, DONNE S W. Activity of perovskite $La_{1-x}Sr_xMnO_3$ catalysts towards oxygen reduction in alkaline electrolytes [J]. Power Sources, 2009, 188(2): 359-366.

[34] DONG X Y, WANG J X, YANG J D, et al. $CuMnO_2$ nanoflakes as cathode catalyst for oxygen reduction reaction in magnesium-air battery [J]. Journal of the Electrochemical Society, 2021, 168: 100502.

[35] SUN H, XU K, LU G, et al. Graphene-supported silver nanoparticles for pH-neutral electrocatalytic oxygen reduction [J]. Browse Journals & Magazines, 2014, 13: 789-794.

[36] DESIMONI G, FAITA G, QUADRELLI P. Enantioselective catalytic reactions with N-acyliden penta-atomic aza-heterocycles. Heterocycles as masked bricks to build chiral scaffolds [J]. Chem. Rev., 2015, 115(18): 9922-9980.

[37] WANG N G, LIANG J W, LIU J J, et al. CoFe nanoparticles dispersed in Co/Fe-N-C support with meso- and macroporous structures as the high-performance catalyst boosting the oxygen reduction reaction for Al/Mg-air batteries [J]. Journal of Power Sources, 2022, 517: 230707.

[38] HAHN R, MAINERT J, GLAW F, et al. Sea water magnesium fuel cell power supply [J]. Power Sources, 2015, 288: 26-35.

[39] ZHAO X R, WANG L, CHEN X L, et al. Ultrafine $SmMn_2O_{5-\delta}$ electrocatalysts with modest oxygen deficiency for highly-efficient pH-neutral magnesium-air batteries [J]. Journal of Power Sources, 2019, 449: 227482.

[40] SAMMOURA F, LEE K B, LIN L. Water-activated disposable and long shelf life microbatteries [J]. Sensors Actuat A-Phys., 2004, 111(1): 79-86.

[41] SURESH K, KEERTI N, SAMPATH S. Effects of composition and nanostructuring of palladium selenide phases, Pd_4Se, Pd_7Se_4 and $Pd_{17}Se_{15}$, on ORR activity and their use in Mg-air batteries [J]. Journal of Materials Chemistry A, 2017, 5: 4660-4670.

[42] CAO D, WU L, WANG G, et al. Electrochemical oxidation behavior of Mg-Li-Al-Ce-Zn and Mg-Li-Al-Ce-Zn-Mn in sodium chloride solution [J]. Power Sources, 2008, 183(2): 799-804.

[43] MEDEIROS M G, BESSETTE R R, DESCHENES C M, et al. Optimization of the magnesium-solution phase catholyte semi-fuel cell for long cluration testing [J]. Journal of Power Sources, 2001, 96: 236-239.

[44] QUACH N C, UGGOWITZER P J, SCHMUTZ P. Corrosion behaviour of an Mg-Y-RE alloy used in biomedical applications studied by electrochemical techniques [J]. CR Chim., 2008, 11: 1043-1054.

[45] LIU M, SCHMUTZ P, ZANNA S, et al. Electrochemical reactivity, surface composition and corrosion mechanisms of the complex metallic alloy Al_3Mg_2 [J]. Corros. Sci., 2010, 52(2): 562-578.

[46] ZHAO M C, SCHMUTZ P, BRUNNER S, et al. An exploratory study of the corrosion of Mg alloys during interrupted salt spray testing [J]. Corros. Sci., 2009, 51(6): 1277-1292.

[47] HUANG D B, HU J Y, SONG G L, et al. Self-corrosion, galvanic corrosion and inhibition of GW103 and AZ91D Mg alloys in ethylene glycol solution [J]. Corros. Eng. Sci. Techn., 2013, 48(2): 155-160.

[48] ANDREI M, GABRIELE F D, BONORA P L, et al. Corrosion behaviour of magnesium sacrificial anodes in tap water [J]. Mater. Corros., 2003, 54: 5-11.

[49] SONG G, ATRENS A, STJOHM D, et al. The electrochemical corrosion of pure magnesium in 1N NaCl [J]. Corros. Sci., 1997, 39(5): 855-875.

[50] CAO D, WU L, SUN Y, et al. Electrochemical behavior of Mg-Li, Mg-Li-Al and Mg-Li-Al-Ce in sodium chloride solution [J]. Power Sources, 2008, 177(2): 624-630.

[51] SEE K A, CHAPMAN K W, ZHU L, et al. The interplay of Al and Mg speciation in advanced Mg battery electrolyte solutions [J]. Am. Chem. Soc., 2016, 138(1): 328-337.

[52] WANG N, WANG R, PENG C, et al. Effect of hot rolling and subsequent annealing on

electrochemical discharge behavior of AP65 magnesium alloy as anode for seawater activated battery [J]. Corros. Sci., 2012, 64: 17-27.

[53] LIU L J, SCHLESINGER M. Corrosion of magnesium and its alloys [J]. Corros. Sci., 2009, 51(8): 1733-1737.

[54] AURBACH D, WEISSMAN I, GOFER Y, et al. Nonaqueous magnesium electrochemistry and its application in secondary batteries [J]. Chem. Rec., 2003, 3(1): 61-73.

[55] DORON A, MOTY M, ALEX S, et al. Magnesium deposition and dissolution processes in ethereal grignard salt solutions using simultaneous EQCM-EIS and in situ FTIR spectroscopy [J]. Electrochem Solid ST., 2000, 3(1): 31-34.

[56] JIN W, LI Z, WANG Z, et al. Mg ion dynamics in anode materials of Sn and Bi for Mg-ion batteries [J]. Mater. Chem. Phys., 2016, 182: 167-172.

[57] FENG Y, WANG R, YU K, et al. Activation of Mg-Hg anodes by Ga in NaCl solution [J]. Alloy Compd., 2009, 473(1/2): 215-219.

[58] JUNG H H, BOEUN L, MINSEOK L, et al. Al-compatible boron-based electrolytes for rechargeable magnesium batteries [J]. Chemical Communications, 2020, 56: 14163-14166.

[59] GREGORY T D, HOFFMAN R J, WINTERTON R C. Nonaqueous electrochemistry of magnesium applications to energy storage [J]. Electrochem. Soc., 1990, 137: 775-780.

[60] CHENG G, XU Q, ZHAO X, et al. Electrochemical discharging performance of 3D porous magnesium electrode in organic electrolyte [J]. T. Nonferr. Metal. Soc., 2013, 23(5): 1367-1374.

[61] LI Z, HAN L, WANG Y F, et al. Microstructure characteristics of cathode materials for rechargeable magnesium batteries [J]. Small, 2019, 9: 1900105.

2　镁离子电池电解液研究现状

2.1　概　　述

为了满足绿色发展的要求，开发安全和下一代电池系统受到了广泛关注。在多种离子电池中，镁电池具有电极电位高、理论体积容量大、安全性好、来源丰富等优点，是目前大型储能体系最可行的选择之一。然而，低易燃性、低成本、高导电性且与镁负极相容性良好的电解液的开发仍面临巨大挑战，致使可充电镁电池的研究仍处于起步阶段。镁离子电池的电解液具有复杂的界面特性，需要特殊的溶剂，在实际应用中它的研究比锂离子电池更具有挑战性。金属锂表面很容易原位生成固体界面膜，该膜层的形成可以为负极提供保护作用，这是镁电池体系所欠缺的。此外，电解液中杂质的存在也会影响镁电池的放电性能。控制电解液体系的纯度和电池的测试环境对镁电池性能至关重要。寻找易制备、具有高电压窗口且与镁 - 金属负极兼容的先进镁离子电池电解液是实现可充电镁电池大规模应用的前提。本章重点介绍当前常用的三大类镁离子电解液：液态电解质，包括无机电解质、硼基电解质、镁基有机卤化铝酸盐电解质、酚或醇盐基电解质和非亲核电解质；固态电解质，包括无机固体电解质和聚合物电解质；熔融盐体系，包括离子液体和高温熔盐。详细探讨了镁离子电池电解质发展现状、发展过程中面临的挑战及提出有发展前景的新型电解液策略，以期帮助科研人员掌握当前镁离子电解液发展状况，并激励其设计新型商业化镁离子电池电解液。

随着社会的快速发展，能源危机和环境污染引发了人们对发展可持续新能源的需求，实现能源多元化也是世界汽车工业未来的发展趋势。高能量密度可充电电池在电动汽车和混合动力汽车领域发挥着至关重要的作用，其中可充电镁电池因其比容量大、能量密度高、安全性高、成本低、毒性小等优点，是目前极具发展前景的多价离子电池体系。与目前广泛应用的锂离子电池相比，它具有许多优势（见图 2-1）[1]。

然而，作为一种活性金属，金属镁在普通溶剂，甚至在各种非质子溶剂中都会发生溶解反应，导致在电极表面形成一层钝化膜，该膜层的形成不利于镁离子的电化学迁移和金属镁的可逆沉积—溶解。因此，设计并制备适合于可充电镁电池系统的新型电解液迫在眉睫。事实上，国内外科研工作者对可充电镁电池电解质的研究由来已久。20 世纪 20 年代初，格氏试剂首次被发现是一种适合金属镁

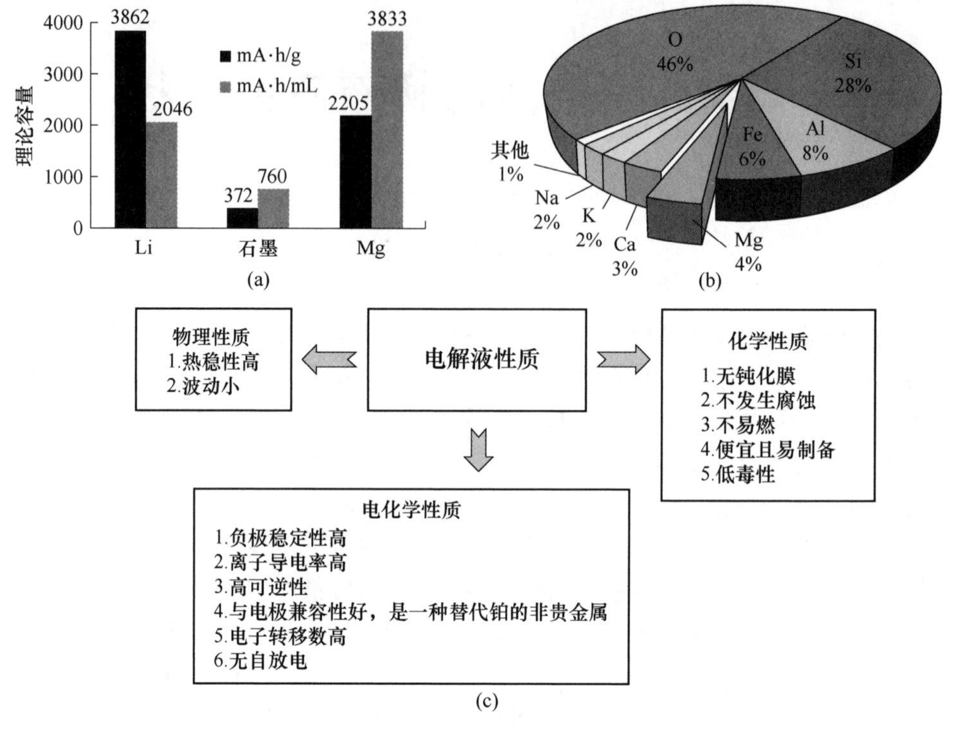

图 2-1　镁离子电池优势及对电解液需求

（a）锂金属、石墨和镁金属负极的理论容量；（b）地壳元素丰度；

（c）镁可充电电池对电解液的基本要求

可逆沉积反应的电解质。随后，大量的支撑电解质如 $Mg(ClO_4)_2$、$MgCl_2$ 和硼基电解质被发现。然而，它们表现出了较差的可逆性、较窄的电化学和电位窗口及较低的稳定性，均不能满足可充电镁电池的需求。

直至 1990 年，国外研究小组[2]组装了第一个可充电镁电池，证明了镁在 $Mg(BBu_2Ph_2)_2$/THF 电解质中可以顺利实现可逆沉积—溶解，标志着可充电镁电池首次突破。2000 年，科研工作者[3]利用 Mo_6S_8 正极和镁负极在镁有机卤化铝酸盐配合物新电解质（称为第一代电解液）中具有较大的能量密度。研究表明，该电解液比格氏试剂（1.3V）具有更宽的电化学电位窗口（2.3V），库仑效率高达 100%。但其电化学电位窗口、热稳定性等性能仍有待提高。2008 年，该团队[4]合成了一种全苯基络合物电解质（称为第二代电解液）。与第一代电解液（2.3V）相比，它具有更高的电化学窗口（3.0V），但仍不能满足工业发展对于高能量密度的需求。幸运的是，2011 年，Kim 等人[5]报道了第一个非亲核电解质六甲基二硅氯化镁（HMDSMgCl）电解液，结果表明负极稳定电压为 3.2V，库仑效率接近100%，首圈比容量为1200mA·h/g，但在第二次循环中容量迅速下降，循环性能有待进一步提升。2012年，Guo等人[6]提出一种新型有机硼镁盐电解质溶液，它不仅保持了宽电位窗口（3.5V）的优势，且在空气和水分中的稳定性均比其他电解质高。同年，Wang等人[7]合成一种由三酚盐组成的电解质(ROMgCl)，它对水分和空气更不敏感，表现出较高的离子电导率（2.56mS/cm）和良好的空气稳定性，但其负极电位窗口仅为2.6V。不可否认的是，该电解质体系的提出，为在商业领域寻找合适的电解液开辟了新的途径。2014年，Nelson等人[8]报道了一种醇酸电解质溶液（$Al(OPh)_3$-PhMgCl/THF)，镁电极在该液态电解质中显示出较高的电位窗口（约为5V)，并具有良好的循环稳定性（暴露在空气中96h和50次循环后容量仍能保持80mA·h/g)。Mohtadi等人[9]设计并合成了一种新型的电解质溶液，其中硼团簇具有3.2V的电位窗口。然而，稳定的邻硼二阶阴离子电荷密度低，配位性弱，在此类溶剂中的溶解度较差。2015年，Moss等人[10]报道了一种先进的电解质$Mg(CB_{11}H_{12})_2$（被称为MMC)，以解决上述缺点带来的问题。据报道，镁负极在该电解液中的稳定性为3.8V，库仑效率高达94.4%，离子电导率达到2.9mS/cm。最重要的是，上述体系具有绝对的热力学稳定性和化学惰性，是有史以来最稳定的电解质体系。

熔盐作为电解质具有高电化学窗口、低挥发性和低蒸气压等优良性能。熔盐可分为常温熔盐（离子液体）和高温熔盐两大类。2005—2006年，努丽燕娜等人[11-12]首次报道了$Mg(CF_3SO_3)_2/BMIMBF_4$体系的负极稳定性为3V(vs. Pt)，经历165次循环后库仑效率仍接近100%。2013年，Kan等人[13]利用1-乙基-3-甲基咪唑硫酸乙酯（EMIES）离子液体和$MgSO_4$盐制备一种新型镁聚苯胺充电电池，镁和聚苯胺电极在$MgSO_4$-EMIES溶液具有良好的电化学性能，腐蚀电位为$-1.60V$(vs. SCE)，首次放电容量为116mA·h/g（在60h内容量保持率为95%)。2015年，Shiga等人[14]研究发现$Mg(CF_3SO_3)_2$盐溶解在$BMIMBF_4$和PP13TFSA离子液体中，可逆容量较差（第1圈循环为93.4mA·h/g，第3圈循环为73.3mA·h/g)，原因是活性物质发生不可逆的降解。值得一提的是，在研究过程中他们发现在镁表面可能存在聚合物网络，这对聚合物电解质的发展具有指导意义。

固体电解质具有不易燃、不挥发、热稳定性好和电化学性能优异等独特优势，已成为镁电池电解液研究的重点关注对象。无机固体电解质和聚合物电解质是两种最主要的固体电解质体系。其中，固体聚合物电解质因具有优异的电化学稳定性、重量轻和热稳定性好等优点得到了广泛的研究。镁离子导电聚合物电解质具有很高的离子导电性，对此已有不少报道。Subramanian等人[15]报道了一种含80%(摩尔分数）聚乙烯醇（PVA）和20%(摩尔分数）$Mg(ClO_4)_2$的聚合物电解质，在室温下该体系的最大电导率为8.47×10^{-4}S/cm。Shahbazian-Yassar等人[16]开发了一种基于 PVDF-co-HFP 的复合聚合物电解质（CPE），在室温下它的电导率达到 0.16mS/cm，可逆的镁沉积—剥离发生在 0.1 ~ 0.3V 的低过电位下，循环性能可高达 400 次。

2.2　新型电解质溶液研究进展

液态电解质是镁电池最重要的应用电解质之一。然而，最常见的阴离子，如 PF_6^-、ClO_4^-、AsF_6^-、PF_6^-、BF_4^-，TFSI-(TFSI = 双(三氟甲基磺酰亚胺))和无极性溶剂，如腈、酯、乙腈和碳酸盐，都不能获得可逆的镁沉积—溶解，从而导致电极表面阻塞。因此，研究真正适用的电解质仍是目前国内外的研究热点。

与固态电解质相比，液态电解质具有更高的离子电导率、离子运输效率、更优异的可逆性和循环性能、更容易回收、黏度更低（见图 2-2）[17]。然而，液态电解质由于易泄漏、易燃性和挥发性、难以储存和操作，也更加具有危险性[18-19]。无机电解质、格氏试剂、硼基电解质、镁基有机卤化铝酸盐电解质、氨基卤化镁电解质、酚或醇盐基电解质等有机电解质的性能对比见表 2-1。

表 2-1　液态电解质性能对比

分类	电　解　液	离子电导率 /mS · cm^{-1}	负极稳定性(vs. Mg)/V (库仑效率)	
			Pt	Au
无机电解质	0.25mol/L Mg_2AlCl_7/DME	2	约 3.1(99%)	—
	0.04mol/L$(\mu\text{-}Cl)_3Mg_2(THF)_6AlCl_4$/THF	0.26	约 3.4(100%)	—
	0.67mol/L$(\mu\text{-}Cl)_3Mg_2(THF)_6AlEtCl_3$/THF	6.99	2.9(100%)	—
	0.43mol/L$(\mu\text{-}Cl)_3Mg_2(THF)_6AlPh_3Cl$/THF	2.96	3.1(100%)	—
	0.4mol/L$(\mu\text{-}Cl)_3Mg_2(THF)_6AlPh_3Cl$/THF	0.96	约 3.0(100%)	—
	0.4mol/L $Mg_2(\mu\text{-}Cl)_2(DME)_4AlEtCl_{32}$/DME	>6	约 3.5(99%)	—
格氏试剂	1mol/L EtMgBr/THF	0.265	约 1.5	—
	1mol/L EtMgBr/THF	0.265	约 1.3	—
	1mol/L EtMgBr/THF	—	—	约 1.1
	1mol/L BuMgCl/THF	—	—	约 1.5
	1mol/L BuMgCl/THF	—	—	约 1.2
	0.25mol/L BuMgCl/THF	—	—	—
	2mol/L PhMgCl/THF	0.2	—	—
	1mol/L PhMgBr/THF	0.252	约 1.8	—
	1mol/L FPhMgBr/THF	0.398	约 2.4	—

续表 2-1

分类	电解液	离子电导率 /mS · cm^{-1}	负极稳定性(vs. Mg)/V(库仑效率)	
			Pt	Au
硼基电解质	0.5mol/L $Mg(BH_4)_2$/THF	—	约 1.7(40%)	约 2.2(40%)
	0.5mol/L $Mg(BH_4)_2$/DME	—	约 1.7(67%)	约 2.2(67%)
	0.01mol/L $Mg(BH_4)_2$/DGM	—	约 1.9(77%)	—
	0.01mol/L $Mg(BH_4)_2$/THF	—	约 1.9(34%)	—
	0.01mol/L $Mg(BH_4)_2$/DME	—	约 1.9(67%)	—
	0.18mol/L $Mg(BH_4)_2$-0.6mol/L $LiBH_4$/DME	—	约 1.7(94%)	约 2.2
	0.1mol/L $Mg(BH_4)_2$-1.5mol/L $LiBH_4$/DGM	3.27	约 1.9(100%)	—
	0.1mol/L $Mg(BH_4)_2$-0.6mol/L $LiBH_4$/THF	2.61	约 1.9(92%)	—
	0.1mol/L $Mg(BH_4)_2$-1.5mol/L $LiBH_4$/DME	2.07	约 1.9(85%)	—
	0.5mol/L $Mg(BH_4)$-1.5mol/L $LiBH_4$/TG	9.66	2.0	—
	0.25mol/L Bu_2Mg-BCl_3/THF	—	—	1.30 ~ 1.77 (68% ~93%)
	1mol/L $Mg(BPhBu)_2$/THF	—	—	约 1.6(100%)
	0.35mol/L $Mg(BBu_2Ph_2)_2$/THF + DME	1×10^{-3}	—	—
	0.5mol/L Mes_3B-PhMgCl/THF	1.3	—	—
	0.5mol/L Mes_3B-$(PhMgCl)_2$/THF	2	—	—
	0.5mol/L Mes_3B-$(PhMgCl)_2$/THF	2	约 3.5(98%)	—
	0.25mol/L $MgMes_3BPh_2$/THF	1.5	约 2.6	—
	0.25mol/L Bu_2Mg-BPh_3/THF	—	—	1.20 ~ 1.75 (71% ~93%)
	0.2mol/L $(Mg_2(\mu\text{-}Cl)_3 \cdot 6THF)(BPh_4)$/THF	—	2.6	—
	0.2mol/L $(Mg_2(\mu\text{-}Cl)_3 \cdot 6THF)$ $(B(C_6F_5)_3Ph)$/THF	—	3.7	—
	0.05mol/L $Mg(BArF)_2$/THF	1.5	—	—
	$(1\text{-}(1,7\text{-}C_2B_{10}H_{11})_2MgCl)(Mg_2Cl_3)$/THF	0.6	约 3.2(>98%)	—
	0.75mol/L $Mg(CB_{11}H_{12})_2$/甘油三醇	2.9	3.4(79.6%)	—
	0.75mol/L $Mg(CB_{11}H_{12})_2$/TG	1.8	3.8(94.4%)	—
有机镁-卤铝酸盐电解质体系	0.25mol/L $Mg(AlCl)_2BuEt$/THF	—	—	约 2.5(100%)
	0.25mol/L $Mg(AlCl_2BuEt)_2$/THF	—	>2.5(100%)	—
	0.25mol/L $Mg(AlCl_2BuEt)_2$/THF	—	—	约 2.1(100%)

续表 2-1

分类	电　解　液	离子电导率 /mS · cm^{-1}	负极稳定性(vs. Mg)/V (库仑效率)	
			Pt	Au
有机镁-卤铝酸盐电解质体系	0.25mol/L $Mg(AlCl_3Bu)_2$/THF	—	—	2.5(100%)
	0.25mol/L $AlCl_2Et + Bu_2R$/THF	—	>2.1(100%)	—
	0.25mol/L $Mg(AlX_{4-n}R_n)_2$/THF (X = Cl; R = Et, Ph)	—	—	1.2～2.4 (71%～97%)
	0.25mol/L $Bu_2Mg + 2AlCl_2Et$/THF	1.6	—	约 2.3(97%)
	0.25mol/L $Mg(AlCl_2EtBu)_2$/THF	—	—	—
	$Mg(AlCl_2BuEt)_2$/THF	—	约 2.4(100%)	—
	0.25mol/L $Mg(AlCl_2EtBu)_2$/THF	1.8	约 2.64	—
	$Mg(AlCl_2EtBu)_2$/THF	—	约 2.0 (78%～99%)	约 2.2 (53%～97%)
	0.4M $(PhMgCl)_2$-$AlCl_3$/THF	—	>3(100%)	—
以酚盐或醇盐为基础的电解质	1mol/L $(n\text{-}BuOMgCl)_6$/THF	—	约 1.8	—
	1mol/L $(n\text{-}BuOMgCl)_6$-$AlCl_3$/THF	—	约 2.0	—
	1mol/L $(tert\text{-}BuOMgCl)_6$/THF	0.10	约 2.0	—
	1mol/L $(tert\text{-}BuOMgCl)_6$-$AlCl_3$/THF	2.10	约 2.5	—
	1mol/L $(Me_3SiOMgCl)_6$/THF	—	约 1.95	—
	1mol/L $(Me_3SiOMgCl)_6$-$AlCl_3$/THF	—	约 2.5	—
	0.5mol/L $(PMC)_2$-$AlCl_3$/THF	0.99	约 2.0	—
	0.5mol/L $(PMC)_2$-$AlCl_3$/THF	约 1	约 2.75	—
	0.5mol/L $(MePMC)_2$-$AlCl_3$/THF	约 1	约 2.7	—
	0.5mol/L $(BPMC)_2$-$AlCl_3$/THF	约 1	约 2.7	—
	0.5mol/L $(BMPMC)_2$-$AlCl_3$/THF	2.56	约 2.6(99%)	—
	0.5mol/L $(BMPMC)_2$-$AlCl_3$/THF	约 1	约 2.6	—
	0.5mol/L $(DBPMC)_2$-$AlCl_3$/THF	1.29	约 2.2	—
	0.5mol/L $(MPMC)_2$-$AlCl_3$/THF	约 1	约 2.4	—
	0.5mol/L $Al(OPh)_3$-PhMgCl/THF	1.24	约 4.5	—
	0.5mol/L $(FMPMC)_2$-$AlCl_3$/THF	2.24	约 2.9	—
	0.5mol/L $(PFPMC)_2$-$AlCl_3$/THF	2.44	约 3.0	—

续表 2-1

分类	电　解　液	离子电导率 /mS·cm^{-1}	负极稳定性(vs. Mg)/V (库仑效率)	
			Pt	Au
非亲核电解质	0.5mol/L $Mg(HMDS)_2$-$2MgCl_2$/THF	—	约 2.75(95%)	—
	0.5mol/L $Mg(HMDS)_2$-$4MgCl_2$/THF	0.32	约 2.8(99%)	—
	0.5mol/L $2Mg(HMDS)_2$-$MgCl_2$/THF	—	约 2.3(85%)	—
	1.44mol/L HMDSMgCl-$AlCl_3$/THF	—	约 3.2(100%)	—
	0.25mol/L$(HMDS)_2Mg$-$2AlCl_3$/THF	1.72	3.3(98%)	—
	0.25mol/L$(HMDS)_2Mg$-$2AlCl_3$ /二甘醇二甲醚	1.70	3.9(99%)	—
	0.25mol/L$(HMDS)_2Mg$-$2AlCl_3$/2Me-THF	1.28	2.8(98%)	—
	0.25mol/L$(HMDS)_2Mg$-$2AlCl_3$ /四乙二醇二甲醚	0.70	3.7(97%)	—
	0.25mol/L$(HMDS)_2Mg$-$2AlCl_3$ /THF-四乙二醇二甲醚(体积比为 1∶1)	1.34	3.6(98%)	—
其他有机电解质	1mol/L C_4H_8NMgBr/THF	0.647	2.25	—
	1mol/L C_4H_8NMgCl/THF	0.702	2.3	—
	0.5mol/L $MgN(SO_2CF_3)_{22}$/AN	—	—	—
	0.3mol/L $MgN(SO_2CF_3)_{22}$ /甘醇二甲醚+二甘醇二甲醚	3.03	—	—
	0.5mol/L MBMC/THF	—	1.5	—
	0.5mol/L$(MBMC)_2$-$AlCl_3$/THF	—	2.3	—
	0.5mol/L IPBMC/THF	—	1.6	—
	0.5mol/L IPBMC-$AlCl_3$/THF	2.98	2.5	—
	0.5mol/L$(IPBMC)_{1.5}$-$AlCl_3$/THF	2.48	2.5	—
	0.5mol/L$(IPBMC)_2$-$AlCl_3$/THF	1.57	2.5	—
	0.5mol/L MOBMC/THF	—	1.8	—
	0.5mol/L$(MOBMC)_2$-$AlCl_3$/THF	—	2.2	—
	1mol/L(4-F-PhMgBr)$_2$-$AlCl_3$/THF	—	约 2.8 (约 100%)	—

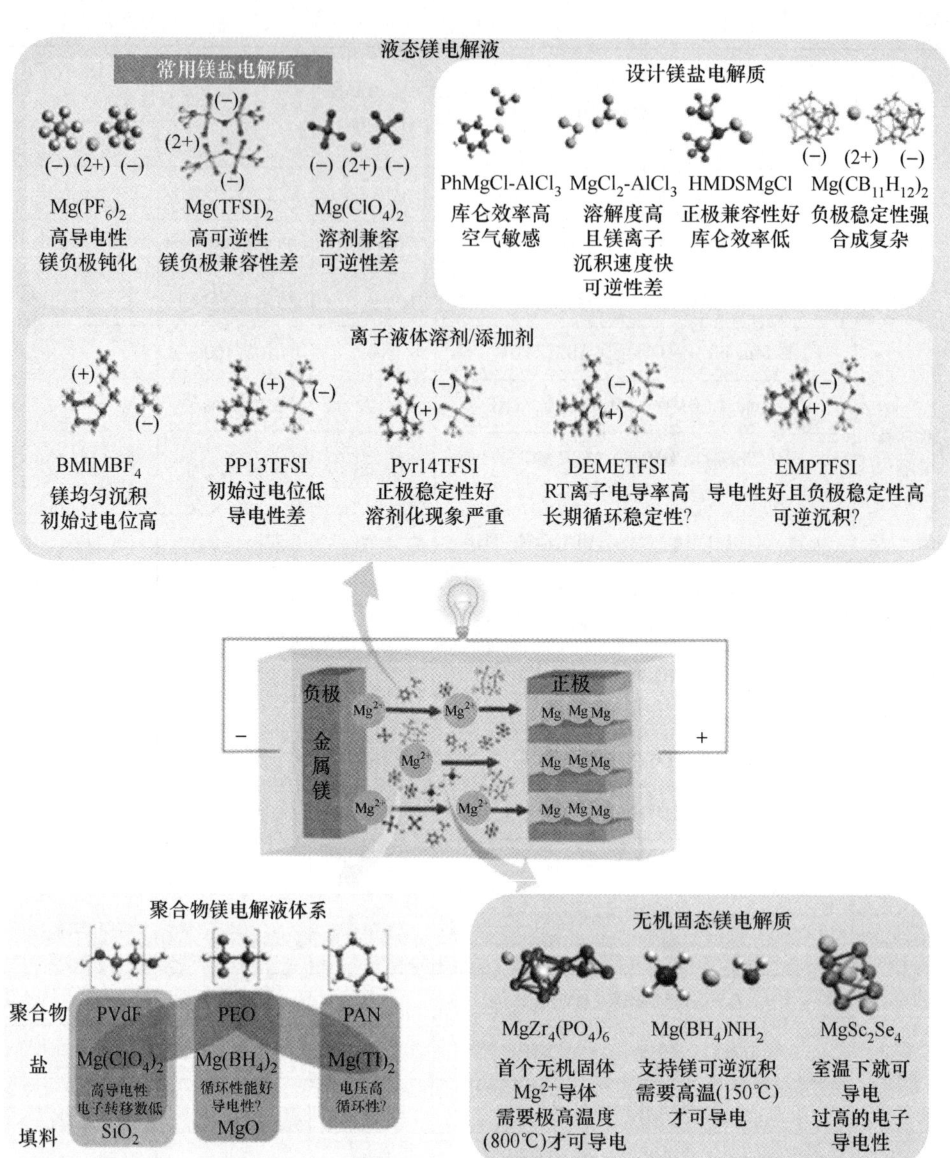

图 2-2　可用于可充电镁电池的电解质盐和添加剂及其各自的优缺点

2.2.1　无机电解质

无机电解质具有成本低，在空气和水分中稳定性好等特点，被广泛用于可充电镁电池体系。当前，可充电镁电池体系中常用的无机镁盐电解质有 $MgCl_2$、$Mg(ClO_4)_2$、$MgSO_4$、$Mg(NO_3)_2$ 等。1999 年，Schechter 等人[20]证明了镁离子不

能在含有 BF_4^- 和 ClO_4^- 等阴离子的电解质及包括乙腈和烷基碳酸盐在内的溶剂中实现可逆沉积—溶解。此外，$MgCl_2$ 和 $Mg(ClO_4)_2$ 在四氢呋喃或醚族等普通溶剂中的溶解度很低，导致镁沉积动力学缓慢，这也极大限制了可充电镁电池的大规模应用。据报道，添加盐电解质，例如 $AlCl_3$，可以提高无机盐在有机溶剂中的溶解度。Cao 等人研究了 γ-MnO_2 在 $MgSO_4$、$Mg(NO_3)_2$ 和 $MgCl_2$ 含水电解质中的电化学性质[21]。结果表明，γ-MnO_2 正极具有良好的库仑效率（100%）、高比容量（13.6mA/g 时为 545.6mA · h/g）和良好的产率效能。然而，该课题组并没有组装镁电池进行测试，γ-MnO_2 及含水电解质与镁负极的兼容性并不清楚。$MgCl_2$ 以其丰富的来源而闻名，通常被用作提取镁的工业原料。作为电解质，$MgCl_2$/THF 加额外 $AlCl_3$ 能形成电活性物质以增加无机盐溶解度，从而提高成本效益和原子效率，而且不产生无用的副产品。从表 2-1 可以看出，$MgCl_2$ 电化学电位窗口宽（3.0 ~ 3.5V）、色谱效率高（接近 100%）和离子电导率大（可达 6mS/cm 以上）。然而，$MgCl_2$ 基电解质在其他非贵金属电极上没有表现出同样优异的性质，且 $MgCl_2$ 在有机溶剂中的溶解度极低，严重制约了 $MgCl_2$ 基电解液的发展。

由于 $MgCl_2$ 在有机溶剂中溶解度低，没有镁沉积时，其离子电导率无法测量。因此，2014 年，Aurbach 等人报道了一种通过类似金属置换反应的方式得到全无机盐电解质 0.25mol/L Mg_2AlCl_7/二甲醚(DME)：$m MgCl_2 + n AlCl_3 \rightarrow Mg_m Al_n Cl_{2m+3n}$[22-24]。测试结果表明，该电解液具有小于 200mV 的沉积过电位，大于 3.1V(vs. Mg)的负极稳定性及较高的库仑效率（>99%）。遗憾的是，目前仅探究了 Mo_6S_8 正极材料在该电解液体系中的性能，对于其他正极材料的循环稳定性未见进一步报道。2014 年，Barile 等人研究了 $MgCl_2$ 基电解液的电化学性能，研究数据显示该体系最佳比例为 Mg : Al = 2.6 : 1，最适宜的工作温度为 40℃。然而，研究过程中发现添加额外的 $AlCl_3$ 或 $MgCl_2$ 会抑制金属镁的沉积/溶解（库仑效率：从 97% 到 83%($AlCl_3$)及从 97% 至 70%($MgCl_2$)，过电位：250 ~ 450mV($AlCl_3$)及 250 ~ 400mV($MgCl_2$)）。另外，他们还发现加入聚四氢呋喃和用二甲醚替代溶剂也会对电解液带来负面的影响。随后，他们推断出 $MgCl_2$ 基电解液的镁沉积机理可能是镁配合物的单体、二聚体、三聚体和 THF 低聚体处于平衡体系。近期，科研工作者利用第一性原理和分子动力学（AIMD）模拟技术对镁负极 - 电解质界面进行了研究，该模型体系中含氯化物镁盐溶解在 THF 中[25]，可以支持可逆的金属镁剥离和沉积过程。这一结果表明，与电荷转移有关的活性物质由 THF 分子配位的 $(MgCl)^+$ 单体组成，且 $(MgCl)^+$ 单体可优先吸附在镁负极表面而无需表面钝化。如图 2-3 所示，$(MgCl)^+$ 不同稳定构型的脱溶能可以利用不同数量的配合物 THF 进行计算。结果表明，THF 配位数为 2 ~ 5 的单体吸附能最强，配位数为 0 和 1 的单体能使 Cl^- 掺入负极，有利于 $(MgCl)^+$ 单

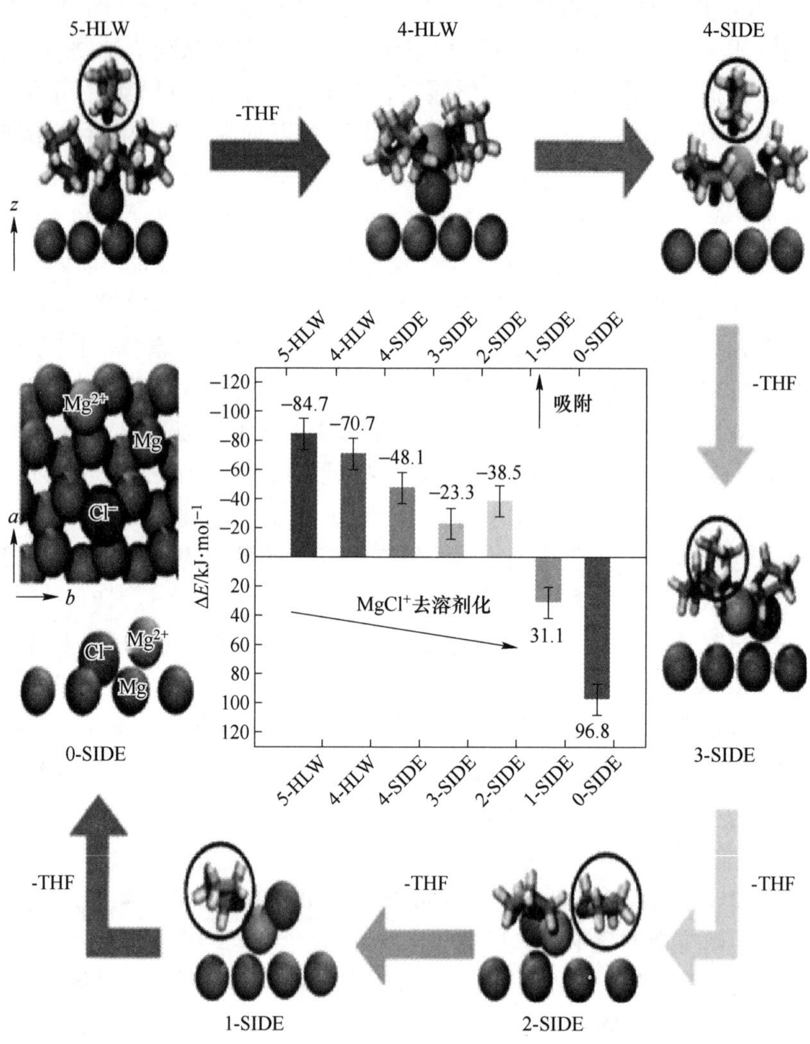

图 2-3　$(MgCl)^+$溶剂化的稳定构型和相应的吸附能

体的进一步剥离。2015 年，Liu 等人[23]最早报道了溶剂化 $(MgCl)^+$ 单体是 $Mg_2(\mu\text{-}Cl)_3(THF)_6AlPh_3Cl/THF$ 二聚体电解质的优势种之一。质谱分析结果表明，镁负极在该电解液体系中的稳定电位约为 3V(vs. Mg)，离子电导率为 0.96mS/cm（见图 2-4(a)）。为了进一步了解氯在二聚电解质中的作用，额外加入四丁基氯化铵（TBACl）作为氯源。结果表明，电流随着 Cl^- 的增加呈现先增加后减少的趋势（见图 2-4(b) 和(c)），这是由于形成 $(MgCl)^+$ 单体对 $Mg_2(\mu\text{-}Cl)_3(THF)_6AlPh_3Cl/THF$ 溶液的化学平衡有影响。他们推测 $MgCl_2$ 是避免 $(MgCl)^+$ 电子转移后枝晶沉积的关键。另外，近期的研究[26]报道了 $Mg_2(\mu\text{-}Cl)_2^{2+}(DME)_4^{2+}$

活性离子在 0.4mol/L $Mg_2(\mu\text{-}Cl)_2(DME)_4AlEtCl_{32}$/DME 电解质中会与 $MgCl_2$ 和 Lewis 酸盐（$AlEtCl_2$、$AlCl_3$ 或 $Mg(TFSI)_2$）发生脱卤二聚反应，使得体系保持约 99%的高库仑效率，高负极稳定性（大于 3.5V(vs. Mg)），离子电导率大于 6mS/cm。该课题还发现通过调控阴离子浓度和类型可以使电池保持良好的循环性能（75 次循环后，容量仍保持在 100mA·h/g 左右）。图 2-4(d)是利用单晶 X 射线衍射对 $Mg_2(\mu\text{-}Cl)_2(DME)_4^{2+}$ 进行结构分析的示意图。图 2-5 为形成 $Mg_2(\mu\text{-}Cl)_2(DME)_4^{2+}$ 的反应路径图[27-29]。如图 2-5(a)所示，两者都经历了二聚步骤，生成反应路径的第一步具有明显差别，图 2-5(b)为单氯转移法，图 2-5(c)为归中反应。

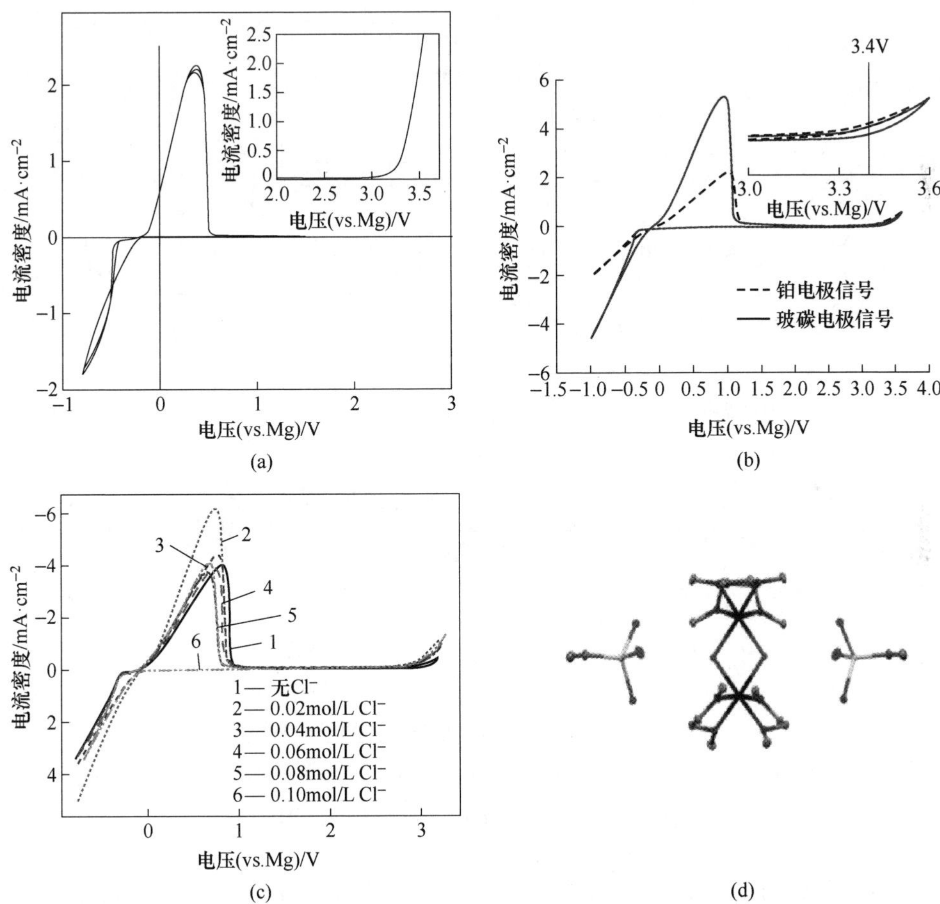

图 2-4　氯化镁基电解液性能

(a) Mg_2AlCl_7/DME 的线性扫描伏安图；(b) $Mg_2(\mu\text{-}Cl)_3(THF)_6AlCl_4$/THF 体系循环伏安图；(c) $Mg_2(\mu\text{-}Cl)_3(THF)_6AlPh_3Cl$/THF 在不同浓度的 TBACl 中的循环伏安图；(d) $Mg_2(\mu\text{-}Cl)_2(DME)_4^{2+}$ 的分子结构图

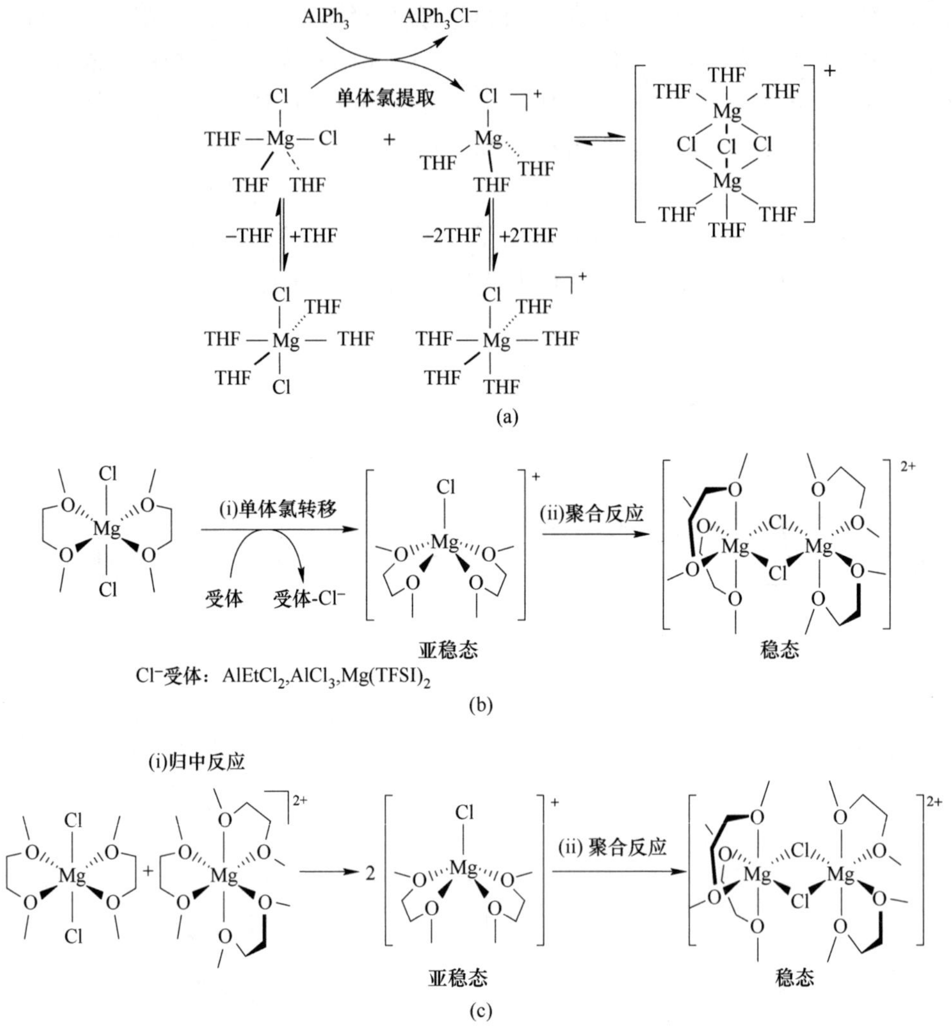

(a)

(b)

(c)

图 2-5 形成 $Mg_2(\mu\text{-}Cl)_2(DME)_4^{2+}$ 的反应路径图

(a) 通过提取单氯生成 $Mg_2(\mu\text{-}Cl)_3(THF)_6^+$ 的反应过程；(b) 单体氯制备 $Mg_2(\mu\text{-}Cl)_2DME_4^{2+}$ 的反应路径；(c) 归中反应合成 $Mg_2(\mu\text{-}Cl)_2DME_4^{2+}$ 的反应路径

2019 年，努丽燕娜课题组提出一种新型的双（二异丙基）镁酰胺（MBA）和氯化镁（$MgCl_2$）基电解质体系[30]。图 2-6 显示了 MBA 与 $MgCl_2$ 之间可能的等效反应，并通过实验现象和模拟结果得出了相应的反应自由能。一方面，$MgCl_2$ 失去 Cl^- 后与 THF 配合得到阳离子 $Mg_2(\mu\text{-}Cl)_3(THF)_6^+$，和 MBA 结合 Cl^- 得到阴离子。另一方面，$(C_3H_7)_2NMgCl_2\text{-}MgCl$ 是由 $(C_3H_7)_2NMgCl$ 中间体组成。如路径 1

所示，MBA 和 $MgCl_2$ 之间的反向 Schlenk 平衡产生中间产物 $(C_3H_7)_2NMgCl$，对应的自由能为 −0.17eV，而 $(C_3H_7)_2NMgCl_2$-MgCl 配合物是通过 $(C_3H_7)_2NMgCl$ 和 $MgCl_2$ 反应生成，相应的自由能是 −0.10eV。相反，如路径 2 所示，生成 $Mg_2(\mu\text{-}Cl)_3(THF)_6^+\{(C_3H_7)_2N_2MgCl\}^-$ 的自由能大于零，说明产生该物质十分困难。

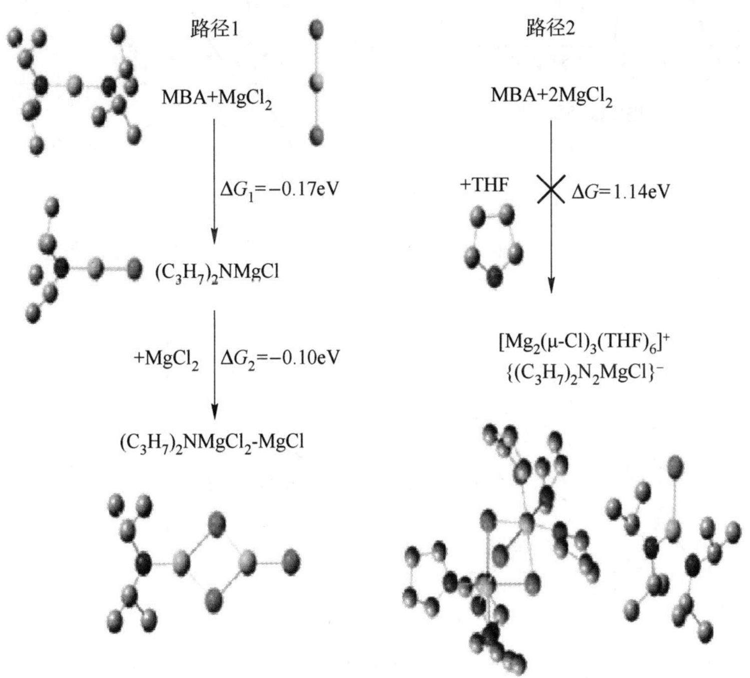

图 2-6 MBA 与 $MgCl_2$ 的两种主要反应途径

总的来说，上述研究证实无机电解质具有成本低、稳定性好等优点。然而，其钝化性强、低溶解度和在普通溶剂中镁沉积动力学缓慢等特点极大地限制了它在可充电镁电池中的应用。因此，有必要设计新的有机溶剂来提高这些无机盐的溶解度，从而加速镁离子电池商业化进程。

2.2.2 格氏试剂

有关可充电镁电池电解液的研究最早可以追溯到 20 世纪 20 年代格氏试剂 RMgX（X = Cl，F，Br；R = 甲基（Me），丁基（Bu），苄基（Ph））溶解在醚中的发现，这一发现打开了可充电镁电池的大门。作为一种典型的亲核试剂，格氏试剂被认为是最早观察到可逆镁沉积—剥离现象的溶液。从表 2-1 可以看出，格氏试剂由于强的还原性而表现出低的离子电导率（0.398mS/cm）和狭窄的电位窗口（1.1～2.5V）（见图 2-7）[31-32]。

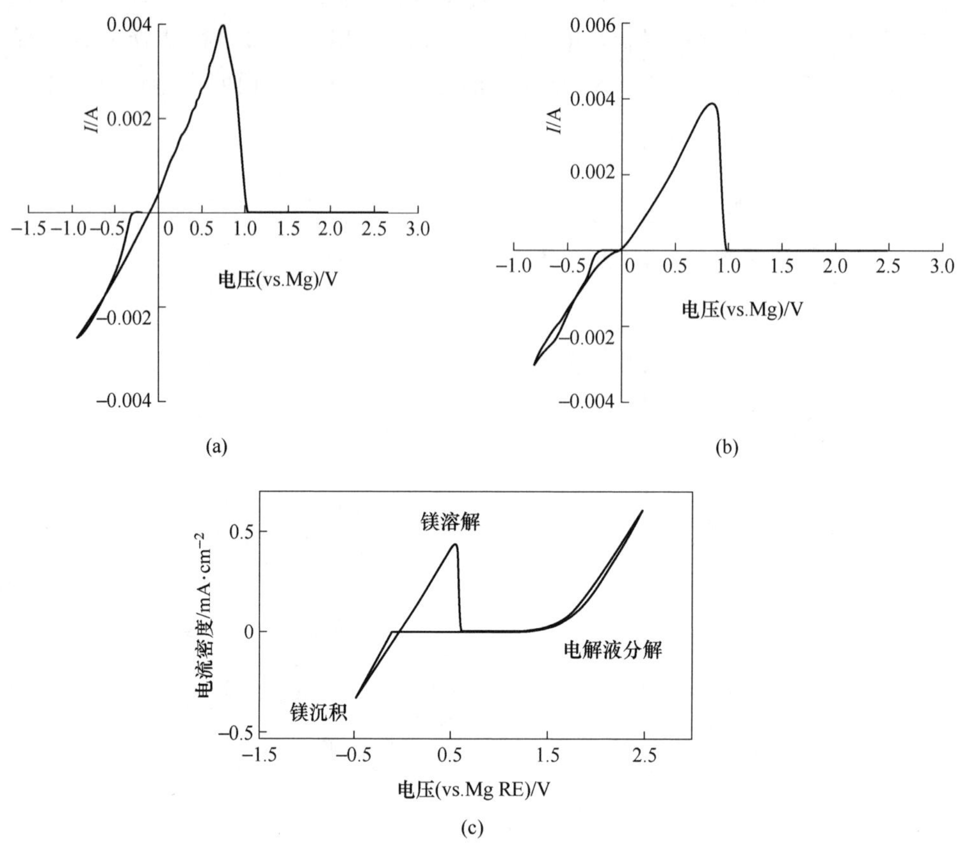

图 2-7　格氏试剂电化学性能

（a）全甲基复合体系的循环伏安图；（b）全乙基复合体系的循环伏安图；（c）BuMgCl 循环伏安图

2001 年，Sakamoto 等人[33]利用冷喷雾电离质谱（CSI-MS）研究了格氏试剂/THF 溶液中的三种晶体结构（见图 2-8）：$Mg_2(\mu\text{-}Cl)_3(THF)_6^+ \cdot (THF)RMgCl_2^-$、$R_2Mg_4Cl_6(THF)_2$、$2[Mg_2(\mu\text{-}Cl)_3(THF)_6]^+R_4Mg_2Cl_2^{2-}$。有数据显示，上述三种结构都是由 $Mg_2(\mu\text{-}Cl_3)^-$ 组成的，即格氏试剂的关键成分。这将有助于科研工作者从根本上理解格氏试剂或其他电解质中活性物质的作用机理，从而找到真正实用的电解质体系。如图 2-9 和表 2-2 所示，Guo 等人在 2010 年对比了三种不同 RMgBr 格氏试剂（R = 乙基，苯基，4-氟苯基）的电化学行为，由于 F 和 Ph 基团的电负性较高，因此，FPhMgBr/THF 电解质具有较大的电负性，最高的负极稳定电位（2.4V）和离子电导率（0.398mS/cm）。然而，考虑到格氏试剂溶液遇水会分解的特性，要制造适合的可充电镁电池仍有很长的路要走[34]。

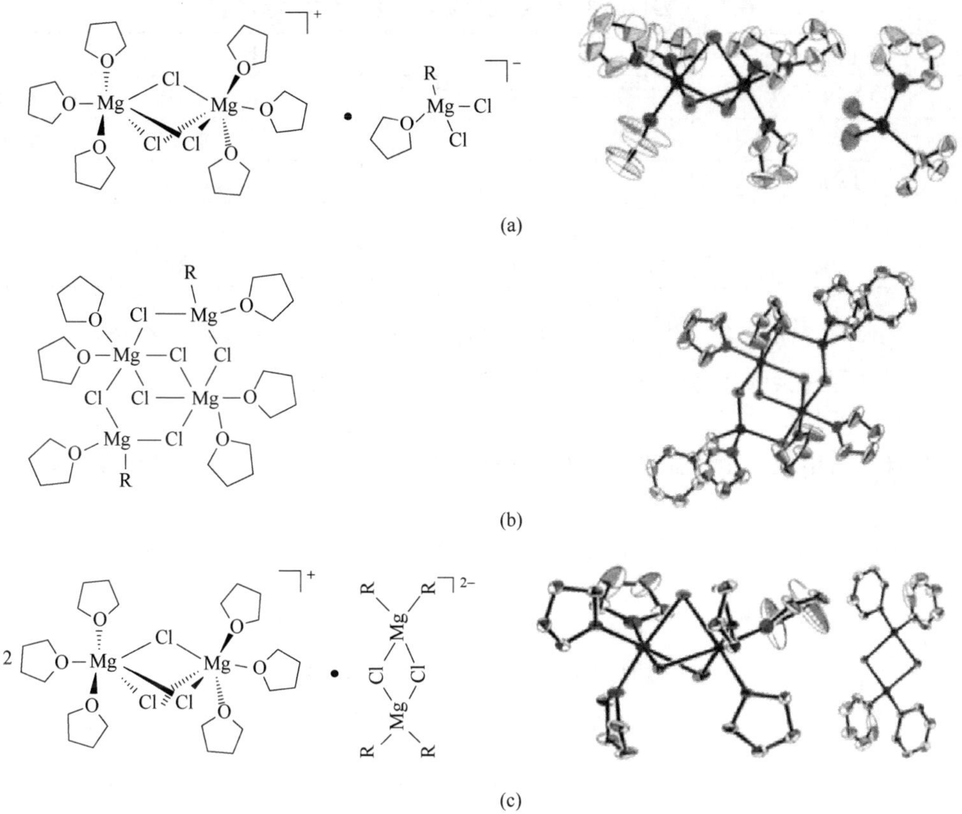

(a)

(b)

(c)

图 2-8 RMgCl 在四氢呋喃溶液中的晶体结构和优势种及相应的示意图

(a) $Mg_2(\mu\text{-}Cl)_3(THF)_6^+ \cdot (THF)RMgCl_2^-$；(b) $R_2Mg_4Cl_6(THF)_2$；

(c) $2[Mg_2(\mu\text{-}Cl)_3(THF)_6]^+R_4Mg_2Cl_2^{2-}$

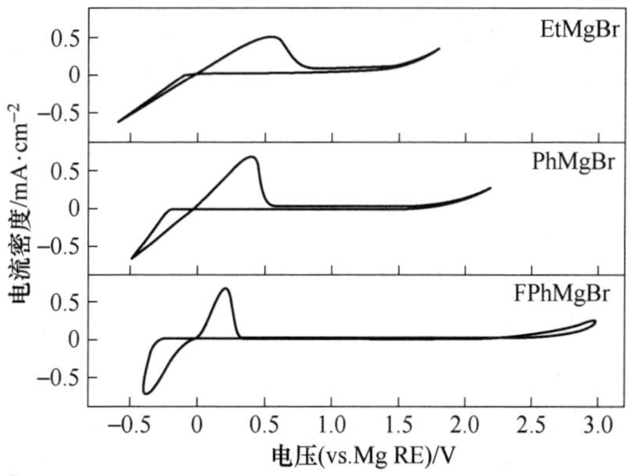

图 2-9 EtMgBr、PhMgBr 和 FPhMgBr 溶液的循环伏安图

表 2-2　四氢呋喃溶剂中几种烷基卤化镁的电导率数据

电解质	浓度/mol · L^{-1}	电导率/mS · cm^{-1}
MeMgBr	1.0	0.305
EtMgBr	1.0	0.237
BuMgBr	1.0	0.218
EtMgCl	1.0	0.403
BuMgCl	1.0	0.349

2014 年，Yagi 等人总结出水的存在对镁离子电解液体系有两个负面影响：一是水的存在会破坏格氏试剂；二是降低镁负极可逆性，增加镁沉积的过电位，导致镀层不均匀（见图 2-10）[35-37]。因此，建议水含量应小于 0.001% 以尽可能降低体系过电位。至于在机理方面，Nelson 和 Evans 已经证明了格氏试剂可以导电[38]。之后，Gaddum 和 French 通过实验得出格氏试剂可能的反应机理（见式（2-1）~式（2-6））[39]。在低电流密度下，Mg^+ 比 $C_6H_5CH_2Mg^+$ 更能有效地吸收阴极上的电子。

$$C_6H_5CH_2^- + Mg^{2+} + Cl^- \longrightarrow C_6H_5CH_2MgCl \tag{2-1}$$

$$C_6H_5CH_2MgCl \rightleftharpoons C_6H_5CH_2^- + Mg^{2+} + Cl^- \tag{2-2}$$

$$Mg^{2+} + 2e \longrightarrow Mg(\text{正极}) \tag{2-3}$$

$$Mg^{2+} + 2Cl^- \longrightarrow MgCl_2 \tag{2-4}$$

$$C_6H_5CH_2^- \longrightarrow C_6H_5CH_2^+ + 2e(\text{负极}) \tag{2-5}$$

$$C_6H_5CH_2^- + C_6H_6CH_2^+ \longrightarrow C_6H_5CH_2\text{-}CH_2C_6H_5 \tag{2-6}$$

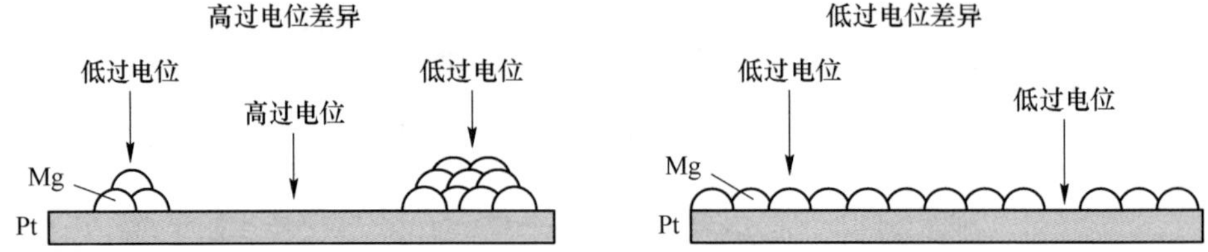

图 2-10　四氢呋喃溶液中金属镁在 Pt 电极上沉积示意图

1999 年，Lu 等人指出，金属镁沉积不是一个简单的过程，而是在醚-RMgX 溶液中吸附的过程。2000 年，Aurbach 等人提出镁沉积不是一个简单的双电子电荷转移反应，并对 MgX_2（X = Cl，Br）或 MgR 等物质的吸附—解吸过程进行了研究。采用原位傅里叶变换红外光谱（FTIR）、同步电化学方法及石英微平衡 - 电化学阻抗光谱（EQCM-EIS）确定了格氏试剂/THF 体系中可能存在的平衡（见式（2-7）~式（2-17）），其中，式（2-7）和式（2-8）为溶液中的可能平衡；式（2-9）~式（2-12）为金属镁沉积反应；式（2-13）~式（2-15）是电解质中的进一步反应；式（2-16）和式（2-17）是金属镁溶解[40]。

$$2RMgX \rightleftharpoons MgR_2 + 2X \tag{2-7}$$

$$2RMgX \rightleftharpoons RMg^+ + RMgX_2^- \tag{2-8}$$

镁沉积：

$$2RMg^+ + 2e \rightleftharpoons 2RMg_{(ad)} \tag{2-9}$$

$$2RMg_{(ad)} \rightleftharpoons Mg + MgR_{2(sol)} \tag{2-10}$$

或

$$2MgR_2 + 2e \rightleftharpoons 2RMg_{(ad)} + 2R^- \tag{2-11}$$

$$2RMg_{(ad)} \rightleftharpoons Mg + MgR_{2(sol)} \tag{2-12}$$

进一步：

$$R^- + RMg^+ \rightleftharpoons MgR_{2(sol)} \tag{2-13}$$

$$R^- + MgX_2 \rightleftharpoons RMgX_{2(sol)}^- \tag{2-14}$$

$$R^- + 2RMgX \rightleftharpoons MgR_{2(sol)} + RMgX_{2(sol)}^- \tag{2-15}$$

镁溶解：

$$Mg + MgR_2 \rightleftharpoons 2e + 2RMg^+ \tag{2-16}$$

$$Mg + 2RMgX_2^- \rightleftharpoons 2e + MgR_2 + 2MgX_2 \tag{2-17}$$

虽然格氏试剂可以沉积金属镁，并具有良好的循环稳定性，但镁在该体系中的低氧化电位会导致电极－电解质界面脱溶，此外，格氏试剂容易氧化导致较低负极稳定性和离子电导率。因此，格氏试剂体系通常被认为不适合与高能量密度夹层正极材料一起使用。尽管如此，不得不承认的是格氏试剂为研究镁充电电池打开了大门，无论有多少电解质优于格氏试剂，它在可充电镁离子电池电解液体系中的地位仍然至关重要。

2.2.3 硼基电解液

迄今为止，用于可充电镁电池的硼基电解质类型有：$Mg(BR_2R_2')_2$、$Mg(BR_2R_2')_2$-X_y（R＝各种烷基，R′＝芳基）、$Mg(BH_4)_2$ 和 $MgMes_3BPh_2$。$Mg(BR_2R_2')_2$ 基电解质体系的电化学性能列于表 2-1。可以看出，负极稳定性在 1.2～4.0V，库仑效率为 40%～100%，远优于格氏试剂。

尽管硼基电解质的发现可以追溯到 1957 年初，但由于硼和镁的共沉积效应，使其发展极其缓慢。事实上，硼基电解液在不同集流器（Pt(3.5V)，Al(3.0V)，Ni(约 3.0V)，SS(2.2V)，Cu(2.0V)）上均具有良好的稳定性，耐腐蚀且沉积可逆性高（见图 2-11）[41-42]，一直以来也是备受关注的电解液体系之一。硼基电解质，特别是 $Mg(BH_4)_2$，被认为是最有前途的电解质之一。然而，与格氏试剂和卤化铝酸镁基电解质相比，硼基电解质在 THF 或醚溶剂中的溶解度有限，另外，由于烷基 β-H 等组分基团的形成，导致正极稳定性较低。格氏试剂自

1990 年起逐渐失去优势[43-44]。Gregory 等人预测了 B 被 Al 原子取代或在 R 中引入 F 基团可以改善电解质性能，见表 2-3。在 2002 年，Aurbach 等人发现 Bu_2Mg 在路易斯酸电解质体系（如 BEt_3、BBr_3、BF_3、BPh_2-Cl、$BPhCl_2$ 和 $B(CH_3)_2N_3$）中不会发生可逆镁沉积反应。

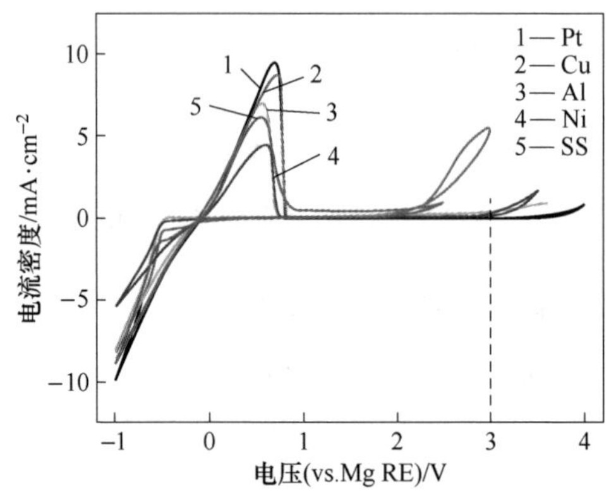

图 2-11 硼基电解液在不同集流器上循环伏安曲线

表 2-3 有机硼酸镁在四氢呋喃溶剂中的性能对比

电解质种类	溶解度/$mol \cdot L^{-1}$	电导率/$S \cdot cm^{-1}$
$Mg(BBu_4)_2$	约 1	1.0×10^{-3}
$Mg(BBu_3Ph)_2$	0.45	2.3×10^{-3}
$Mg(BBu_2Ph_2)_2$	0.5	1.0×10^{-3}
$Mg(BBuPh_3)_2$	0.1	7.1×10^{-4}
$Mg(BPh_4)_2$	<0.01	1.7×10^{-6}

2.2.3.1 Mes_3B-$(PhMgCl)_x$ 和 $MgMes_3BPh_2$/THF

针对上述问题，Guo 等人[6,45]在 2012 年通过三（3，5-二甲基苯基）硼烷（Mes_3B）和 PhMgCl 反应合成了 Mes_3B-$(PhMgCl)_2$。如图 2-12 所示[7,27,44]，镁负极在该电解质体系中显示出高的负极电位、优异的离子电导率和循环效率。此外，研究结果显示 Mes_3B-$(PhMgCl)_2$/THF 在空气中暴露 3h 后仍能保持可逆的镁沉积—溶解活性。更重要的一点是，大多数情况下，加入 PhMgCl 后，其电化学性能基本可以恢复到原来的水平，说明了 Mes_3B-$(PhMgCl)_2$/THF 的稳定性高于 $(PhMgCl)_2$-$AlCl_3$/THF。另外，过量的 PhMgCl 会和溶液中可能存在的稳定活性物质（如 Mes_3BPh、$MgCl^+$、$Mg_2Cl_3^+$）及所有的 Mg-Cl 基团发生非共价相互作用，使该体系具有良好的电化学性能。然而，值得注意的是，镁电极在该电解质溶液中会受到卤素的腐蚀，导致循环性能和放电容量严重受损。此外，该课题组还揭

示了 $Mes_3B-PhMgCl_2$ 的反应路径（见式（2-18）~式（2-21））：转甲基反应（见式（2-18））、Schlenk 平衡（见式（2-19））和氯原子桥接（见式（2-20））。

$$Mes_3B + PhMgCl \longrightarrow MgCl^+ + Mes_3BPh^- \tag{2-18}$$

$$2PhMgCl \rightleftharpoons Ph_2Mg + MgCl_2 \tag{2-19}$$

$$MgCl_2 + MgCl^+ \rightleftharpoons Mg_2Cl_3^+ \tag{2-20}$$

$$2Mes_3B + 4PhMgCl \rightleftharpoons MgCl^+ + Mg_2Cl_3^+ + 2Mes_3BPh^- + Ph_2Mg \tag{2-21}$$

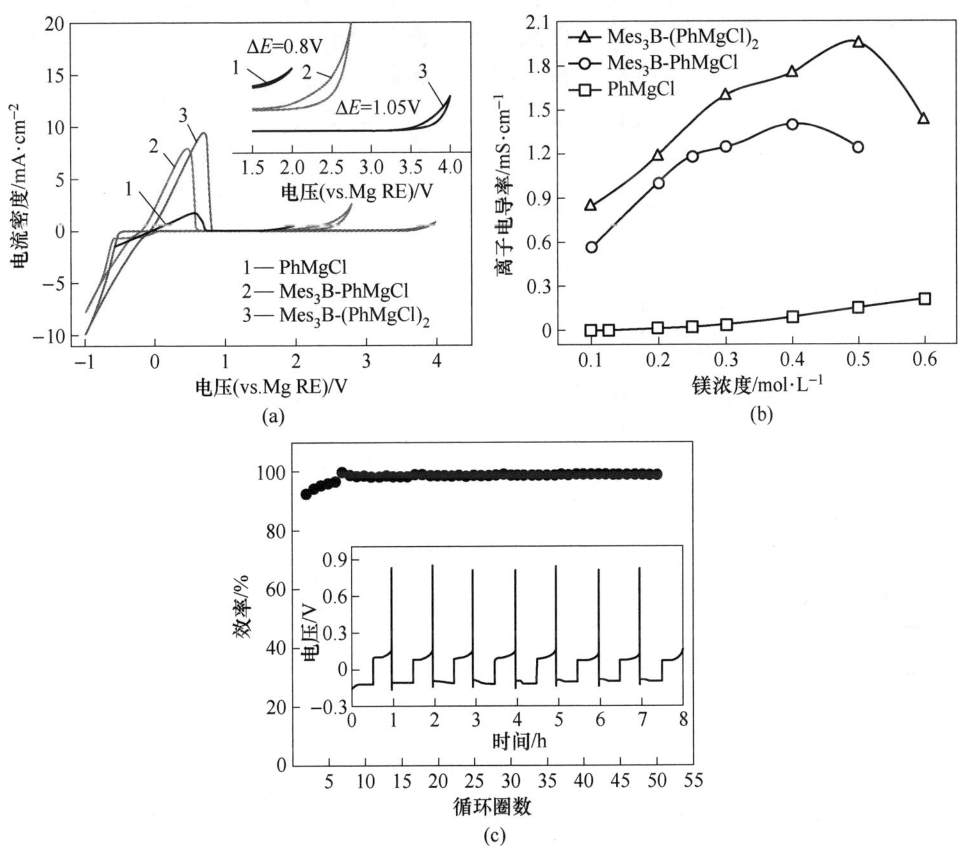

图 2-12　$Mes_3B-(PhMgCl)_2$ 基电解质体系电化学性能

（a）Pt 电极在 PhMgCl、$Mes_3B-PhMgCl$ 和 $Mes_3B-(PhMgCl)_2$ 三种不同电解质中的循环伏安曲线；（b）室温下含不同浓度镁盐的 THF 溶液的离子电导率；（c）$Mes_3B-(PhMgCl)_2$/THF 溶液中金属镁在银基底上沉积和溶解的循环效率图

2014 年，努丽燕娜等人报道了一种新型耐腐蚀电解质 $MgMes_3BPh_2$/THF，研究表明该体系具有较高的离子电导率（15mS/cm），在 SS、Ni 和 Pt 电极上的负极稳定性为 2.6V(vs. Mg)，在 Al 电极上的负极稳定性为 3.0V(vs. Mg)(见

图 2-13），Pt 在 $AlCl_3$-$(PhMgCl)_2$/THF 和 $Mes_3(B)$-$PhMgCl_2$/THF 硼基电解质中的电化学氧化稳定电位分别为 2.1V 和 2.2V（见图 2-14）。上述结果表明，与镁基有机卤化铝酸盐电解质相比，该体系能真正抑制镁电极的腐蚀。此外，式（2-22）~式（2-24）直观阐明了 Ph^- 的生成与消耗。式（2-25）为 $MgMes_3BPh_2$ 生成的总反应，该式说明除了卤素外还有其他物质，如 Mes_3BPh 可以控制金属镁负极的可逆性沉积[46]。

$$Ph_2Mg \rightleftharpoons Ph^- + PhMg^+ \tag{2-22}$$

$$PhMg^+ \rightleftharpoons Ph^- + Mg^{2+} \tag{2-23}$$

$$Ph^- + Mes_3B \rightleftharpoons Mes_3BPh^- \tag{2-24}$$

$$Ph_2Mg + Mes_3B \rightleftharpoons MgMes_3BPh_2 \tag{2-25}$$

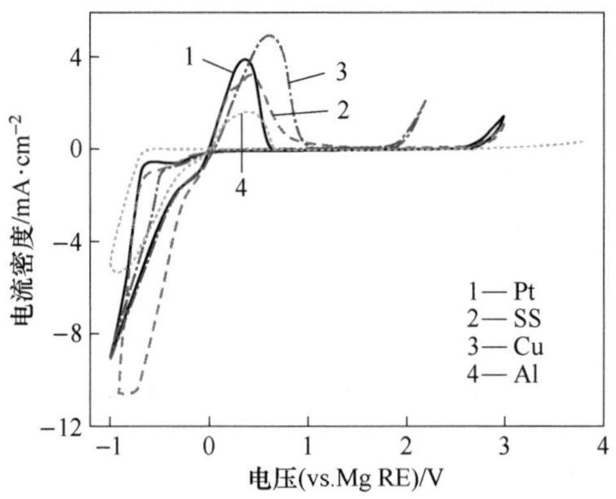

图 2-13　$MgMes_3BPh_2$/THF 电解质溶液循环伏安曲线

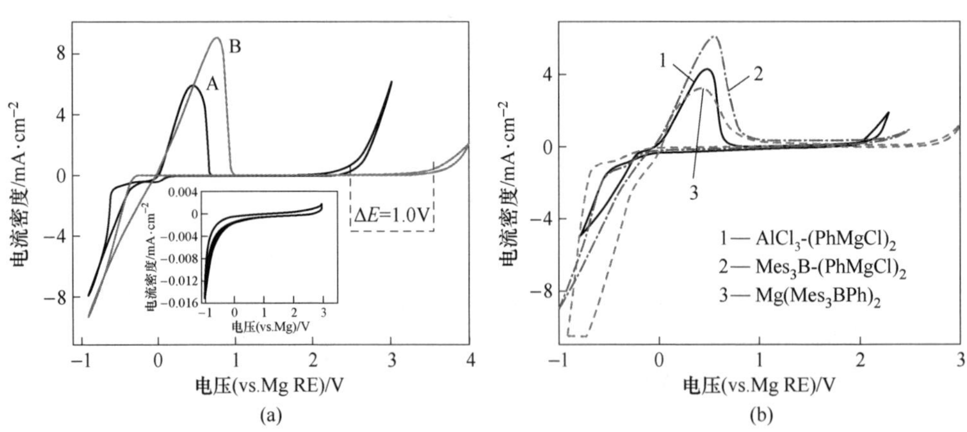

图 2-14　Pt 电极电化学性能

（a）Mes_3B-$(PhMgCl)_2$/THF 中 Pt 电极的循环伏安曲线；

（b）Pt 电极在不同电解质溶液中的循环伏安曲线

2.2.3.2 $(Mg_2(\mu\text{-}Cl)_3 \cdot 6THF)(BPh_4)$、$(Mg_2(\mu\text{-}Cl)_3 \cdot 6THF)(B(C_6F_5)_3Ph)_3$ 和 $Mg(BArF)_2$

为了研究不含氯化物的高负电阴离子，Muldoon 等人采用了一种可行的方法——离子交换反应合成 $Mg(BArF)_2$（镁四离子 3，5-双（三氟甲基）苯基硼酸盐）和含有相当稳定的非配位阴离子的晶体 $(Mg_2(\mu\text{-}Cl)_3 \cdot 6THF)(BPh_4)$ 及 $(Mg_2(\mu\text{-}Cl)_3 \cdot 6THF)(B(C_6F_5)_3Ph)_3$。结果表明，$Mg(BArF)_2$ 体系出现了超宽的电化学窗口（4V vs. Mg）（见图 2-15）和良好的溶解性，但是，它不能与镁负极兼容。研究结果表明，$(Mg_2(\mu\text{-}Cl)_3 \cdot 6THF)(BPh_4)$ 晶体在集流体 Pt 和 SS 上均表现出 2.6V(vs. Mg)的高负极稳定性，且无腐蚀迹象，比 $(Mg_2(\mu\text{-}Cl)_3 \cdot 6THF)(HMDS_nAlCl_{4-n})$ $(n=1,2)$ 电解质高出 400mV。此外，$(Mg_2(\mu\text{-}Cl)_3 \cdot 6THF)(B(C_6F_5)_3Ph)_3$ 在 Pt 集流体上表现出 3.7V(vs. Mg)的负极稳定性，这是由于 $(B(C_6F_5)_3Ph)^-$ 具有更高的电负性，会提高电解质的抗氧化性[47]。然而，$(Mg_2(\mu\text{-}Cl)_3 \cdot 6THF)(B(C_6F_5)_3Ph)_3$ 对 SS 的氧化稳定性增大到 2.2V(vs. Mg)，增加的氧化电位会加快氯化物的腐蚀，从而在电极表面出现腐蚀坑。

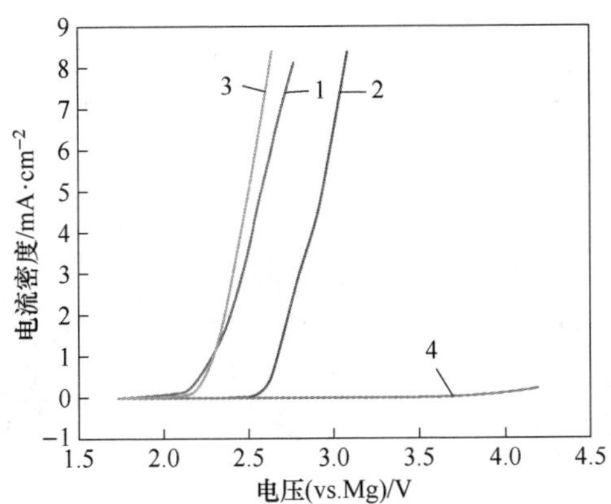

图 2-15 $(Mg_2(\mu\text{-}Cl)_3 \cdot 6THF)(HMDSnAlCl_{4-n})$ $(n=1,2)$（曲线 1）、$(Mg_2(\mu\text{-}Cl)_3 \cdot 6THF)(BPh_4)$（曲线 2）、$(Mg_2(\mu\text{-}Cl)_3 \cdot 6THF)(B(C_6F_5)_3Ph)$（曲线 3）和 $Mg(BArF)_2$（曲线 4）四种不同溶液的线性扫描伏安曲线

2.2.3.3 $\{1\text{-}(1,7\text{-}C_2B_{10}H_{11}) \cdot 2MgCl\}Mg_2Cl_3$

2014 年，Mohtadi 研究团队基于 $Mg(BH_4)_2$ 优异特性，设计并合成了 1-(1,7-碳硼酰)氯化镁/THF 电解质体系[9]，这一含硼团簇在 Al、Pt 和 316-SS 上均具有 3.2V(vs. Mg)的负极稳定性（见图 2-16），离子电导率可达到 0.6mS/cm，图 2-17 是该体系合成方案示意图[9,41,48]。大多数情况下，碳硼烷基电解质是无腐蚀性的，且与镁负极具有优良的兼容性和高稳定性。然而，稳定的十二硼酸二硼烷电荷密度低，配位性弱，在溶剂中的溶解度较差。

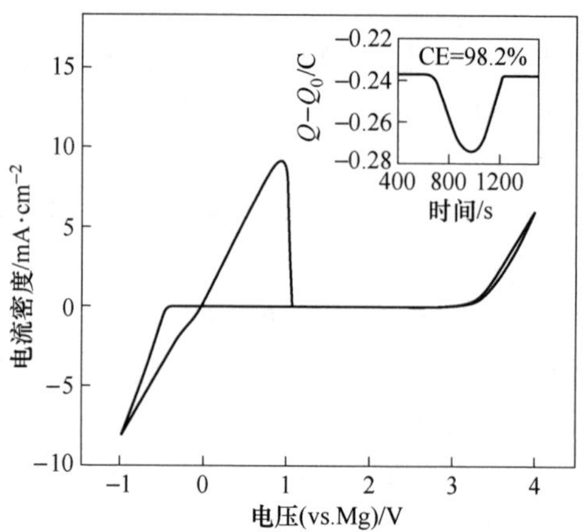

图 2-16　$\{1\text{-}(1,7\text{-}C_2B_{10}H_{11})_2Mg\}(MgCl_{22})$ 在 THF 中的循环伏安曲线

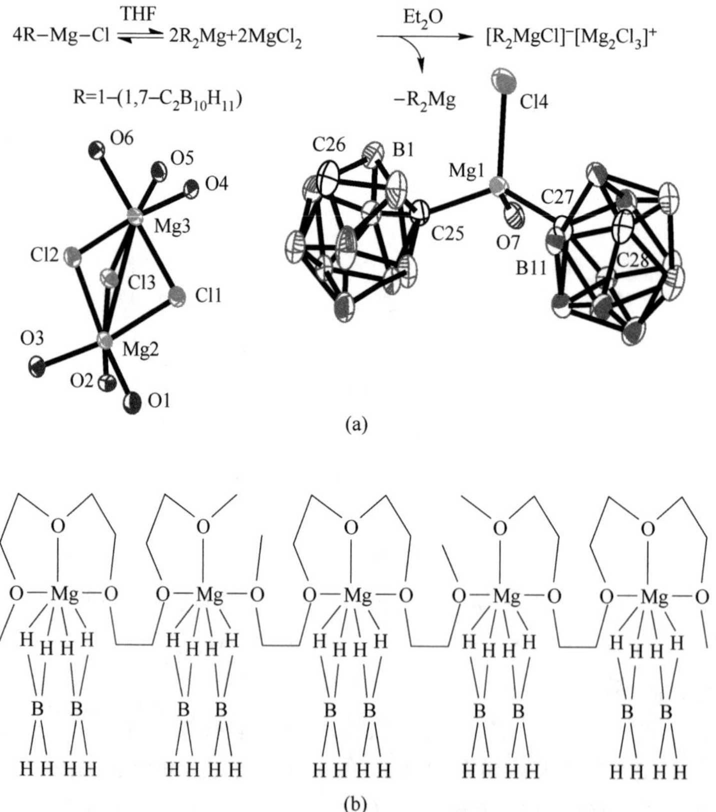

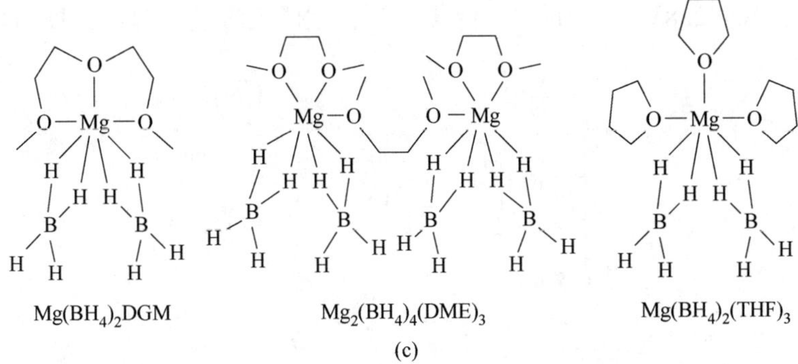

图 2-17　碳硼烷基电解质体系机理及结构分析

(a) 1-(1,7-碳硼酰)氯化镁的形成机理和相应的 X 射线晶体结构；(b) $Mg(BH_4)_2$ 在甘油三酯（TG）中的配位结构；(c) $Mg(BH_4)_2$ 在丁二酮肟（DGM）、二甲醚（DME）和四氢呋喃（THF）中的配位结构

2.2.3.4　$Mg(CB_{11}H_{12})_2$

2015 年，Mohtadi 等人报道了一种先进的电解质 $Mg(CB_{11}H_{12})_2$（简称 MMC），以解决上述缺点。如图 2-18 所示，该电解质在 Pt 集流体上具有较高的负极稳定性（3.4V(vs. Mg)在三甘醇二甲醚(G3)溶剂中及 3.8V(vs. Mg)在四乙二醇二甲醚(G4)溶剂中）和高的离子电导率（在 G3 中为 2.9mS/cm，G4 中为 1.8mS/cm）。

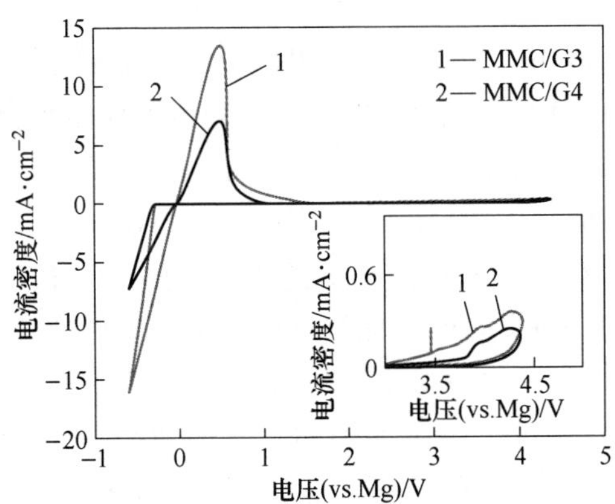

图 2-18　MMC/G3 和 MMC/G4 在 Pt 电极上的循环伏安曲线

此外，由于 $B_{11}H_{12}$-的亲脂性和溶解性，其库仑效率在 G4 溶剂中高达 94.4%，循环性能与负极的相容性均较好（见图 2-19）。最重要的是，MMC/G4 体系是绝对稳定的，这不仅体现在热力学稳定性（约 190℃开始失去 G4），也体现在化学惰性上（与额外的水没有任何化学反应，良好的耐化学腐蚀能力（强

路易斯酸或碱，2.8V(vs. Mg))。毫无疑问，该体系将是电解质发展历史上的一个里程碑。

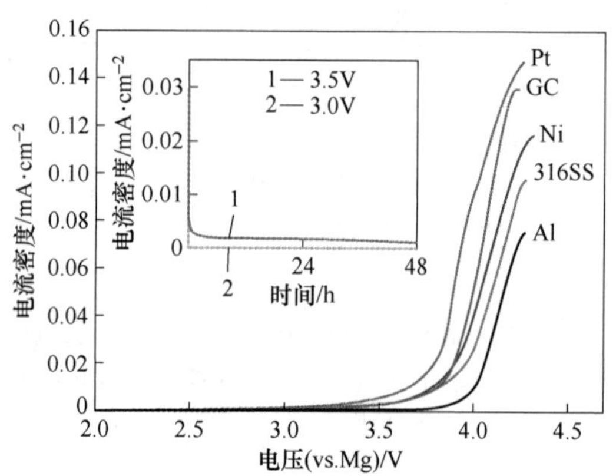

图 2-19　MMC/G4 电解质在不同电极材料上的线性扫描曲线

2.2.3.5　$Mg(BH_4)_2$

作为主要的无机硼电解液，$Mg(BH_4)_2$ 可以溶解在多种的溶剂中并表现出不同的电化学性能。2012 年，Mohtadi 等人比较了 $Mg(BH_4)_2$ 电解质在二甲醚（DME）和四氢呋喃（THF）两种溶剂中的电化学性能。结果表明，在二甲醚中形成的双齿配体和四氢呋喃溶剂中形成的单齿配体是导致库仑效率差异的主要因素（二甲醚为67%，四氢呋喃为40%）。有趣的是，加入 $LiBH_4$ 后，可以提高体系的电化学活性，使得 $Mg(BH_4)_2$ 在二甲醚中的电流密度增大几个数量级，库仑效率提高到94%，在 GC、Pt 和 SS 集流体上的负极稳定性分别达到 2.3V、1.7V、2.2V(vs. Mg)。合理的推测是 $Mg(BH_4)_2$ 可以表现为以离子对$Mg(\mu\text{-}H)_2BH_{22}$形式在溶剂中存在，并且已部分分解为 $Mg(\mu\text{-}H)_2BH_2^+$ 和 BH_4^-。

如图 2-17(c)所示，2013 年，Shao 等人[49]分析了 $Mg(BH_4)_2$ 在二甲醇二甲醚中的三齿配体结构，研究表明该配体可作为进一步反应的供体，从而提升电池库仑效率（接近 100%）。此外，在 0.1C 放电条件下，正极材料 Mo_6S_8 的初始容量为 99.5mA · h/g，经 300 次循环后容量保持率为 89.7%，表明该体系具有优异的循环稳定性。值得注意的是，在该体系中的溶剂的安全问题仍然需要解决。2015 年，Tuerxun 研究团队在实验过程中发现 $Mg(BH_4)_2$-$LiBH_4$/TG（甘油三酯）体系非常稳定，在制备过程中即使经历 90℃ 的热处理，也能保持结构完整性，这一现象归因于五齿配体的高沸点/闪点（见图 2-17(b)）：TG 为 275℃/141℃，DGM 为 200℃/57℃，DME 为 85℃/－2℃，THF 为 66℃/－14℃。此外，热处理过的 0.5mol/L $Mg(BH_4)_2$/$LiBH_4$(1.5mol/L)/TG 溶液对 SS、Pt、Ni、Cu 等集流体的稳定电位分别为 2.4V、2.0V、1.9V、1.4V(vs. Mg)。由于 TG 的增强协同作用，上述电解质体系的色谱效率接近 100%，说明外加 $LiBH_4$ 可以增加电解质的溶解度，从而进一步提高电解液的循环可逆性和色谱效率[50-51]。在此基础上，努丽燕娜等人以 0.5mol/L $Mg(BH_4)_2$-$LiBH_4$(1.5mol/L)/TG 电解质，以金属镁为负极，TiO_2 为正极组装了可充电镁离子电池。电化学测试结果表明该电池体系展现出高的比容量（放电容量为 0.1C 时，比容量为 168.8mA · h/g；充电容量为 0.1C 时，比容量为 161.9mA · h/g）；优异的循环性能（0.2C 时 90 次循环后为 140mA · h/g）和倍率性能（0.2C、1C 和 2C 时分别为 148.9mA · h/g、123.7mA · h/g 和 85mA · h/g）。同时，为了进一步阐释 Li^+ 的协同作用，Gewirth 等人使用 Pt-UME（超微电极）研究了 0.1mol/L $Mg(BH_4)_2$-$LiBH_4$(1.5mol/L)/DGM 体系的电化学性能及反应机制，具体反应过程如式（2-28）~式（2-30）所示。该体系反应包括 Mg-Li 合金/溶解和 Mg/Mg^{2+} 氧化还原反应过程。研究表明，随着添加 $LiBH_4$ 浓度的增加，金属镁的沉积/溶解动力学显著增加，证实了 Mg-Li 合金能促进 Mg^{2+} 的电还原动力学并降低反应电阻。

$$Mg^{2+} + 2e \rightleftharpoons Mg \tag{2-26}$$

$$(1-x)Mg^{2+} + xLi^+ + (2-x)e \rightleftharpoons Mg_{(1-x)}Li_x \quad (0 < x \leqslant 0.02) \tag{2-27}$$

$$(1-y)Mg^{2+} + yLi^+ + (2-y)e \rightleftharpoons Mg_{(1-y)}Li_y \quad (0.020 < y \leqslant 0.09) \tag{2-28}$$

综上所述，硼基电解质在非贵金属上具有优良的电化学性能和巨大的应用潜力，是镁充电电池中很有前途的电解质之一。值得肯定的是，上述发现对于硼基电解质及可充电镁电解质体系发展具有重大意义。

2.2.4 镁基有机卤化铝酸盐电解质

有机镁－卤铝酸盐配合体系（MACC）的分子式为 $Mg(AX_{4-n}R_{n'}R_{n''})_2$，其中 A 可被 Ta、Sb、Fe、As、P、B 所取代；X = F、Cl、Br；R、R′ = 芳基或烷基；$0 < n < 4$，$n' + n'' = n$。MACC 的发现开启了一个镁离子电解质发展新的篇章，因为它是目前报道的性能优于格氏试剂的最早的电解质之一，具有较高的库仑效率（100%）、宽电化学窗口（2 ~ 3V(vs. Mg)）和低镁沉积过电位（见表 2-1）。更重要的是，MACC 拥有低成本和高实用性。然而，MACC 体系在除了 Chevrel 相之外的其他正极材料上的循环性较差，同时在含有水分的空气中具有高度的不稳定性。另外，与硼和氨基卤化镁电解质相比，MACC 体系中的有机金属物质更容易氧化，电化学窗口狭窄，这些因素限制了其商业化进程。

一般来说，MACC 的发展主要包括两部分：第一代电解质（DCC）和第二代电解质（APC），这两部分都是由 Aurbach 团队报道的[52-54]。DCC 的一般结构式可以描述为 $Mg(AX_{4-n}R_n)_2$，反应用 $AX_{3-n}R_n$ 酸和 R_2Mg 碱（A = Ta、Sb、Fe、As、P、Al、B，X = F、Cl、Br，R = 芳基或烷基）。DCC 的发现可以说是 MACC 电解质发展中的一个重大突破，因为该电解质具有良好的电化学性能，负极稳定性宽（2.1 ~ 2.5V(vs. Mg)），库仑效率高（100%）和与Chevrel相的正极材料具有优异的循环性能。Aurbach等人[55]发现通过改变官能团可以使APC展现出比DDC更高的负极稳定性（> 3V(vs. Mg)），这一发现成功地将可充电镁电池的发展推向高电压时代。下面将对这两代电解液的发展进行重点描述。

2.2.4.1　第一代电解质（DCC）

在2000年，考虑到DCC电解液高的负极稳定性（2.5V(vs. Mg)）和100%的库仑效率（见图2-20），Aurbach等人组装了第一个可充电镁离子电池Mg | 0.25mol/L $Mg(AlCl_2BuEt)_2$/THF | Mo_6S_8，该电池在1.2V和1V以下具有两个插层平台，其实际能量密度为60W · h/kg，高于普通铅酸电池和镍镉电池（40W · h/kg），并具有优异的循环性能及与正极 Mo_6S_8 有着良好兼容性（2000个周期后容量衰减小于15%）。后来，研究者把一系列这种电解质称为镁基有机卤化铝酸盐电解质，正如 $Mg(AlCl_3R)_2$ 和 $Mg(AlCl_2RR')_2$，其中R和R′为烷基官能团，这就是通常所说的第一代电解质，记为DCC（二氯络合物）。

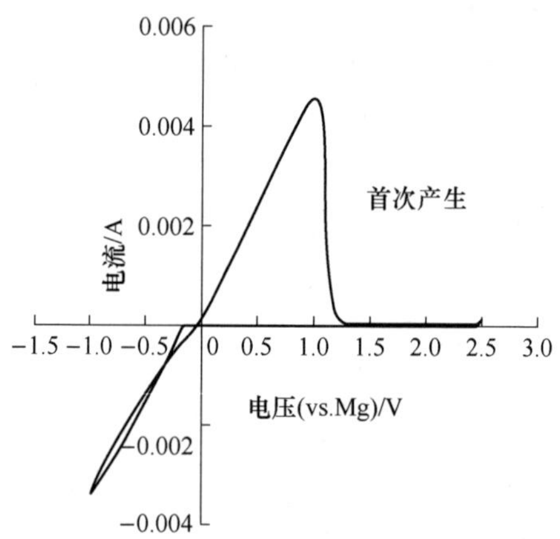

图2-20　镁在 $Mg(AlCl_2BuEt)_2$ 溶液中的循环伏安曲线

2001年，Aurbach等人[53]采用更为先进的电解质 $Mg(AlCl_2Et)_2$/THF组装的镁半电池具有更高的能量密度（约为80W · h/kg），循环性能优异（1000次循环后容量衰减小于10% ~ 15%），库仑效率高（99%）。2002年，Aurbach等人[72]证明了下列路易斯酸与 Bu_2Mg 路易斯碱均不能引发金属镁的可逆沉积反应：TaF_3、$SbCl_3$、$SbCl_5$、$AsPh_3$、$FeCl_3$、PPh_3、PEt_2Cl、$BPhCl_2$、BPh_2Cl、$(BCH_3)_2N_3$、BEt_3、BF_3、BBr_3，相关性能见表2-4。该实验结果证明在酸/碱浓度比为2.0时，Bu_2Mg 和 $AlCl_2Et$ 的组合具有良好的循环效率（95%）和高的分解电位（2.1V(vs. Mg)）。此外，R—Mg键会电子被吸引，路易斯酸浓度越高，R—Mg键越难被氧化。另外，路易斯酸和路易斯碱之间存在转化作用，可能会导致形成的二聚体或低聚体向正极方向移动，而镁形成阳离子向负极方向移动。然而，考虑到DCC的复杂性，真实溶液体系中的活性离子可能是$Mg_2R_{3-n}Cl_n^+$ROR阳离子和$AlCl_{4-n}R_n^-$阴离子。随后，Lobitz等人发现在Bu_2Mg中金属镁沉积的形貌有很大的不同，在银基体上平滑致密，在镍基体上出现大量枝晶沉积，这意味着在银基体上电沉积的镁可能完全被电化学再氧化，而在镍基体上可再氧化镁的损失相当大。同样地，Ni和Ag的底物对Ph_2BBr和$Mg(BBu_2Ph_2)_2$有类似的作用。2006年，努丽燕娜团队发现，在Ag、Cu和Ni中，只有银基体在0.25mol/L $Mg(AlCl_2EtBu)_2$/THF中形成的银-镁合金过电位最低，可有效提高电极的库仑效率和循环稳定性。

表2-4 R_2Mg和$AX_{3-n}R'_n$型路易斯碱和路易斯酸的镁循环效率和沉积电位

路易斯碱	路易斯酸	比例	循环效率/%	沉积电位/V
Bu_2Mg	$AlCl_2Et$	1∶2.00	95	2.10
Bu_2Mg	$AlCl_2Et$	1∶1.75	95	2.05
Bu_2Mg	$AlCl_2Et$	1∶1.50	97	2.00
Bu_2Mg	$AlCl_2Et$	1∶1.25	94	1.90
Bu_2Mg	$AlCl_2Et$	1∶1.00	96	1.80
Bu_2Mg	$AlCl_2Et$	1∶0.75	95	1.65
Et_2Mg	$AlCl_2Et$	1∶2.00	92	2.25
Ph_2Mg	$AlCl_2Et$	1∶2.00	80	2.08
Bz_2Mg	$AlCl_2Et$	1∶2.00	88	2.15
Bu_2Mg	$AlCl_3$	1∶2.00	75	2.40
Bu_2Mg	$AlCl_3$	1∶1.75	74	2.30
Bu_2Mg	$AlCl_3$	1∶1.50	74	2.25
Bu_2Mg	$AlCl_3$	1∶1.25	83	2.15
Bu_2Mg	$AlCl_3$	1∶1.00	86	2.10
Bu_2Mg	$AlCl_3$	1∶0.75	92	2.00
Bu_2Mg	BPh_3	1∶1.50	86	1.77
Bu_2Mg	BPh_3	1∶1.00	68	1.60
Bu_2Mg	BPh_3	1∶0.66	91	1.40
Bu_2Mg	BPh_3	1∶0.50	93	1.30
Bu_2Mg	BCl_3	1∶1.00	80	1.20
Bu_2Mg	BCl_3	1∶0.50	93	1.75
Bu_2Mg	BCl_3	1∶0.20	71	1.50

为了更深入了解有机镁－卤化铝酸盐的电解质体系，2001 年，Aurbach 等人发现 $Mg(AlCl)_2BuEt$（Bu = 丁基，Et = 乙基）溶液的镁形态比 BuMgCl 溶液更小更规则，这可能会对活性物质有影响。金属镁的沉积表明 $Mg(AlCl)_2BuEt$ 更适合于可充电镁离子电池，这是因为虽然 $Mg(AlCl)_2BuEt$ 和 BuMgCl 的高阻抗都是由吸附过程造成的而不是稳定的钝化现象。同时，他们提出了溶液中可能存在 $Mg_2Cl_3^+(nTHF)$、$RMg^+(nTHF)$、$(AlCl_{4-n}R'_nR''_n)Mg^+(nTHF)$ 型电解质和金属镁在该溶液中的沉积—溶解反应机制（式（2-29）~式（2-39））[56-58]。

总反应：

$$2RMgX \rightleftharpoons MgR_2 + MgX_2 \tag{2-29}$$

$$2RMgX \rightleftharpoons RMg^+ + RMgX_2^- \tag{2-30}$$

镁沉积：

$$2RMg^+ + 2e \rightleftharpoons 2RMg_{(ad)} \tag{2-31}$$

$$2RMg_{(ad)} \rightleftharpoons Mg + MgR_{2(sol)} \tag{2-32}$$

或

$$2MgR_2 + 2e \rightleftharpoons 2RMg_{(ad)} + 2R^- \tag{2-33}$$

$$2RMg_{(ad)} \rightleftharpoons Mg + MgR_{2(sol)} \tag{2-34}$$

$$R^- + RMg^+ \rightleftharpoons MgR_{2(sol)} \tag{2-35}$$

$$R^- + MgX_2 \rightleftharpoons RMgX^-_{2(sol)} \tag{2-36}$$

$$R^- + 2RMgX \rightleftharpoons MgR_{2(sol)} + RMgX^-_{2(sol)} \tag{2-37}$$

镁溶解：

$$Mg + MgR_2 \rightleftharpoons 2e + 2RMg^+ \tag{2-38}$$

$$Mg + 2RMgX_2^- \rightleftharpoons 2e + 2RMgX + MgX_2 \tag{2-39}$$

此外，他们还观察到了电解质的负极稳定性顺序：$Mg(AlCl_3Bu)_2$(2.5V(vs. Mg)) > $Mg(AlCl_2BuEt)_2$(2.1V(vs. Mg)) > $Mg(BPhBu)_2$(1.9V(vs. Mg)) > BuMgCl(1.2V(vs. Mg))（见图 2-21）[59-62]。这一现象表明，溶液组分决定了溶液的形态，而溶液形态又决定了溶液的色谱效率。随后，该课题组推测了电极表面在复杂溶液，例如 $Mg_2Cl_3(nTHF)^+$、$AlCl_3R^-$ 或 $Mg_xCl_yR_z(nTHF)^+$ 吸附过程可能存在的化学平衡（式（2-40）和式（2-41））。该团队指出镁沉积在 MACC 上并不是一个简单的吸附—解吸过程。这些结论为进一步研究电解液的机理提供了新的思路，为找到有意义的可充电镁电池提供了指导。

$$Mg(AlCl_{3-n}R_{n+1})_2 \rightleftharpoons MgR_2 + 2AlCl_{3-n}R_n \quad R = Me、Et、Bu \tag{2-40}$$

$$Mg(AlCl_{3-n}R_{n+1})_2 \rightleftharpoons (AlCl_{3-n}R_{n+1})Mg^+ + (AlCl_{3-n}R_{n+1})^- \tag{2-41}$$

2004 年，Aurbach 等人发现了 $Mg(AlCl_2BuEt)_2$/THF 电解质体系的负极稳定性随着酸含量的增加而增加，特别是在 $Mg(AlCl_2BuEt)_2$ 体系中的酸碱比为 2∶1，负极稳定电位达到 2.3V(vs. Mg)，远高于其他放射性酸含量（见图 2-22）。他们指出

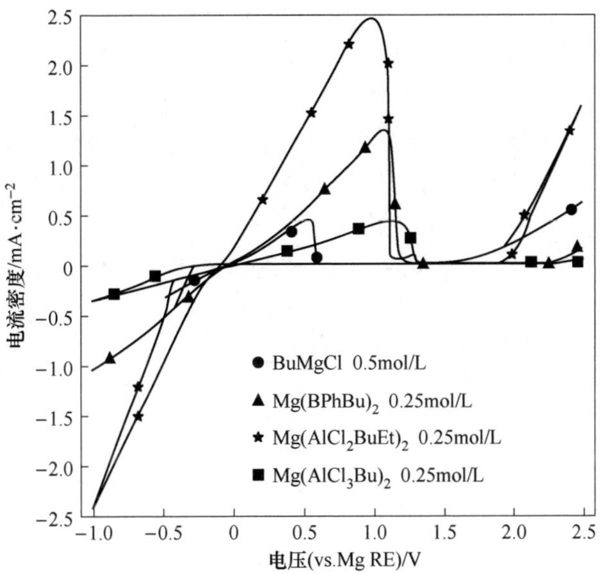

图 2-21 BuMgCl、$Mg(BPhBu)_2$、$Mg(AlCl_2BuEt)_2$ 和 $Mg(AlCl_3Bu)_2$ 电解液循环伏安图

了 MACC 体系中转甲基作用的反应路径，如式（2-42）~式（2-44）所示[63-65]。铝核物种的产物被氯配体和烷基包围。然而，作为给电子配体，铝键更多的是有机配体，对氧化过程更敏感。DCC 中最弱的键是 Al—C 键，这与格氏试剂中的 C—Mg 键不同。最弱的 Al—C 键决定了负极的稳定性，因为 Al 作为给电子的配体与 C 结合，而 C 由于有 Cl 的牵引作用因而具有较少配位电子。这些理论均是在电极或溶剂首先被氧化的条件下提出的。

$$2EtAlCl_2 \cdot L + Et_2Mg \cdot L_4 \rightleftharpoons Et_2ClAl\text{-}ClAlClEt_2^- + MgCl^+ \cdot L_5 + L \quad (2\text{-}42)$$

$$EtAlCl_2 \cdot L + Et_2Mg \cdot L_4 \rightleftharpoons Et_3Al \cdot L + MgCl_2 \cdot L_4 \quad (2\text{-}43)$$

$$EtAlCl_2 \cdot L + 2Et_2Mg \cdot L_4 \rightleftharpoons Et_4Al^- + EtMg^+ \cdot L_5 + MgCl_2 \cdot L_4 \quad (2\text{-}44)$$

式（2-45）反映了 $EtAlCl_2$ 和 THF 之间的平衡关系，但是它们之间是否存在电活性物质目前尚不清楚，应引起科研工作者注意。

$$(EtCl_2Al)_2 + 3L \rightleftharpoons Et_2AlCl \cdot L + AlCl_3 \cdot L_2 \quad (2\text{-}45)$$

2005 年，Levi 等人提出了三步电结晶机理，较好地解释了金属镁的沉积过程，由于 DCC 体系高的阻抗值和较低的镁沉积速度，该机制适用于所有有机复合电解质溶液（见图 2-23）。具体来说，第一阶段(g)是镁金属表面形成的吸附原子和电子的转移阶段((a)~(f))。该体系的反应途径包含四个连续的过程((a)~(d))和两个相阶段((e)~(f))。(a)表示电活性物质的扩散，即从溶液中移动到镁金属表面。(b)过程是从溶液中析出的 $MgCl_{sf}^+$ 吸附到镁金属表面（下

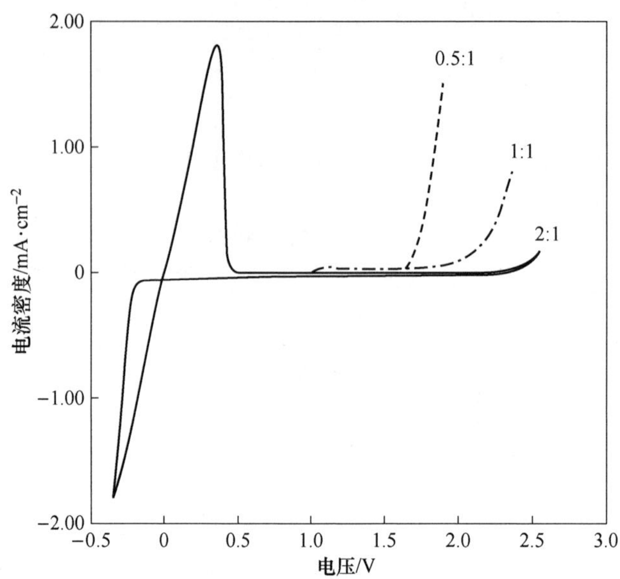

图 2-22　配合物在金电极上的酸碱比

标 sf 和 sl 分别为金属表面的物种和溶液中的局部物种）。电子转移过程发生在(c)和(d)，其中(d)为释放出的 Cl^-。其中 Cl^- 有两个去向：一个回到溶液(e)，另一个形成氯化镁（$MgCl_{2sf}$）。第二阶段(h)与镁电极表面吸附原子扩散的实际生长位点相关。第三阶段(i)是充分考虑了金属镁变成金属晶格的一部分。

Ⅰ. 镁金属表面反应路径：

$$MgCl^+_{sl} \xrightarrow[\text{快速}]{\text{扩散}} MgCl^+(\text{接近镁表面}) \quad (a)$$

$$MgCl^+(\text{接近镁表面}) \xrightarrow[\text{缓慢}]{\text{吸附}} MgCl^+_{sf} \quad (b)$$

$$MgCl^+_{sf}+e \xrightarrow{\text{缓慢}} MgCl^+_{sf} \quad (c)$$

$$MgCl^+_{sf}+e \xrightarrow{\text{快速}} Mg_{sf}+Cl^- \quad (d)$$

$$Cl^- \rightarrow \text{扩散到溶液} \quad (e)$$

$$Cl^- \rightarrow MgCl^+_{sf}+Cl^- \rightarrow MgCl_{2sf} \quad (f)$$

Ⅱ. 镁表面钝化膜层沉积(三阶段)：

放电过程在金属表面形成吸附镁原子是第一阶段　(g)

$$Mg_{sf} \xrightarrow[\text{快速}]{\text{表面扩散}} Mg \quad (h)$$

$$Mg \underset{\text{缓慢}}{\rightleftharpoons} Mg \quad (i)$$

图 2-23　可能反应途径图

2006 年，Gofer 等人[54]发现 LiCl 对 DCC 的影响比对 TBACl 更明显（见图 2-24），特别是在比电导率方面（在 TBACl 中约 1.65mS/cm(0mol/L)(vs. 约 3.25mS/cm(0.6mol/L))；在 LiCl 中约 1.4mS/cm(0mol/L)(vs. 约 3.8mS/cm(0.5mol/L)))。这是由于 Mg 和 Li 离子可以在 DCC 中共插，在插层过程中产生竞争（见图 2-25），因此，随着电池内阻的降低，锂离子的利用率高达 100%。此外，他们推测了这种电解质中的反应方程式（式(2-46)~式(2-49)），以此来解释加入 R_4NCl 或 LiCl 可以增强离子电导率和电流效应。基于此，他们提出了通过添加锂离子来获得先进可充镁离子电池电解液的新策略。

$$Et_2AlCl \cdot THF + MCl = Et_2AlCl^- + M^+ + THF \tag{2-46}$$

$$MgCl^+ \cdot 5THF + MCl = MgCl_2 \cdot 4THF + M^+ + THF \tag{2-47}$$

$$MgCl_2 \cdot 4THF + 2TBACl = MgCl_4^{2-} \cdot nTHF + 2TBA^+ + (4-n)THF \tag{2-48}$$

$$AlEt_xCl_{3-x} + LiCl \rightleftharpoons AlEt_xCl_{4-x}^- + Li^+ \tag{2-49}$$

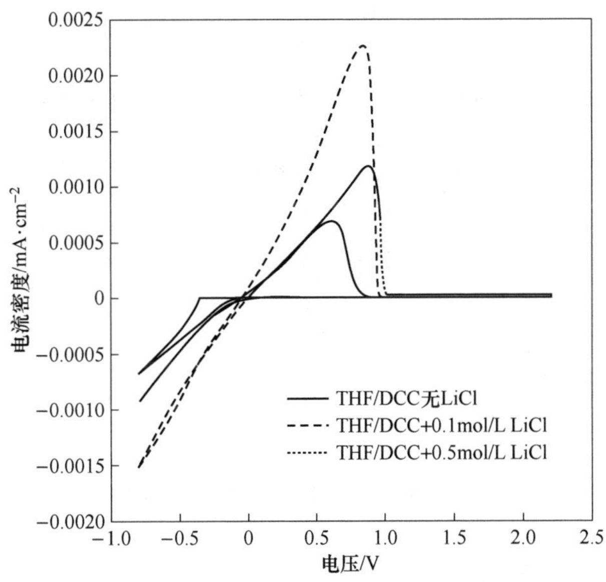

图 2-24 不同浓度的 LiCl 或 TBACl 体系

2007 年，Aurbach 等人进一步研究了无机离子和 R 基官能团对 DCC 电解质电化学性能的影响。结果表明，不同的 R 基团对负极稳定性有很大的影响：乙基丁基络合物(2.45V(vs. Mg)) < 全乙基络合物(2.5V(vs. Mg)) < 全甲基络合物(2.6V(vs. Mg))，这是由于 Al—R 键的阻力增加，R 基团越少，电子推动趋势越小。据推断，随着 R 基的逐渐变小（Bu > Et > Me），Al—R 键的抗氧化性增强（见式（2-50）~式（2-55））。同时，Vestfried 等人用不同浓度的 $AlCl_2$-R 路易斯

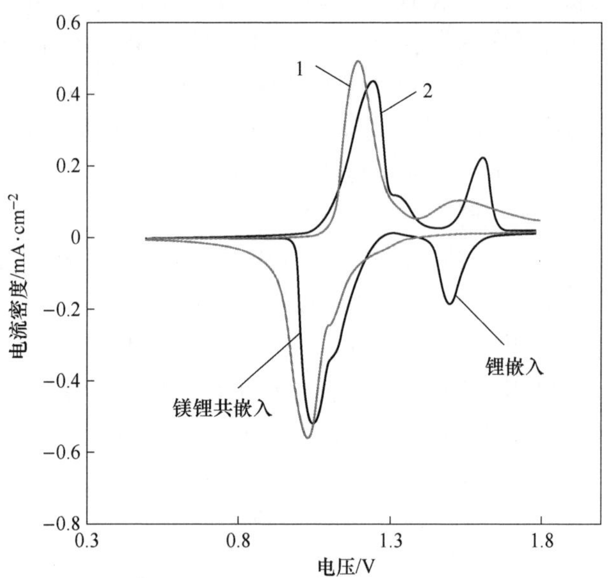

图 2-25　DCC/THF 溶液（曲线 1）和 LiCl 溶液（曲线 2）

酸和 RMgCl 或 R_2Mg 路易斯碱（R = 有机配体）研究 $AlCl_{4-n}R_n^-$、$AlCl_{3-n}R_n$、$Mg_2Cl_3^+$ 和 $MgCl_2$（$1 \leqslant n \leqslant 3$）在 DCC 电解质溶液中的电化学行为。该反应是在假设溶液中 Al 核与 Mg 核之间发生配体交换反应，形成 $AlCl_{4-n}R_n(n \leqslant 4)$、$Mg_2Cl_3^+$ 和 $MgCl^+$ 等稳定的物质，被称为转甲基作用。但必须说明的是，上述分析方法还不能完全反映可逆反应的机理或复杂结构。

$$EtMgCl + EtAlCl_2 \longrightarrow xMgCl_2 + (1-x)MgCl^+ + xEt_2AlCl + (1-x)Et_2AlCl_2^- \tag{2-50}$$

$$2EtMgCl + AlCl_3 \longrightarrow (1+x)MgCl_2 + (1-x)MgCl^+ + xEt_2AlCl + (1-x)Et_2AlCl_2^- \tag{2-51}$$

$$LiCl + EtAlCl_2 \longrightarrow Li^+ + EtAlCl_3^- \tag{2-52}$$

$$Li^+ + EtAlCl_3^- + EtMgCl \longrightarrow Li + Et_2AlCl_2^- + MgCl_2 \tag{2-53}$$

$$EtMgCl + Et_3Al \longrightarrow MgCl^+ + Et_4Al^- \tag{2-54}$$

$$4EtMgCl + 2Et_2AlCl \longrightarrow MgCl^+ + MgCl_2 + Et_4Al^- + Mg_2Cl_3^+ + Et_4Al^- \tag{2-55}$$

2008 年，Nakayama 小组研究了 $Mg(AlCl_2EtBu)_2$/THF（Et：C_2H_5，Bu：C_4H_9）：$(Mg_2Cl_2THF_4)^{2+}$、$(R_2AlCl_2)^-$、$(RAlCl_3)^-$、R_3AlTHF 和关键物种 $R_2AlClTHF$（R = Et 或 Bu）中的平衡态，式（2-56）中直观说明了 $Mg(AlCl_2EtBu)_2$ 体系比

BuMgCl(1.8mS/cm(vs. 3.9×10^{-2}mS/cm))电导率高的原因。

$$Mg_2Cl_2THF_4^{2+} + 2R_2AlClTHF \xlongequal{} 2Mg^{2+} + 2R_2AlCl_2^- + 6THF \quad (2\text{-}56)$$

2.2.4.2 第二代电解质（APC）

Aurbach 等人探索了第二代电解质$(PhMgCl)_2$-$AlCl_3$/THF（APC，全苯基络合物），通过排除 β-H 消除形成分子产物 Ph_xMgCl_{2-x}和 $PhAlCl_{3-y}$。与 DCC 电解液相比，该电解液具有过电位低（1.95V）、循环效率高（接近 100%）、负极稳定性大于 3V(vs. Mg)、高比电导率（2～5mS/cm）的特点。对此，一个可能的原因是 Al—C 键与烷基配体的反应比苯基弱。

APC 溶液中常见活性物质有 $MgCl^+$、$Mg_2Cl_3^+$、$AlPh_4^-$ 和 $AlPh_{4-n}Cl_n$($n=1\sim3$)。

镁基有机卤化铝酸盐电解质，特别是 $Mg(AlCl_2BuEt)_2$ 和 $AlCl_3$-$(PhMgCl)_2$ 可大大提高镁离子沉积—溶解的可逆速率和抗氧化能力，是镁可充电电池发展历史上的又一重大发现。然而，在上述这些电解质中，除 Chevrel 相外，很难找到其他合适的正极材料，这也意味着研究下一代电解质至关重要。

2.2.5 酚类或醇盐类电解质

与有机氯化镁铝电解质、硼基电解质或无机电解质氯化镁等其他电解质相比，酚盐或醇盐基电解质（ROMgCl，R = 烷基或芳基）被认为是一种更有前途的电解质体系。这些电解质不仅具有更高的负极稳定性（1.8～4.5V(vs. Mg)）和离子电导率（0.1～2.56mS/cm），而且对空气/水分不敏感。然而，这类电解质的发展仍处于初级阶段。

2.2.5.1 酚盐

2012 年，Wang 等人合成了第一种酚盐体系，即 2,6-二叔丁基苯酚氯化镁（DBPMC）、2-叔丁基-4-甲基苯酚氯化镁（BMPMC）和苯酚氯化镁（PMC），研究表明它们具有一定的负极稳定性（2.2V、2.6V、2.0V(vs. Mg)）、高离子电导率（2.56mS/cm、1.29mS/cm、0.99mS/cm）（见图 2-26(a)）[8] 和良好的倍率性能（50 次循环后库仑效率仍然保持 99%）。更重要的是，当暴露在空气中 3h 时，BMPMC 仍然可以支持金属镁可逆沉积/溶解反应，而在相同条件下的 APC 则不能（见图 2-26(b)(c)）[8]，这表明 Al—O 键比 Al—C 键对空气更不敏感。为了找到一种可以避免对非贵金属腐蚀的电解液，2014 年，Nelson 等人报道了一种不含 $AlCl_3$ 的 $Al(OPh)_3$-PhMgCl/THF 电解液系统。它仅在 SS 上才出现点蚀（见图 2-26(d)）[10]，负极稳定性为 4.5V(vs. Mg)，这是由于 $AlPh_4^-$ 比 $AlCl_4^-$ 更容易被氧化。最重要的是，在大气环境中暴露 96h 后，WSe_2 正极与镁负极在 50 次循环过程中容量可以保持在 80mA · h/g。另一方面，通过改变不同的官能团，得到的$(PFPMC)_2$-$AlCl_3$/THF（PFPMC，五氟酚盐）电解质优于$(FMPMC)_2$-

$AlCl_3$/THF，由于它高的负极稳定性（3.0V(vs. 2.9V)）和离子电导率（2.44mS/cm(vs. 2.24mS/cm)）（见图2-26(e)(f)）[66-68]，这也揭示了酚盐配体亲核性较低，在空气中更不敏感，这使得它比其他电解质吸引更有吸引力。然而，该电解液体系的实际效用是制约它发展的关键问题，常用的镁离子电池正极材料 Mo_6S_8 在该体系中容量低且循环性差。

2.2.5.2　醇盐

Liao 等人首先证明了(n-BuOMgCl)$_6$-$AlCl_3$/THF 的三镁簇-$Mg_3Cl_3(OR)_2(THF)_6^+(THF)MgCl_3^-$ 的特殊结构。通过单晶 X 射线衍射分析，推测了 THF 溶液与(n-BuOMgCl)$_6$/$AlCl_3$ 的化学反应机理，得到 $Mg_3Cl_3(n\text{-BuO})_2(THF)_6^+(THF)MgCl_3^-$ 的理想结构[66]。研究结果表明(n-BuOMgCl)$_6$-$AlCl_3$/THF 的负极稳定性为 2.5V(vs. Mg)，离子电导率为 2.10mS/cm。这种电解质具有高达 2mol/L 的高溶解度，这意味着在相同重量的溶剂下更容易获得较高的离子电导率。尽管 $AlCl_3$ 能改善负极窗口，但 $AlCl_3$ 的浓度过大（$AlCl_3$：ROMgCl 高于 6：1）会降低镁盐的溶解度。与其他电解质相比，酚盐或醇盐基电解质具有更高的负极稳定性和离子电导率，首次打破了可充电镁离子电池在大气环境下的不稳定性。因此，研究该系列电解质对开发可充电镁离子电池来说是一条非常有意义的途径。

2.2.6　非亲核电解质

非亲核电解质与硫化物正极显示出较好的兼容性，使大容量电池的开发成为可能。同时，非亲核电解质具有广泛的电位窗口（2.3~3.9V）、可以接受的离子电导率（0.32~1.72mS/cm）、非自燃性和高溶解度（1.25mol/L Mg^{2+}）。此外，使用这种电解质（见图2-27）[69-71]，可以帮助金属镁沉积在除 Pt 之外电极上。

2011 年，Kim 等人[69]首次报道了非亲核电解质$(\mu\text{-Cl})_3Mg_2(THF)_6^-Al(HDMS)_nCl_{4-n}$（HDMS＝六甲基二硅氮烷，$n$＝1，2）与硫正极兼容，表现出较高的负极稳定性（3.2V(vs. Mg)）和高的库仑效率（见图2-27(b)和(c)）。该课题组组装的 Mg/S 纽扣电池首次放电容量可达 1200mA·h/g，但是在第二次放电时容量降至 394mA·h/g。

2013 年，Karger 等人[72]为了研究非亲核电解质的特性，探讨了含有 $AlCl_3$ 的镁基 HMDS 在不同碱酸比例电解液中的电化学行为。测试结果显示，最佳电解质$(HMDS)_2Mg$-$2AlCl_3$/THF 的负极稳定性为 3.3V(vs. Mg)，离子电导率为 1.72mS/cm，库仑效率为 98%。然而，在实际应用中，Mg/Mo_6S_8 电池显示出的初始容量仅为 130mA·h/g，在经历 30 次循环时容量降为 88mA·h/g。

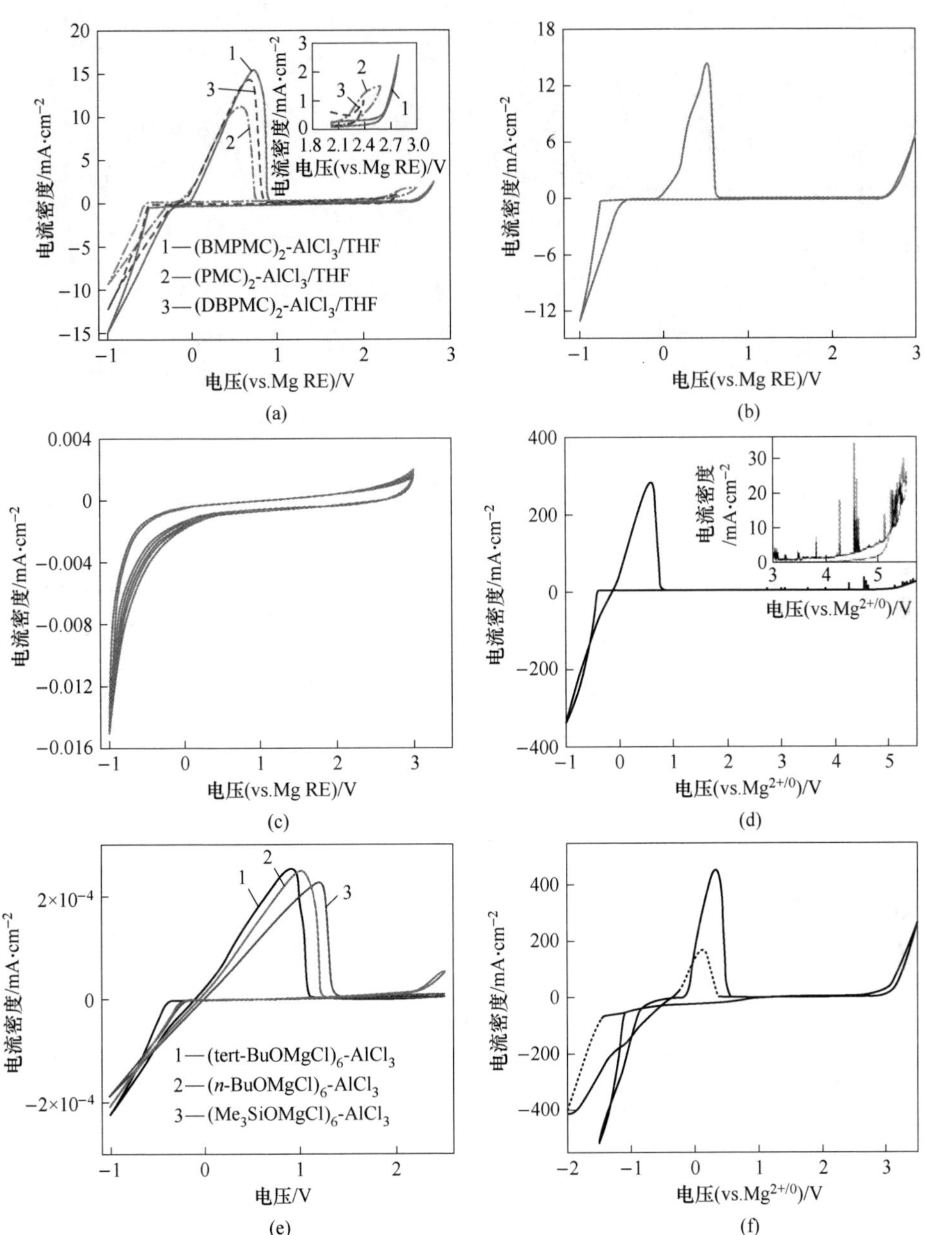

图 2-26 酚盐电解质体系电化学性能

(a) $(BMPMC)_2$-$AlCl_3$/THF、$(DBPMC)_2$-$AlCl_3$/THF 和 $(PMC)_2$-$AlCl_3$/THF 三种溶液中的循环伏安图；(b)(c) $(BMPMC)_2$-$AlCl_3$/THF 和 $(PhMgCl)_2$-$AlCl_3$/THF 电解液暴露于空气中 3h 的电化学图；(d) $Al(OPh)_3$-PhMgCl 在 THF 中的 Pt 电极表面循环伏安图；(e) $(tert\text{-}BuOMgCl)_6$-$AlCl_3$、$(n\text{-}BuOMgCl)_6$-$AlCl_3$ 和 $(Me_3SiOMgCl)_6$-$AlCl_3$ 在 THF 溶液中的循环伏安图；(f) $(FMPMC)_2$-$AlCl_3$/THF 暴露于空气 6h 前和后的循环伏安图

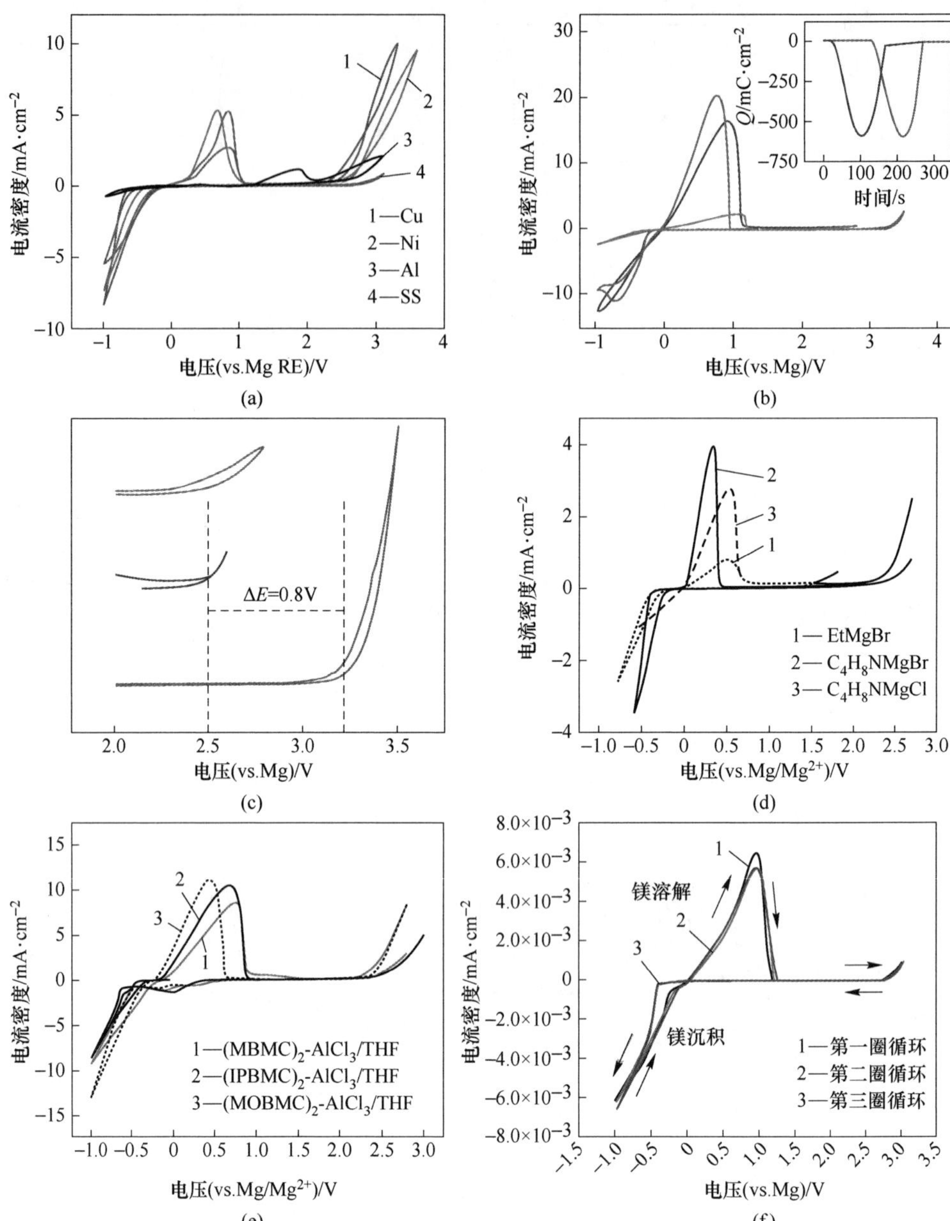

图 2-27　金属镁在不同电解液体系中的沉积—溶解循环伏安图

(a) $(HMDS)_2Mg$-4$AlCl_3$/二甘醇二甲醚在不同集流体上的电化学数据图；(b) HMDSMgCl、$(HMDSMgCl)_3$-$AlCl_3$ 和晶体$(HMDSMgCl)_3$-$AlCl_3$；(c) 图 (b) 于 2～3.5V 区域放大图；(d) Pt 盘电极上的 EtMgBr/THF、C_4H_8NMgBr/THF、C_4H_8NMgCl/THF；(e) $(MBMC)_2$-$AlCl_3$/THF、$(IPBMC)_2$-$AlCl_3$/THF、$(MOBMC)_2$-$AlCl_3$/THF 在 Pt 盘电极上；(f) $(4\text{-}F\text{-}PhMgBr)_2$-$AlCl_3$/THF 在 Pt 盘电极上

2015 年，Liao 等人进一步开发了一种新型 1.25mol/L $Mg(HMDS)_2$-$4MgCl_2$/THF 体系，该电解质的负极稳定性为 2.8V(vs. Mg)，Mg^{2+}溶解度高达 1.25mol/L。式（2-57）~式（2-60）反映了电解质形成的可能方式，解释了如何提高 Mg^{2+}的溶解度。尽管上述镁可充电电池的循环特性尚不明确，但它仍为新型电池的开发开辟了道路。

$$Mg(HMDS)_2 + MgCl_2 \rightleftharpoons 2HMDSMgCl \quad HMDS = N(SiMe_3)_2 \tag{2-57}$$

$$Mg(HMDS)_2 + MgCl_2 \longrightarrow 2HMDSMgCl_2 \tag{2-58}$$

$$HMDSMgCl + MgCl_2 \longrightarrow HMDSMgCl_2\text{-}MgCl \tag{2-59}$$

$$HMDSMgCl_2\text{-}MgCl + MgCl_2 \longrightarrow HMDSMgCl_2\text{-}Mg_2Cl_3 \tag{2-60}$$

总的来说，非亲核电解质因其与硫正极的高相容性和高达 1200mA · h/g 的比容量而成为镁离子电池潜在的候选电解质之一。Mg-S 电池系统一旦开发成功，将创造巨大的商业效益[73-75]。

2.2.7 其他有机电解液

2011 年，努丽燕娜课题组报道了一种 C_4H_8NMgX/THF 电解质体系（其中 X = Br 或 Cl)，该电解液表现出 2.3V(vs. Mg/Mg^{2+})的负极稳定性（见图 2-27(d))，C_4H_8NMgCl 和 C_4H_8NMgBr 电解质的电导率分别为 0.702mS/cm 和 0.647mS/cm。此外，电化学结果显示 C_4H_8-NMgBr 在 Cu 基板上循环 360 次以上，库仑效率仍然高达 98%，而在 Al 基板上则没有明显的可逆循环性能。该课题组还指出，随着 EtMgBr 含量的增加，镁电极的循环效率提高，初始效率降低。

2012 年，Obrovac 等人指出，$Mg[N(SO_2CF_3)_2]_2$/AN 体系中由于 AN 的存在可以显著降低负极电压，电解液对镁负极的稳定电位范围为 0.2 ~2.8V，然而其不可逆容量损失高达 59%。2014 年，努丽燕娜课题组又报道一种$(RSMgCl)_n$-$AlCl_3$/THF（R = 4-甲基苯、对异丙苯、4-甲氧基苯，$n = 1 \sim 2$）电解质，如图 2-27(e)所示，该体系易于在空气中稳定制备，具有离子电导率高（2.48mS/cm）和负极电压稳定（2.5V，vs. Mg）等优势。此外，底物上的库仑效率会随着反应的进行逐渐升高（循环 50 次后为 95%，循环 200 次后为 99%）。同时，Lee 等人还报道了 $Mg[N\text{-}(SO_2CF_3)_2]_2$ 电解质在二甘醇二甲醚/甘醇二甲醚混合溶剂中的稳定电位高达 4.0V(vs. Mg)。然而，Mg/PTMA 全电池的放电容量仅为 69.4mA · h/g，有待进一步改进。

Wang 等人合成了一种由对取代氟配合物组成的$(4\text{-F-PhMgBr})_2AlCl_3$/THF 电解质，镁负极在该体系中的稳定性为 3V(vs. Mg)，见图 2-27(f)，这是由于苯环上的吸电子官能团的取代和小的空间效应可以高效地沉积金属镁。结果表明，$(4\text{-F-PhMgBr})_2AlCl_3$ 比$(3\text{-F-PhMgBr})_2$-$AlCl_3$ 和$(3,4\text{-F-F-PhMgBr})_2$-$AlCl_3$ 体系具有更高的未占据分子轨道（LUMO）能。

如图 2-28 所示[76-78]，Zhang 等人综述了国内外报道的可充电镁电池电解质阴离子配合物的性质。镁盐中的阴离子是可以按照图 2-28 中所描述的一般原则进行调控。例如 B、Al、P、S、Cl 等高价中心元素可以与—F、—Cl、—OR、═O 等官能团发生配位反应定向生成阴离子。具体来说，使用 Cl、P 和 As 元素作为高价中心，固定的阴离子（通常分别为 ClO_4^-、PF_6^- 和 AsF_6^-）可以与镁负极发生反应形成钝化膜附着在镁电极表面，这一实验现象也从侧面说明了该体系与镁负极兼容性差。同样，以 S 作为中心元素，结合特定的阴离子可以形成 $CF_3SO_3^-$ 和 $TFSI^-$。

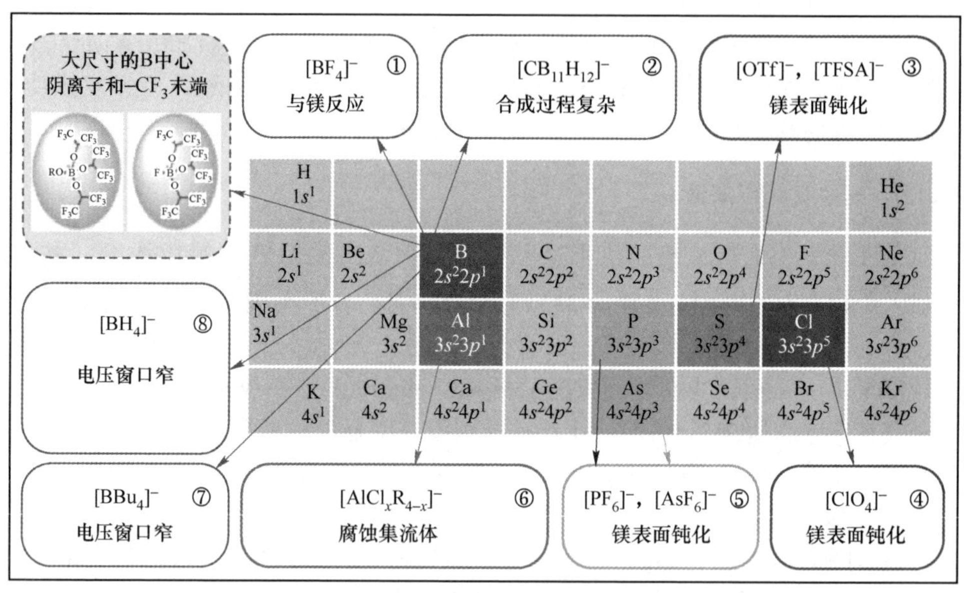

图 2-28　最常见镁电解质的阴离子及其与镁负极的相容性问题

2.3　熔盐体系

熔盐体系具有高电化学窗口、低挥发性、低蒸气压等电解质应当具备的优良性能。熔盐包括两大类：一种是室温盐，它具有操作简单、应用范围广等优点；另一种是高温熔盐，显然它的实用性差。接下来，就对不同种类的熔盐进行简要阐述。

2.3.1　离子液体

室温盐（ILs），也被称为离子液体，由于其不可燃性、较低的蒸气压、较高的离子电导率、较强的耐热稳定性和电化学稳定性、较宽的电化学窗口和液相范围，以及比其他电解质具有更强的空气稳定性而被科研工作者广泛关注。例如，N,N-二乙基-N-甲基-N-(2-甲氧基乙基)硫酸氢铵(三氟-甲基磺酰)酰亚胺(DEMETFSI)离子液体，具有6.0V(vs. Mg)的宽电化学窗口和良好的电极稳定性。因此，离子液体被认为是一种新型的反应电解质。

然而，Aurbach等人表明，没有支撑盐的纯离子电解质导致可逆性Mg沉积—溶解较差，不能在非贵金属电极上进行可逆性镁沉积—溶解过程[79]。此外，离子液体具有高黏性和低流动性，有毒且制作成本非常昂贵，上述因素均会限制镁离子电池工业自动化发展。据报道，可用于可充电镁电池体系中的离子液体包括1,2-二甲基-3-丙基咪唑氯化物（DMPIC）[80]、1,2-二甲基-3-辛基咪唑氯(MMOICl)[81]、1-乙基-3-甲基咪唑氯（EMIMC）[13]、1-乙基-3-甲基咪唑四氟硼酸盐（$EMIMBF_4$）、1-乙基-3-甲基咪唑三氟甲磺酸盐（EMIES）[82]、1-正丁基-3-甲基咪唑四氟硼酸盐（$BMIMBF_4$）等。这些离子液体可以分为五部分：季铵盐和酰胺类、咪唑和哌啶类、吡咯类、酰胺和咪唑类、其他离子液体。表2-5显示了典型类型离子液体电解质的电化学性能。

表2-5 离子液体电解质的性质

镁盐	离子液体	电压窗口	电极	库仑效率/%	离子电导率/mS·cm^{-1}
1mol/L $Mg(CF_3SO_3)_2$	$BMIMBF_4$	3V（vs. Pt） 4.2V（vs. Pt）	Ag Pt	100 100	—
1mol/L $Mg(CF_3SO_3)_2$	$BMIMBF_4$	4.2V（vs. Pt） 3.0V（vs. Pt）	Pt Ag	— 100	—
0.3mol/L $Mg(CF_3SO_3)_2$	PP13-TFSI + $BMIMBF_4$	4.2V(vs. Mg)	Ag	100	—
$Mg(ClO_4)_2$	乙酰胺	—	γ-MnO_2	—	6
$Mg(ClO_4)_2$	乙酰胺 + 尿素	—	γ-MnO_2	—	1
1mol/L $Mg(ClO_4)_2$	MMBITFSI	—	Co_3O_4	—	3.67
1mol/L $Mg(ClO_4)_2$	MMOITFSI	—	RuO_2	—	—
MeMgBr/THF	$AC_1C_2O_1$ImTFSI	—	Ni	71	3.5
MeMgBr/THF	$DEME^+TFSI^-_{0.5}FSI^-_{0.5}$	—	Ni	90 (100次)	10
1mol/L EtMgBr/THF	DEMETFSI	—	Au	95 (3次)	7.44
$Mg(CF_3SO_2)_2N_2$	DEMETFSI	—	Au	—	—

2.3.1.1　咪唑和哌啶基电解质

2005—2006 年，努丽燕娜课题组[2,83]首次报道了 $Mg(CF_3SO_3)_2/BMIMBF_4$ 电池体系，该电池在经历 165 次循环后，负极稳定性达到 3V(vs. Pt)（见图 2-29(a)），库仑效率保持在 100%。研究表明，与其他底物（Pt、Ni、SS）相比，该体系在 Ag 表面的过电位最低，库仑效率最高（100%），沉积层光滑致密。随后，他们发现将 $Mg(CF_3SO_3)_2$ 溶解于 PP13-TFSI 和 $BMIMBF_4$ 中，所得到的混合离子液体可以中和它们的缺点和优点，展示出良好的电化学窗口（4.2V(vs. Pt)）和高活性可逆过程（能保持 200 次以上循环）。然而，由于 Mg^{2+} 的沉积机制复杂，其在电化学过程中形貌变化、相转变过程和反应机理尚未明确[84-90]。2015 年，Shiga 等人继续对上述体系进行探讨，将 $Mg(CF_3SO_3)_2$ 盐溶解在 $BMIMBF_4$ 和 PP13-TFSA 两种离子液体中[91]。实验过程中发现，由于活性物质 PTMA 的降解，该体系的可逆性及容量均比较差（第 1 次循环 93.4mA · h/g，第 3 次循环 73.3mA · h/g）（见图 2-29(b)）[15]。此外，在镁电极表面可能的聚合物网络如图 2-29(c)所示[14]。

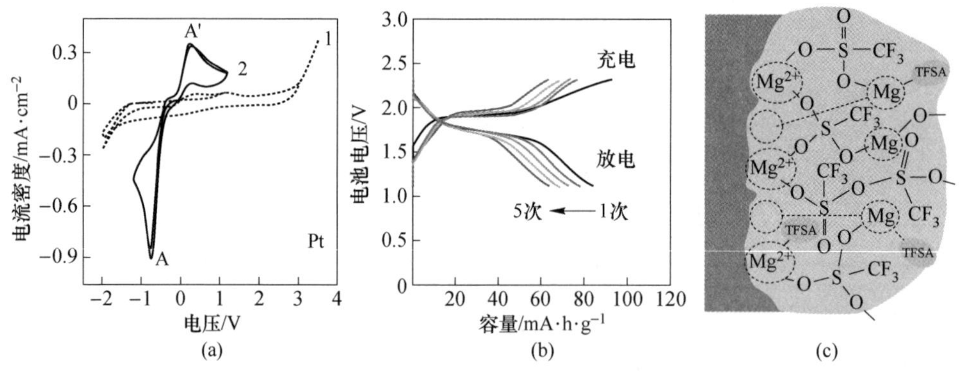

图 2-29　离子液体电化学性能及结构分析

(a) $Mg(CF_3SO_3)_2$（曲线 1）和 $Mg(CF_3SO_3)_2/BMIMBF_4$（曲线 2）的典型循环伏安曲线；(b) $Mg(CF_3SO_3)_2$-PP13-TFSA 体系正离子的充放电曲线；(c) 放电过程中在镁负极表面形成的 CF_3SO_3 阴离子的聚合网络模型

2.3.1.2　酰胺和咪唑基电解质

2010 年，Morita 等人将 MeMgBr/THF 盐溶解在不同类型咪唑离子液体中，发现咪唑离子对电解质的性能有明显提升（见图 2-30）。从表 2-6 来看，最佳组合为序号为 14 的（AC_1C_{201}ImTFSI），从数据来看，该体系具有较高的负极稳定性（4.7V），理想的离子电导率（3.5mS/cm）和适宜的玻璃化转变温度（88.3℃），这是由于 1 位和 3 位的烷基醚和烯丙基可以促进离子迁移[92-94]。然而，该体系在 Ni 基底上的库仑效率仅有 71%，其电化学性能还有待进一步提升。2012 年，Sutto 等人发现 $Mg(ClO_4)_2$ 在 MMOITFSI 和 MMBITFSI 两种溶剂中溶解度较高，其结构如图 2-31 所示，该体系还表现出较高的离子电导率(3.67mS/cm)，但初始比容量较低（78mA · h/g），对于 $Mg_xCo_3O_4$ 正极来说最大稳定值仅为 0.33。此外，采用 $Mg(ClO_4)_2$/MMOITFSI 电解液组装 RuO_2-Mg 全电池[36]，初始容量为 101mA · h/g，经历 15h 后容量小于 90mA · h/g，这是由于当金属镁嵌入后 RuO_2 正极后，使其晶体的结构发生不可逆的变化，从而导致电化学性能受限。

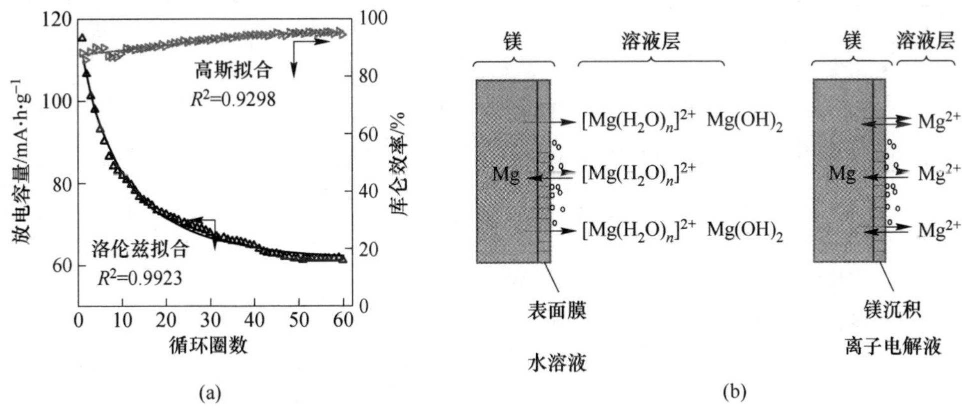

图 2-30 循环圈数对镁－聚酰胺电池放电容量和库仑效率的影响（a）和镁聚苯胺电池在不同电解液中的原理图（b）

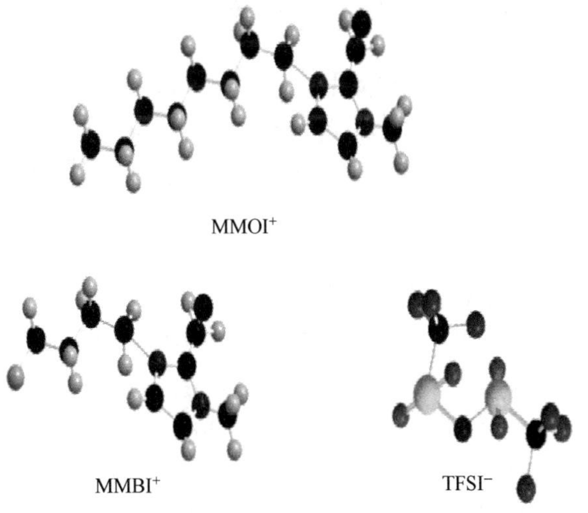

图 2-31 $MMOI^+$、$MMBI^+$ 和 $TFSI^-$ 的结构

表 2-6　MeMgBr/THF 盐在咪唑离子液体中性能对比

序号	离子液体	取代基 1	取代基 2	取代基 3	电导率 /mS · cm^{-1}	玻化温度 /℃	电位窗口 (vs. Mg) /V
1	C_1C_2ImTFSI	甲基	氢	乙基	9.6	91.0	—
2	$C_1C_1C_2$ImTFSI	甲基	甲基	乙基	4.7	88.2	-1.1 ~ 3.6
3	$C_1C_1C_3$ImTFSI	甲基	甲基	正丙基	3.6	87.0	—
4	$C_1C_1C_4$ImTFSI	甲基	甲基	正丁基	2.6	84.1	-1.0 ~ 3.7
5	$C_1C_1C_5$ImTFSI	甲基	甲基	正戊基	2.0	82.7	-1.1 ~ 3.6
6	C_1C_1AImTFSI	甲基	甲基	烯丙基	5.2	91.3	-0.9 ~ 3.7
7	$C_1C_1C_{201}$ImTFSI	甲基	甲基	甲氧乙基	3.5	86.4	-1.3 ~ 3.6
8	$C_1C_1C_{202}$ImTFSI	甲基	甲基	乙氧基乙基	3.2	86.1	-1.2 ~ 3.7
9	AC_1C_2ImTFSI	烯丙基	甲基	乙烷基	4.8	90.6	-1.0 ~ 3.7
10	AC_1C_3ImTFSI	烯丙基	甲基	正丙基	4.0	88.9	—
11	AC_1C_4ImTFSI	烯丙基	甲基	正丁基	2.0	85.2	-1.0 ~ 3.7
12	AC_1C_5ImTFSI	烯丙基	甲基	正戊基	1.9	82.1	-1.0 ~ 3.7
13	AC_1AImTFSI	烯丙基	甲基	烯丙基	4.4	89.6	-1.0 ~ 3.7
14	AC_1C_{201}ImTFSI	烯丙基	甲基	甲氧乙基	3.5	88.3	-1.0 ~ 3.7
15	AC_1C_{202}ImTFSI	烯丙基	甲基	乙酸乙氧乙酯	3.2	89.3	-1.1 ~ 3.6

2015 年，Yoshimoto 等人研究发现，醇盐体系确实可以改善镁沉积—溶解过程（见图 2-32(a)），并详细研究了醇盐添加剂 $Mg(OC_nH_{2n+1})_2$ 对 $Mg(TFSA)_2$/G3(三乙二醇二甲醚)/EMITFSA 离子液体电解质中电化学性能的影响，相应的镁电极沉积形貌如图 2-32(b)所示[91-95]。此外，该课题组还对上述体系的理化性质和离子结构进行了深入的研究。

2.3.1.3　季铵盐和酰胺基电解质

2009 年，Sampath 等人[34]提出了二元 $Mg(ClO_4)_2$ 和乙酰胺熔融电解质，结果显示该体系具有高的离子电导率，在 25℃ 0.17mol/L $Mg(ClO_4)_2$ 电解液中为 6mS/cm，以及高初始放电比容量（240mA · h/g），但由于其高电荷转移电阻（1MΩ · cm^2），在经历 15 次循环后，放电容量只有 130mA · h/g。2010 年，该课题又报告了一种由乙酰胺和尿素组成的三元 $Mg(ClO_4)_2$ 的熔融电解质，在该体系中 Mg^{2+} 的转移电子数约为 0.40，电阻较低（76.85kΩ · cm^2）[96]。然而，在循环

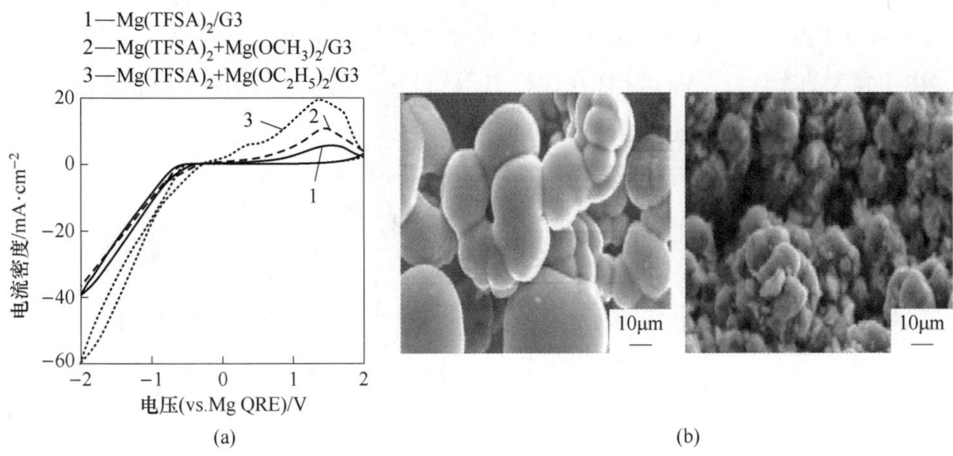

图2-32 Pt电极在含$Mg(TFSA)_2$、$Mg(TFSA)_2+Mg(OCH_3)_2$和$Mg(TFSA)_2+Mg(OC_2H_5)_2$的G3溶液中的循环伏安曲线(a)和SEM图像(左图对应(a)中的曲线1,右图对应(a)中的曲线2)(b)

10次后初始容量只有100mA·h/g。2010年，Morita等人在实验过程中发现DEMETFSI离子液体中添加EtMgBr/THF后可以使库仑效率提升至93%，且离子电导率高达7.44mS/cm。这一现象的原因是添加剂促使整个电解质的离子发生解离，导致介电常数大幅升高[97]。2011年，该课题组继续研究了$Mg(TFSI)_2$在DEMETFSI离子液体中的特性，由于Mg和Li共沉积效应的出现，促使体系总电流效率约为52%[98]。这是由于镁盐可以抑制在氧化还原过程中Li的沉积—溶解。然而，相关的机理尚不清楚，其电化学性能仍需进一步强化。

2012年，Morita等人发现了离子液体既可以作为溶剂，也可以作为支撑电解质[99]。然后，将MeMgBr/THF溶解在二元离子液体（$DEME^+TFSI_n^-FSI_{1-n}^-$）：双(氟磺酰)亚胺($FSI^-$)、双(三氟胺甲磺酰)亚胺($TFSI^-$)和N,N-二乙基-N-甲基-N-(2-甲氧基乙基)铵($DEME^+$)中，其相应的结构如图2-33所示。实验结果表明，在25℃时，$DEME^+TFSI_{0.5}^-FSI_{0.5}^-$离子电导率达到最高，约为10mS/cm，循环100次后，库仑效率仍保持在90%以上。

2.3.1.4 吡咯基电解质

2014年，Giffin等人对Mg^{2+}在Pyr1R-$TFSI_{1-x}Mg(TFSI)_{2x}$（R=4或2；x=0~0.32%(摩尔分数) Pyr_{14}TFSI和0~0.2%(摩尔分数) Pyr_{12}O1TFSI）中的结构及相应的扩散机制进行了研究[100]。如图2-34所示，每个Mg^{2+}被3~4个TFSI-包围，它在远低于环境条件的情况下仍然是无定型的。此外，游离离子和桥接离子均小于0.16mol的$Mg(TFSI)_2$双齿离子。因此，对于紧密结合的双齿阴离子，结构扩散的可能性更大。另外，电解质黏度的提高降低了阴离子的重组过程，限制了团簇的移动。此外，Monroe 等人报道了 $Mg(Tf_2N)_2$ 添加剂在 BMIM-Tf_2N(1-正丁基-3-甲基咪唑)离子液体中的负极稳定性最高，为 4.6V(vs. Mg)。但是由于强大的库仑力，Mg^{2+} 未能在含有 Tf_2N^- 和 BF_4^- 的电解质中发生沉积反应[101]。

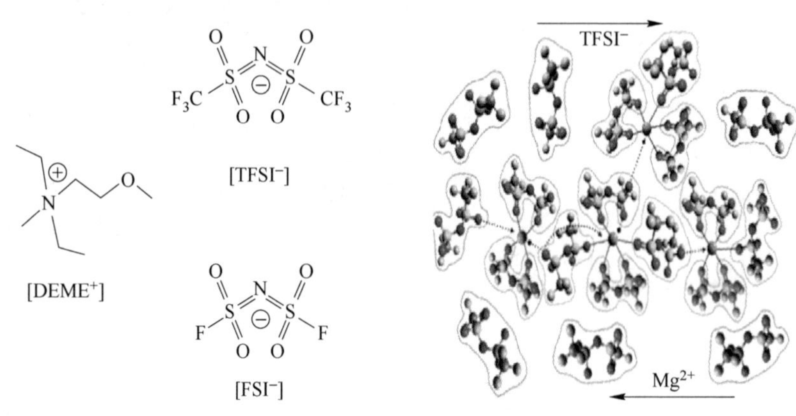

图 2-33　离子液体的化学结构　　　　图 2-34　电解质中结构扩散的机制

2.3.1.5　其他离子液体电解质

1998 年，Fuller 等人系统研究了氯铝酸盐基离子液体的电化学性能，他们首先发现镁离子在该电解质体系中可逆性相当差[80]。2011 年，Forsyth 研究小组[102]报道了氯化磷基电解质，并探究了金属镁负极在 $P_{6,6,6,14}Cl$ 或 $P_{4,4,4,10}Cl$ 离子液体中形成的界面，以及在恒流放电过程中 H_2O 的存在对镁负极的影响。实验结果表明，$P_{6,6,6,14}Cl$ 体系的综合性能要优于 $P_{4,4,4,10}Cl$。在这一结论的基础上，该团队又详细比较了不同含量的水对 $P_{6,6,6,14}Cl$ 离子液体性能的影响，相应结果如图 2-35 所示。从图中可以清楚地看到该体系离子电导率随含水量的增加而增大，可以同时兼备较好的放电电流和电荷传输效率。同时，水的存在可以改变镁表面钝化膜的化学性质，从而改变 $P_{6,6,6,14}Cl$ 离子液体电解质的扩散速率。显然，无水条件下的电化学性能最好，但负极反应尤其是氧还原反应仍是目前该课题需要解决的关键问题。2019 年，Prabhu 等人利用溶液浇铸技术开发了一种由 PVdF-HFP、PVAc、$Mg(ClO_4)_2$ 盐和不同质量分数 EMITF 离子液体组成的聚合物电解质体系。数据结果显示，聚合物体系具有较大的离子电导率，为 9.122×10^{-4}S/cm，这是由于聚合物盐和离子液体之间的稳定相互作用。此外。聚合物电解质的活化能为 0.279eV，电化学稳定窗口接近 3.6V，表明离子液体掺杂聚合物电解质可以作为镁电池的优良电解质之一。另外，离子液体电解质因其在空气中的高稳定性，是除液态电解质外的较好的选择。然而，由于溶剂的可燃性和对金属镁负极的还原稳定性不足，离子液体电解质系统所面临巨大安全问题及制备过程复杂，价格昂贵，导致其相关报告的数量相对较少[103]。

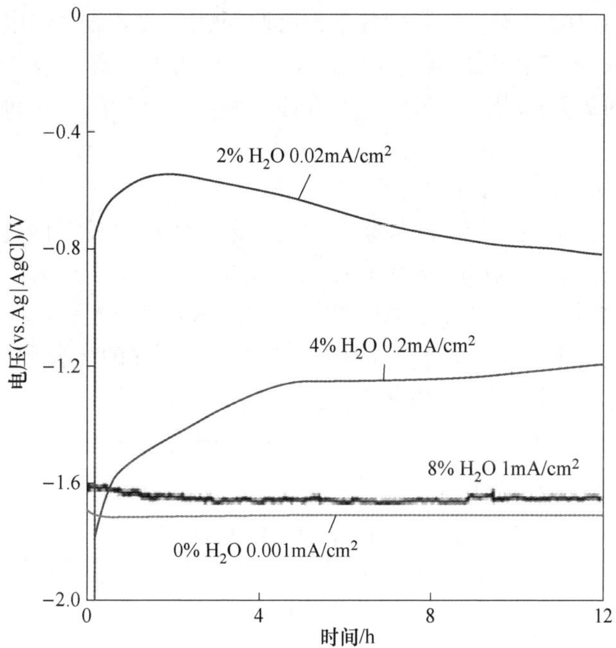

图 2-35 $P_{6,6,6,14}Cl$ 离子液体电解质中镁电极的恒电流放电曲线

2.3.2 高温熔融盐

1973 年，Holliday 等人发现了在高温熔融盐中可以发生金属镁可逆沉积行为[104]。在此基础上，科研工作者研究了一系列高温熔融盐的体系电化学性能：$MgCl_2$(725 ~ 780℃)，$MgCl_2$ + NaCl(700 ~ 800℃)，$CaCl_2$(850℃)，$CaCl_2$ + NaCl + KCl + $MgCl_2$(727℃)，$MgCl_2$ + MgF_2(650 ~ 700℃)，$CaCl_2$ + NaCl(550℃, 727℃)和 LiCl + KCl(710℃)。许多科学家认为，镁在纯熔融的 $MgCl_2$ 电解质中沉积过程是两步电荷转移过程：第一个过程二价镁离子还原生成一价镁离子；第二个反应过程非常快，通过一价镁离子获得电子形成金属膜。另一方面，部分学者认为在 $MgCl_2$-NaCl 熔融体系中，金属镁的沉积动力学和机理是一个三步的过程，即先发生化学反应，再经历上述两步电荷转移过程。还有少部分人认为，金属镁的沉积是一个简单扩散控制的过程，遵循双电子转移和三维成核生长机制。

2.3.3 固态电解质

近年来，固体电解质由于其独有的不易燃性、不挥发性、良好的热稳定性和电化学性能等优点，受到了越来越多的学者关注，尤其是在镁离子电池领域。最重要的一点是固态电解质不会发生泄漏现象。此外，降低镁负极反应活性，容易制备和形状灵活也是固态电解质的优点。不同于液体电解质，固态电解质上述优点都得益于其固定的离子。然而，凡事都有两面性，大多数固体电解质存在固定离子，这就导致 Mg^{2+} 在固态电解质中的电导率和离子迁移率极低。这些都是发展镁可充电池的最大障碍。本节中主要介绍两种固体电解质：无机固体电解质和聚合物电解质。

2.3.3.1　无机固体电解质

无机固体电解质在一般情况下是稳定的，但其发展比较缓慢且对环境要求苛刻。到目前为止，无机固体电解质的性能还难以掌握。众所周知，影响镁充电电池性能最关键的因素之一是离子电导率。由于流体的离子迁移率不同，因此液体的离子电导率远高于固体，这也是固体电解质发展缓慢的主要原因之一。近期，钠超离子导体的提出为固体电解质的继续发展提供了一个新的思路[105-110]。表 2-7 系统比较了目前研究比较多的无机固态电解质的性能，它们都是近几年发现的均有较好三维结构的体系。

表 2-7　无机固态电解质的性能

电　解　质	离子电导率 /mS · cm⁻¹	电位窗口 /V	开路电位 /V	放电容量 /mA · h	放电电压 /V	比能量 /W · h · kg⁻¹
蒙脱土	—	—	1.80～1.92	36 ($170A/cm^2$)	1.2	144
蒙脱土	—	—	2.02±0.05	1.8 ($37.7A/cm^2$)	1.5	—
天然沸石	—	—	2.00～2.15	13.9 ($27A/cm^2$)	1.4	6
蒙脱土	—	—	1.8～1.9	—	—	—
蒙脱土-有机化合物	0.01～0.1	—	—	—	1.5	—
$Mg_{1+x}Zr_4P_6O_{24+x}$ + $xZr_2O(PO_4)_2$ ($x=4$)	6.92 (800℃)	—	—	—	—	—
$Mg_{1-2x}(Zr_{1-x}Nb_x)_4P_6O_{24}$ ($x=0.15$)	0.77 (600℃) 0.37 (750℃)	—	—	—	—	—
$Mg_{1+x-2y}(Zr_{1-y}Nb_y)_4P_6O_{24+x}$ + $xZr_2(PO_4)_2$	10 (800℃)	2.2	—	—	—	—
$Mg_{0.5}Zr_2(PO_4)_3$	0.001 (25℃) 0.01 (500℃)	2.5	—	—	—	—
$Mg(BH_4)(NH_2)$	0.001 (150℃)	3.0	1.4 (Mg-S) 1.2 (Mg-FeS) 1.3 ($Mg-Ag_2S$)	—	—	—

我国学者是无机固体电解质研究的开创者，随后，许多研究人员开发不同种类的固体电解质[111-116]。自 1987 年以来，Zhu 等人一直研究具有像蒙脱石沸石的分层结构的自然铝硅酸盐矿物。他们发现蒙脱石具有天然的层状结构或与 Mg^{2+}、Zn^{2+} 发生交换反应后显示出层状结构，因此该体系具有较高的离子导电性。后来，该课题组采用无机固体电解质体系，成功组装了 Mg/V_2O_5 电池[112]和 Mg/I_2 全电池。实验结果表明，在多次充放电循环后，电池的性能出现了严重的下降，这是因为镁负极具有极强的反应活性，在充放电循环中容易与电解质发生反应，形成钝化膜，导致容量不可逆衰减。

2000 年，科学家发现在电解质中添加 $Zr_2O(PO_4)_2$ 可能会增加 Mg^{2+} 的扩散速度。该团队在研究过程中还发现，$Mg_{1+x}Zr_4P_6O_{24+x}+xZr_2O(PO_4)_2$ 复合体系的热稳定性比 $Zr_2O(PO_4)_2$ 要高得多。然而，$Mg_{1+x}Zr_4P_6O_{24+x}+xZr_2O(PO_4)_2$ 的离子电导率比较差（在 800℃时为 6.92×10^{-3}S/cm）。同时，他们还发现 $Mg_{1-2x}(Zr_{1-x}Nb_x)_4P_6O_{24}$（$x=0\sim0.4$）的活化能明显低于 $Zr_2O(PO_4)_2$（92.0kJ/mol(vs. 135.8kJ/mol)）的活化能，但是其离子电导率比纯 $Zr_2O(PO_4)_2$ 要高。2001 年，该课题组又提出了一种新型固体电解质 $Mg_{1+x-2y}(Zr_{1-y}Nb_y)_4P_6O_{24+x}+xZr_2(PO_4)_2$，该电解质具有较高的离子电导率（800℃时约 10mS/cm），2.2V(vs. Mg)的分解电压，良好的机械强度和密度，但理论活化能比较高（122kJ/mol）[136]。

尽管上述电解质的开发指明了新的方向，但其综合性能仍需进一步提高。2014 年，Anuara 等人在文章中指出钠超离子导体化合物适用于 Mg^{2+} 的运输和合成 $Mg_{0.5}Zr_2(PO_4)_3$ 固态电解质。研究表明，该电解质具有独特性能，在室温下具有高离子电导率为 1.0×10^{-6}S/cm，在 500℃下为 7.1×10^{-5}S/cm，Mg^{2+} 离子的迁移数为 0.69，电化学电位为 2.50V(vs. Mg)。此外，Higashi 等人继续研究了固体电解质的电化学行为，他们发现 $Mg(BH_4)(NH_2)$有足够大的空腔来支持镁离子扩散，具有约 3V(vs. Mg)的宽电位窗口（见图 2-36）[105,115]，150℃时 10^{-3}mS/cm 的高离子电导率，并且该电解质体系与 Mg、S、FeS 和 Ag_2S 均具有良好兼容性。此外，该课题组还指出镁在该电解质中的扩散路径垂直于 c 轴，属于二维扩散过程。

利用 $Mg(EtCp)_2$ 和三(二甲氨基)膦(TDMAP)前体与 H_2O 和 O_2^- 等离子体氧化剂沉积磷酸镁电解质膜。制备过程的沉积温度范围为 125～300℃。该团队在实验过程中发现只有在较高温度下沉积出的薄膜才具有相对排列良好的焦磷酸盐基质。相反，在较低的沉积温度下，它表现出由链和环结构的焦磷酸盐和间磷酸盐组成的无序基质。电化学数据显示，在 125℃下沉积的磷酸镁电解质薄膜的离子电导率为 1.6×10^{-7}S/cm，反应活化能为 1.37eV。这些结果均证明了磷酸盐基体分子结构具有良好的可控性，原子层沉积技术在实现高导电性镁基固态电解质薄膜方面具有实用价值。

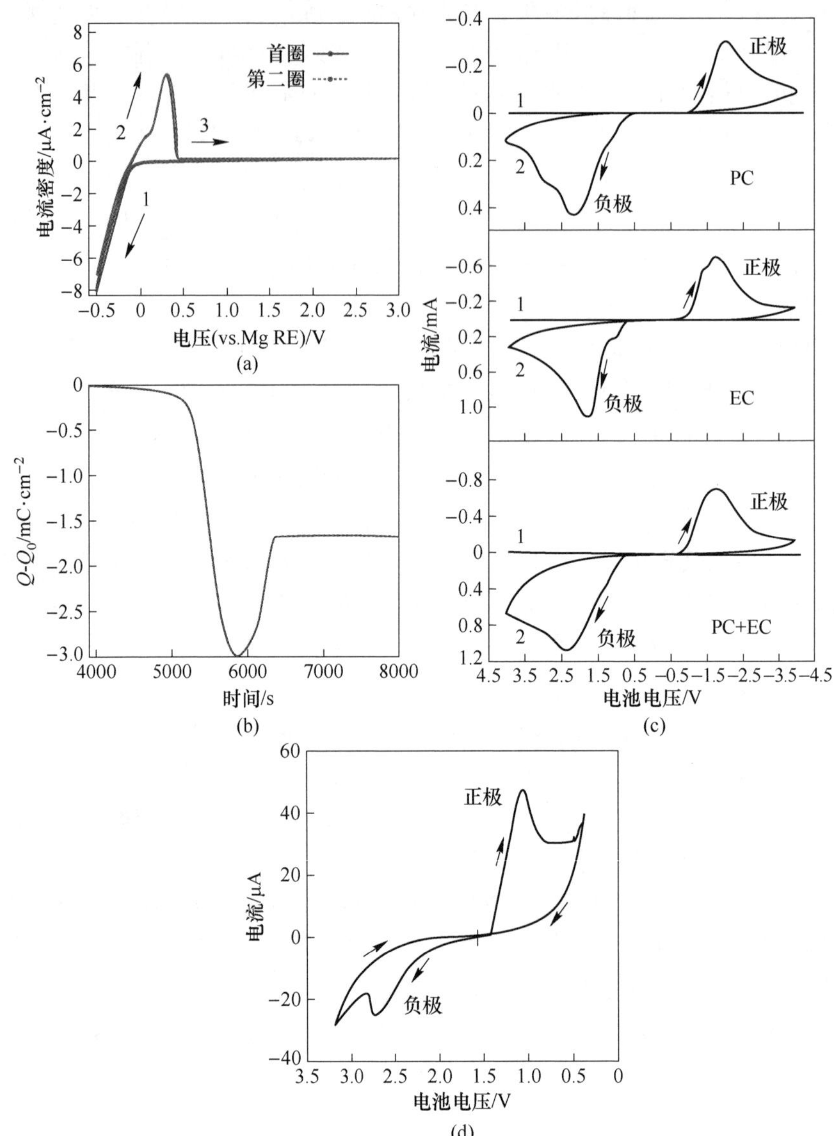

图 2-36　镁电池电化学行为

(a) $Mg/Mg(BH_4)(NH_2)/Pt$ 的循环伏安图；(b) 沉积/剥离电荷平衡（第一个循环）；

(c) SS 对称电池在含有包含 PC、EC 和 PC + EC 的 PEO8MgTr 体系中的循环伏安图；

(d) MnO_2 电极在 $Mg/GPE/MnO_2$ 电池中的 CV 值

目前，由于无机固体电解质的高电荷密度和缓慢的扩散速率使其发展非常缓慢。从上文可知，无机固态电解质的性能远不如其他类型的电解质。但是，由于无机固体电解质价格低廉，资源丰富，许多研究者仍然愿意继续深入挖掘它的性能。因此，需要一种可靠的方法来设计和开发一种新的有助于镁离子迁移的晶体结构，以解决无机固态电解质现阶段存在的问题并提高其电压和稳定性。

2.3.3.2 聚合物电解质

另一种值得关注的固态电解质是由有机组分组成的固体聚合物电解质（SPE）。不同于低相对分子质量液态电解质，聚合物电解质以其固有的不易燃性、不挥发性，良好的热稳定性、电化学性能好和安全可靠等优势吸引大量关注。此外，与离子液体电解质相比，聚合物电解质具有泄漏少、反应活性低、制造完整性和形状柔韧性等优点。近几年，一些实验室甚至提出凝胶聚合物电解质膜可以替代液体电解质。必须要注意的是，聚合物电解质的离子电导率和迁移数相对较低，在实际应用中的效果不够理想。固体聚合物电解质溶解镁盐体系通常如下：聚环氧乙烷（PEO）、聚乙二醇（PEG）、聚乙二醇硼酸酯、聚乙烯醇（PVA）、聚甲基丙烯酸酯（PMA）、聚环氧乙烷－聚丙烯酸甲酯（PEO-PMA）、聚甲基丙烯酸甲酯（PMMA）、聚丙烯腈（PAN）、聚 2,2,6,6-四甲基哌啶基-1-氧基-4-甲基丙烯酸酯（PTMA）、金属有机框架（MOFs）等。

此外，聚合物电解质应含有非质子型有机增塑剂：碳酸二甲酯（DMC）、碳酸二乙酯（DEC）、碳酸丙烯酯（PC）、碳酸乙烯酯（EC）、聚乙二醇（PEG）、聚乙二醇二甲醚（PEGDE）、四乙二醇二甲醚等。还需关注的是，纳米或微尺度的陶瓷填料如 Al_2O_3、SiO_2、TiO_2、MgO、四丁基氯化铵（TBACl）和气相二氧化硅等添加剂也可以用于改善固体聚合物电解质体系的电化学性能和尺寸功能。

本节中将聚合物电解质分为四部分：PEO 基聚合物电解质，PEO-PMA 基聚合物电解质，PVDF、PVDF-HFP 基聚合物电解质和其他聚合物电解质。聚合电解质的相对性能见表 2-8。对于大多数固态电解质，离子电导率和电子转移数是评价其电化学性能的重要指标，特别是对于聚合物电解质来说，这两点尤为关键。PEO 基聚合物电解质在聚合物电解质体系中具有最高的离子电导率，因此在早期的研究中很自然地将其优先用于可充电镁电池。然而，与液相电解质等其他电解质相比，组装电池后的 PEO 基电解质的离子电导率和容量都太低，完全不适合作为候选电解质。

表 2-8 聚合物电解质性能汇总

电解质	聚合物	离子电导率 /$mS \cdot cm^{-1}$	性能
$Mg(CF_3SO_3)_2N_2$	PEO-PMA	0.1(40℃)	在较宽的温度范围内均相且热稳定
$Mg(CF_3SO_3)_2N_2$	PEO-PMA	>0.1(20℃)	自支撑、透明、灵活，机械强度足

续表 2-8

电　解　质	聚合物	离子电导率 /mS · cm^{-1}	性　　能
$Mg(CF_3SO_3)_2N_2$	PEO-PMA	2.8(20℃)	灵活，自支撑，适当的机械强度
$Mg(CF_3SO_3)_2N_2$	PEO-PMA	3.5(60℃)	自支撑，透明，具有足够的机械强度，在较宽的温度范围内均质和非晶
$Mg(CF_3SO_3)_2N_2$	PEO-PMA	0.11(20℃)	自支撑、透明、灵活，机械强度足
$MgCl_2$	PEO	10^{-4}(25℃)；0.1(80℃)	均匀、稳定性好、导电性好、柔韧；活化能：0.4eV（65～85℃）
$MgCl_2$-B_2O_3	PEO	7.16×10^{-3} (30℃)	在适当的机械强度下，具有自支撑、灵活、离子导电性增强的特点；开路电压（Mg/MnO_2 电池）：1.9V
$Mg(ClO_4)_2$	PEO	0.01(25℃)；1(80℃)	均匀、稳定性好、导电性好、柔韧；活化能：0.4eV（65～85℃）
$Mg(CF_3SO_3)_2$	PEO	10^{-3}～1 (25℃)	离子电导率低，开路电位：1.75V (vs. Pt)
$Mg(CF_3SO_3)_2$ + (EMITf)	PEO	0.56(25℃)	独立，提高了热稳定性和电化学稳定性；钝化膜厚度薄
乙基溴化镁	PEO	$10^{-2}\pm10^{-1}$ (50℃)	—
MgCl · P(EO)$_4$ · THF	PEO	5.2×10^{-3} (30℃)；9.5×10^{-3} (40℃)	离子电导率最高，氧化稳定性
MgCl · P(EO)$_4$ · THF	PEO	2.1×10^{-3} (40℃)	—
MgCl · P(EO)$_4$ · THF	PEO	1.5×10^{-3} (30℃)；2.2×10^{-3} (40℃)	—
MgCl · P(EO)$_4$ · THF	PEO	5.0×10^{-3} (30℃)；7.0×10^{-3} (40℃)	—

续表 2-8

电 解 质	聚合物	离子电导率 /mS·cm^{-1}	性 能
$Mg(CF_3SO_3)_2$	PVDF	0.442 (25℃)	活化能：1.79kJ/mol；分解电压：1.75V
$Mg(CF_3SO_3)_2$	PVDF	2.67 (20℃)	活化能：0.4kJ/mol；倍率性能好
$Mg(AlEtBuCl_2)_2$	PVdF	3.7 (25℃)	电化学窗口：2.5V，循环稳定性好
$Mg(ClO_4)_2$	PVdF-HFP	6.0 (25℃)	独立，灵活，机械强度高；放电容量：175mA·h/g（10 次循环后）；Mg/V_2O_5 电池开路电压：1.95V；Mg-MWCNT/V_2O_5 开路电压：1.65V
$Mg(ClO_4)_2$	PVdF-HFP	8.0 (25℃)	电化学稳定性好，热稳定性好；最大电子转移数：0.44；负极稳定性：3.5V
$Mg(ClO_4)_2$	P(VdF-co-HFP)	3.2 (25℃)	独立，稳定性差，容量低（58mA·h/g），负极稳定性高：4.3V
$Mg(ClO_4)_2$	PVdF-HFP	11 (25℃)	具有良好的热稳定性，独立存在，柔性薄膜，具有良好的维度稳定和电化学稳定性；Mg/MoO_3 电池电压：1.85V；Mg/MoO_3 体系放电容量：175mA·h/g（超过 10 次循环）
$Mg(CF_3SO_3)_2$	PVdF-HFP	4.8 (20℃)	独立，半透明柔性薄膜，机械强度优异；电子转移数：约 0.26
$Mg(CF_3SO_3)_2$	PVdF-HFP	1.0 (25℃)	球形结构，结晶度降低
$Mg(NO_3)_2$	PVA	7.3×10^{-4} (25℃)	球形结构，结晶度降低；开路电压：1.85V
H_2SO_4-NaBr	PVA	0.6 (25℃)	提高电化学性能；大的内部阻力：900Ω；Mg/MnO_2 电池容量低：4.85mA·h/g
H_2SO_4-LiBr	PVA	1.5 (25℃)	大幅降低内阻，增加电池的容量

续表 2-8

电　解　质	聚合物	离子电导率 /mS · cm^{-1}	性　　能
$Mg(ClO_4)_2$	聚乙二醇硼酸酯	3.14×10^{-2} (60℃)	热稳定好，柔性好，提高了离子导电性
$Mg(ClO_4)_2$	聚乙二醇硼酸酯	5.68×10^{-2} (60℃)	具有良好的热稳定性，柔性薄膜，降低了离子导电性；电子转移数：0.51
$Mg(CF_3SO_3)_2$	PAN	1.9 ± 0.2	Mg/MnO_2 电池开路电位：2.3V；截止电压：1.1V；放电容量：40mA · h/g
$Mg(CF_3SO_3)_2$	PAN	1.8 (20℃)	活化能：0.16eV
$Mg(CF_3SO_3)_2$	PMMA	0.42 (20℃)	活化能：0.038eV；放电容量：90mA · h/g；容量保持率差

目前，大多数研究者关注的是聚合物电解质的离子电导率，但很少有人讨论 Mg^{2+} 的电子转移数[114-115]。1998 年，Liebenow 课题组尝试用分散在 PEO 中的乙基溴化镁来制备电解质，该体系反应过程中所生成的电化学活性粒子及其导电机理仍是一个谜。采用溶胶－凝胶法结合 PEO 制备 SiO_2-$(PEG)_4$-MgX_2 ($X = Cl^-$ 或 ClO_4^-) 有机－无机复合电解质。实验结果表明，$Mg(ClO_4)_2$ 和 $MgCl_2$ 的离子电导率在 25℃下分别为 10^{-5}S/cm 和 10^{-7}S/cm。当温度升高至 80℃时，离子电导率分别可达到 10^{-3}S/cm 和 10^{-4}S/cm。

增塑剂对 PEO_8MgTr-PEO 电解质的电化学性能会有影响，电化学数据显示所制备的 PEO_8MgTr-PEO 电解质的离子电导率范围为 10^{-8}S/cm 到 10^{-5}S/cm。PC 和 EC 增塑剂混合后的电解液的性能比其他单组分存在的电解液的电流效率高。2003 年，Liebenow 团队首次报道了将氨基氯化镁溶解在 PEO(R_2NMgCl-$P(EO)_n$ · THF) 中具有和有机卤化镁及酰胺卤化镁相似的化学性质。测试结果显示 $(Me_3Si)_2NMgCl$-$P(EO)_4THF$ 在 Ag 电极上的氧化稳定性约为 1.6V。此外，即使使用相同的聚合物，不同的组分也会影响电解质的电化学和力学性能。2006 年，Sundar 等人首次对 PEO-$MgCl_2$-B_2O_3 复合电解质进行了研究，Mg/SPE (PEO-Mg-B)/MnO_2 电池的开路电位为 1.9V (vs. Mg) 且该体系的电导率在 30℃时低至 7.16×10^{-6}S/cm，这是因为 B_2O_3 的含量在很大程度上决定了电解质的离子电导率。2011 年，Hashmi 等人使用了 PEO-$Mg(Tf)_2$-EMITf 作为电解质，以改善聚合物电解质性能。结果表明，这种电解质在室温下的离子电导率是 5.6×10^{-4}S/cm，

Mg^{2+}迁移数约为0.45。

另一种比较常用的是PEO-PMA的聚合物电解质体系。2001年，Morita等人通过采用低聚（环氧乙烷）接枝聚甲基丙烯酸酯和线性聚醚制备了(PEO-PMA)/PEGDE/$Mg(CF_3SO_3)_2N_2$电解质，合成产物呈非晶态和均相，且在40℃时电导率为10^{-4}S/cm。此外，该课题组还证明了Mg^{2+}在这个系统中是可以自由移动的。离子电导率取决于其盐浓度和平衡阴离子种类。图2-37(a)描述了该聚体的形成过程，但尚未证实其电化学性能。2002年，该课题组报道了聚乙二醇二甲醚在含有$Mg(CF_3SO_3)_2N_2$盐的PEO-PMA电解质中电化学行为。在这项研究中，他们使用金属镁作为负极，V_2O_5作为正极，(PEO-PMA)/PEGDE/$Mg(CF_3SO_2)_2N_2$为支撑电解质来组装全电池（见图2-37(b)）。结果表明，该全电池表现出严重的镁负极极化效应，放电比容量低（约100mA · h/g），循环性差且开路电压仅为1.4V(vs. Mg)，这可能是由于高界面电阻引起的。2003年，该课题组又详细研究了添加剂对(PEO-PMA)-(EC + DMC)/$Mg(CF_3SO_2)_2N_2$聚合物凝胶膜的形貌的影响（见图2-37(c)）。结果表明，碳酸二甲酯（DMC）和碳酸乙烯（EC）等碳酸醇酯作为增塑剂，可降低凝胶膜的机械强度，提高离子电导率（10^{-3}S/cm）。所制备的MgV_2O_5/V_2O_5和MgV_2O_5/MnO_2的电池性能如图2-37(d)所示。该电池在第一次循环中分别显示出130mA · h/g和58mA · h/g的初始放电比容量，目前该体系在使用过程中仍受到低容量保持率的限制。2005年，他们将EMITFSI或DEMETFSI离子液体作为溶剂加入PEO-PMA/$Mg(CF_3SO_3)_2N_2$基电解质中，当质量分数为80%的DEMITFSI组分溶解于摩尔分数为20%的$Mg(TFSI)_2$中时，促使离子电导率提高到3.5mS/cm。同年，该课题组又提出了将PEO-PMA与$Mg(CF_3SO_3)_2N_2$混合电解质溶于EMITFSI溶剂作为电解液。然而，与上述体系相比，溶解在20%(摩尔分数) $Mg(TFSI)_2$中的50%(质量分数) EMITFSI组成的电解质仅有1.1×10^{-4}S/cm的低电导率。从上述研究结果中可以看出，PEO基聚合物固体电解质由于其电导率和电化学性能较差，难以实现在镁离子充电电池中的应用。从表2-8可以看出，PEO-PMA基电解质的离子电导率是PEO的几倍，但其容量保留率仍然有待进一步提高。

基于PVDF-HFP的聚合物电解质由于具有相似的结构和优异的性能，被称为类PEO电解质。2001年，Kumar等人持续研究了基于PVDF的GPE与$Mg(CF_3SO_3)_2$电解质盐体系，并提出采用PVDF代替PEO可以获得优异的电化学性能。电化学结果显示，所组装的Mg/GPE/MnO_2电池的开路电位可以达到2.0V(vs. Mg)，循环伏安图上显示该电池体系具有良好的可逆性（见图2-36(d)）。从图2-38可以看出，在不同的倍率下，循环充放电容量分别为160mA · h/g、80mA · h/g、50mA · h/g，且基本保持稳定。2011年，Aravindan等人报道了分别使用TBACl和四乙二醇二甲醚作为填充物和增塑剂的新型$Mg(CF_3SO_3)^{2-}$聚偏

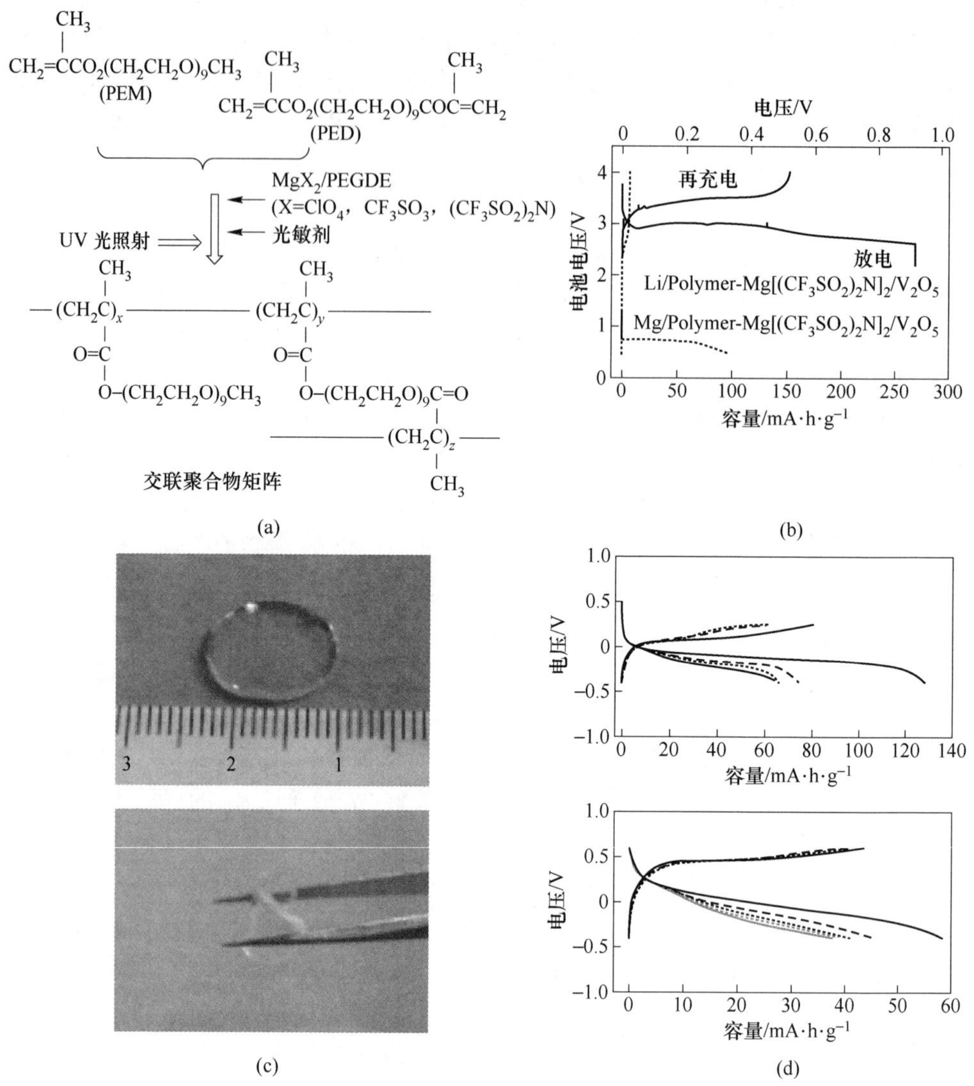

图 2-37　聚合物体系电化学性能

（a）PEM + PED 制备聚合物复合物的示意图；（b）Mg（或 Li）/聚合物电解质/V_2O_5 可充电电池的放电和充电曲线；（c）（PEO-PMA）-（EC + DMC）/Mg(CF_3SO_3)$_2$$N_2$ 聚合物凝胶膜照片；（d）使用(PEO-PMA)-（EC + DMC）/Mg(CF_3SO_2)$_2$$N_2$ 电解液制备 MgV_2O_5/V_2O_5 和 MgV_2O_5/MnO_2 电池的充放电曲线

二氟乙烯基电解质体系。电化学结果显示，当填充浓度为 5%（质量分数）时，离子电导率为 0. 442mS/cm，最小活化能值为 1. 79kJ/mol。另外，检测到的膜分解电压为 1. 75V。最后得出结论，电解质的高电导率与其高无定型性有关。

TBACl 的引入确实增加了 Mg^{2+} 的可逆脱嵌动力学速率和离子电导率，但该体系性能仍有进一步改进空间。2004 年，Aurbach 等人试图将 $Mg(AlCl)_{4-n}R_n$ 家族与 PVDF 聚合物基电解质结合在一起，以提升其电化学性能。$Mg(AlEtBuCl_2)_2$-PVDF 为最佳组合，在 25℃ 时其电化学窗口最高为 2.5V(vs. Mg)，电导率为 3.7mS/cm，且当温度大于 60℃ 时，Mo_6S_8 正极仍显示出较高的放电容量，为 115mA · h/g。与此同时，Kim 团队提出以 PVDF-co-HFP 聚合物为基础，通过添加 $Mg(ClO_4)_2$-EC/PC 和 SiO_2 基盐制备一种新型电解质体系。电化学数据显示，所组装的 Mg/GPE/V_2O_5 全电池的放电容量为 58mA · h/g，这是由于该体系的界面电阻高，循环性能差。令人惊喜的是，该 $Mg(ClO_4)_2$ 基电解液具有较高的负极稳定性（4.3V(vs. Mg/Mg^{2+})）和高离子电导率（3.2×10^{-3}S/cm）。2009 年，Hashmi 等人讨论了分散的纳米 MgO 颗粒对 $Mg(ClO_4)_2$/PVDF-HFP 聚合物电解质的电化学行为影响。结果表明，电池的放电电流密度随着 MgO 含量的增加而增加。此外，在该体系中镁负极的稳定性约为 3.5V(vs. Mg)，当 MgO 的添加量为 10%(质量分数）时，镁离子的最大输运数为 0.44。在室温下，含有 3%(质量分数）MgO 纳米粒子的电解液体系的离子电导率为 8×10^{-3}S/cm，且具有良好的电化学稳定性和热稳定性。

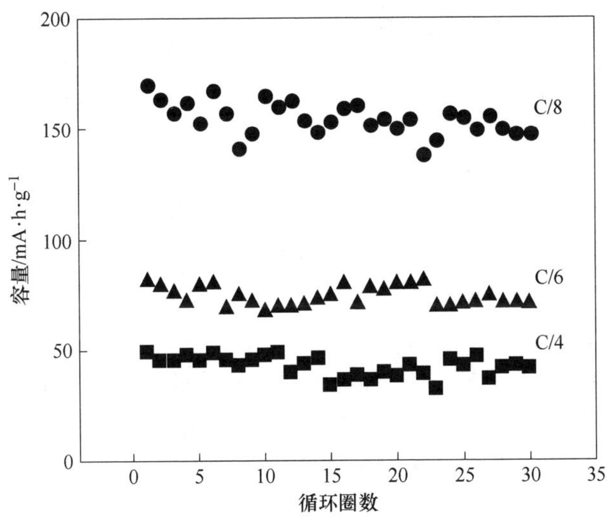

图 2-38 电池在不同速率下的循环寿命数据

为了证明上述电解液的电化学性能，2011 年 Hashmi 团队研究了 MgO 颗粒对 $Mg(ClO_4)_2$/PVDF-HFP 电解液体系性能并成功组装 Mg-MWCNT/$Mg(ClO_4)_2$/PVDF-HFP/V_2O_5 电池。研究结果表明，该电池的初始放电容量为 275mA · h/g，且具有较宽的负极稳定性（3.5V(vs. Mg)），此外，经过 10 次循环后，V_2O_5 正

极的容量仍可保持在 175mA · h/g 左右。但在该体系中，Mg^{2+} 的离子电导率较低，仅有 6×10^{-3}S/cm，且最大离子转移数为 0.39，未能赶上前面提到的电解质系统。2011 年，Pandey 等人研究了 $Mg(ClO_4)_2$ 电解质在 PVDF-HFP 基中的溶解并组装电池探讨该体系的电化学行为。实验数据显示，在 25℃下，该体系呈现出高的离子电导率，为 1.1×10^{-2}S/cm。线性扫描伏安法结果表明，复合凝胶聚合物膜 Mg 电池具有 3.5V 的高电位窗口（见图 2-39）。此外，该电解质表现出较宽的温度范围，在 70～80℃时 Mg（或 Mg-MWCNT 复合材料）| 凝胶纳米复合凝胶 | MoO_3 电池循环 10 次以上，容量仍可以达到 175mA · h/g，这是聚合物基电解质的突破性进展。

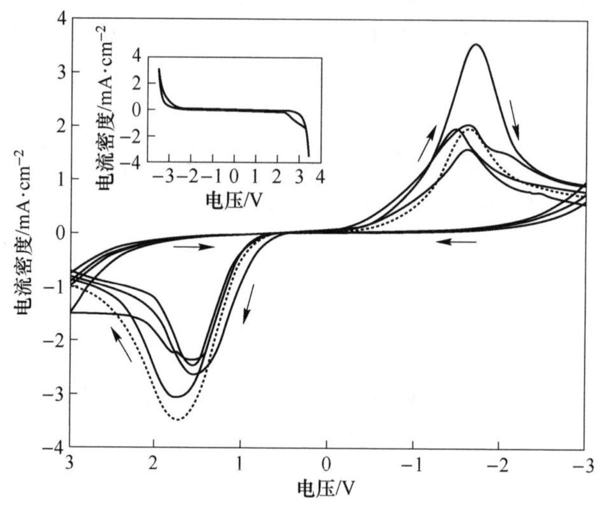

图 2-39　循环伏安曲线：Mg | 凝胶纳米复合材料 | Mg 电池，插图为 SS | 凝胶纳米复合材料 | SS 电池

2010 年，Ramesh 等人研究了 $Mg(CF_3SO_3)_2$ 电解质在聚偏氟乙烯－六氟丙烯-P(VDF-HFP)溶剂中溶解度，实验结果表明，该体系的离子电导率为 1.0×10^{-3}S/cm。该团队在研究结果中还发现，通过额外添加添加剂，可进一步优化该体系性能。另外，Hashmi 等人提出以 EMITf 离子液体为溶剂将 $Mg(Tf)_2$ 基电解质固定在 PVDF-HFP 中。如图 2-39 所示，$Mg(Tf)_2$/EMITf/PVDF-HFP 凝胶聚合物电解质膜表现出宽的电化学电位窗口（约 3.5V(vs. Mg)），在室温 20℃时具有高的电导率（约 4.8×10^{-3}S/cm）和约 0.26 的 Mg^{2+} 转移数。上述结论有力地证明了 PVDF 可以作为镁负极可逆沉积的基体，以获得比 PEO 基质更好的电化学稳定性和离子电导率（约 10^{-3}S/cm）。然而不可忽视的是，基于 PEO 的电解质体系也存在电化学稳定性较短、稳定性较差的问题，严重限制其商业化进程。

1999 年，Ikeda 团队在研究过程中发现 $Mg(CF_3SO_3)_2$-TEGDA 系统在 25℃时电导率是 1.7×10^{-4}S/cm。但对上述电解液的其他性能，尤其是电化学性能均未进行验证。之后，Munichandraiah 等人研究了将 $Mg(CF_3SO_3)_2$ 盐溶解在 PAN 聚合物中作为电解液组装的(SS)Mg/GPE/Mg(SS)（电池Ⅰ）和(SS/GPE/SS)（电池Ⅱ）的电导率分别为 3.5×10^{-3}S/cm 和 1.8×10^{-3}S/cm。然而，遗憾的是该课题组未能对其他性能进行探究。作为补充，2000 年，Munichandraiah 等人又报道了一系列改进 PAN 基电解质并表征其相应的电化学性能，该团队其中一项工作是组装 Mg/$Mg(Tf)_2$-PAN/MnO_2 全电池。实验结果显示，当使用 $Mg(Tf)_2$-PAN 基电解质时，所组装的电池电压可以达到 2.6V。然而，采用 MnO_2 作为正极所组装的镁电池循环性能不容乐观。实验数据表明，每克 MnO_2 容量只有 20mA · h，在循环 20 圈后电池的容量只有 12.5mA · h。在另一项工作中，该有团队发现 PAN 电解质的最佳比值为 1 : 2 : 2 : 0.4（PAN : PC : EC : $Mg(Tf)_2$），表现出较高的离子电导率（1.8mS/cm）和较低的反应活化能（0.16eV）。

2002 年，Munichandraiah 团队利用 PMMA 对 $Mg(Tf)_2$ 基电解质的电化学性能进行改性。数据显示，在 20℃时，该电解质的比电导率为$(4.2\pm0.45)\times10^{-4}$S/cm，活化能为 0.038eV。$MnO_2$ 正极的初始放电容量约为 90mA · h/g。然而，在循环 10 次后容量下降了约 70mA · h/g。

2003 年，Saito 等人研究了 $Mg(ClO_4)_2$ 基盐在聚乙二醇硼酸酯基体中的溶解性能，在 60℃时该体系显示出了最高的电导率为 3.14×10^{-4}S/cm。理论计算结果表明，Mg^{2+} 在该体系中的运输数随着 PEG-硼酸酯的增加而增加，Mg^{2+} 的迁移数最高是 0.3。同时，该团队继续挖掘路易斯酸对 $Mg(ClO_4)_2$/PEG-B_2O_3 聚合物电解质离子电导率的影响[117,118]，结果显示，在 60℃时其电导率最高为 5.68×10^{-5}S/cm，Mg^{2+} 最高迁移数为 0.51，理论计算结果与实验结果吻合较好。

2008 年，Sheha 等人报道了 H_2SO_4-掺杂$(PVA)_{0.7}(NaBr)_{0.3}$基电解质的电化学特性。实验数据显示，在常温下加入硫酸就可以使该体系获得较高的离子电导率（6×10^{-4}S/cm）。然而，由于内部电阻较大（900Ω），所组装电池的容量极低（4.85mA · h/g），这与硫酸中存在水分有关；由于镁负极的活性比较高，在含水介质中容易形成钝化膜，从而导致体系电化学性能下降。2009 年，Sheha 团队报告了 $PVA_{0.7}(LiBr)_{0.3}(H_2SO_4)_{2.7}$新型电解质体系。研究表明，该电解质体系显著地降低了电池内阻（175Ω），增加了放电容量（270mA · h/g），但仍然低于其理论容量（308mA · h/g）。同时，他们还指出了电池中可能发生的副反应（见式（2-61）~式（2-63））。

负极：
$$1/2Mg + 1/2SO_4^{2-} \longrightarrow 1/2MgSO_4 + e \tag{2-61}$$

正极：　$$MnO_2 + H^+ + e \longrightarrow MnOOH \tag{2-62}$$

总反应：　$$1/2Mg + MnO_2 + H^+ + 1/2SO_4^{2-} \longrightarrow 1/2MgSO_4 + MnOOH \tag{2-63}$$

2012 年，Sutto 等人采用聚合离子液体聚（1-丙基-2-甲基咪唑溴化铵）与 TFSI 得到高相对分子质量聚合物，该体系对应的电化学数据见表 2-9。实验结果显示 Mg^{2+}的充电平台为 3.4V(vs. Mg)和放电平台为 2.6V(vs. Mg)。必须注意的是，上述这些工作为制备固态电解质提供了一个新的方向。

表 2-9　聚合离子液体聚（1-丙基-2-甲基咪唑溴化铵）体系电池性能

电 池 性 能	$Mg/(PVA + Mg(NO_3)_2)$ （体积比为 70 : 30）
电池质量/g	1.472
电池面积/cm^2	1.33
开路电压/V	1.85
放电平台时长/h	105
电流密度/$mA \cdot cm^{-2}$	13.91
放电容量/$mA \cdot h$	1.943
功率密度/$mW \cdot kg^{-1}$	16.34
能量密度/$W \cdot h \cdot kg^{-1}$	2.288

2013 年，Polu 课题组报道了硝酸镁盐的添加对 PVA 电解质体系电化学行为的影响，然而，电化学数据显示，$Mg(NO_3)_2$ 体系的离子电导率非常低（7.36×10^{-7}S/cm）。此外，实验结果表明，离子迁移率和离子载流子浓度可以决定离子电导率。然而，这项研究未能证明聚合物电解质是镁可充电电池的理想候选电解质。

2014 年，Aubrey 等人证明了 Mg_2(2,5-二氧苯-1,4-二羧酸盐)和 Mg_2(4,4-二氧二苯基-3,3′-二羧酸盐)浸渍在 $Mg(TFSI)_2$ 和 $Mg(OPhCF_3)_2$ 中呈现出的金属有机框架可作为电解质的一部分。实验数据显示该体系具有高的离子电导率（0.25mS/cm）且在室温下无明显的钝化效应。表 2-10 详细反映了两种电解质的性能。然而，由于溶剂的缺点，这两种电解质的实用性仍未进行深入研究。近年来，生物高分子膜以其可降解、可再生和生物相容性等特性引起了人们的广泛关注。利用一些生物聚合物，如淀粉、果胶、糊精、壳聚糖、琼脂、卡拉胶、玉米淀粉和纤维素衍生物，可以制备出不少环保型电解质。

表 2-10 合成材料的电导率和活化能总结

网络结构	每摩尔骨架的镁盐数	电解液浓度 /mol · L^{-1}	电导率 /S · cm^{-1}	摩尔电导率 /S · cm^{-1} · mol^{-1}
Mg_2(dobdc)	0.05Mg(OPhMe)$_2$	0.19	-8.1	-7.4×10^3
	0.07Mg(OPh)$_2$	0.26	-7.0	-6.4×10^3
	0.39Mg(OPhCF$_3$)$_2$	1.5	-5.8	-6.0×10^3
	0.06Mg(TFSI)$_2$	0.22	-5.8	-5.2×10^3
	0.31Mg(OPhCF$_3$)$_2$ + 0.30Mg(TFSI)$_2$	2.3	-4.0	-4.4×10^3
Mg_2(dobpdc)	0.31Mg(OPhCF$_3$)$_2$	0.63	-6.2	-6.0×10^3
	0.22Mg(TFSI)$_2$	0.45	-3.9	-3.6×10^3
	0.21Mg(OPhCF$_3$)$_2$ + 0.46Mg(TFSI)$_2$	1.37	-3.6	-3.7×10^3

2018 年，Priya 等人报道了基于 iota-卡拉胶主体与 $Mg(NO_3)_2$ 和 $Mg(ClO_4)_2$ 盐相结合的各种固体生物聚合物电解质。实验数据显示在含 0.4%（质量分数）$Mg(NO_3)_2$ 和 0.6%（质量分数）的 $Mg(ClO_4)_2$ 盐的电解质的电导率分别为 6.1×10^{-4}S/cm 和 2.18×10^{-3}S/cm。此外，Shuker 课题组详细研究了添加镁离子对电解质性能影响，提出一种由马铃薯淀粉和乙酸镁组成的导电凝胶聚合物电解质。这种凝胶聚合物电解质的最大电导率为 1.12×10^{-5}S/cm，在没有离子液体的情况下，在室温下获得了 2.60×10^{-6}S/cm 的电导率。Manjula 等人开发了 PAN/PVA/$Mg(ClO_4)_2$ 固体共混聚合物电解质，由 92.5PVA：7.5PAN 和 0.25（质量比）$Mg(ClO_4)_2$ 组成，其最大电导率为 2.96×10^{-4}S/cm。上述数据表明，盐和添加剂浓度是影响共混聚合物电化学性能的关键因素。

2019 年，Selvin 等人报道了一种天然生物大分子罗望子多糖（TSP）与高氯酸镁盐基混合的导电固体电解质溶液铸造技术。实验过程中发现，$Mg(ClO_4)_2$ 嵌入式 TSP 固体生物聚合物显示出良好的离子电导率为 5.66×10^{-4}S/cm，最低活化能为 0.09eV 和 3.93V 的高窗口稳定性，预示着这将是一种高效的固体生物聚合物电解质，可以用于未来的镁离子电池。

总的来说，聚合物电解质作为一种不可替代的固态电解质，具有不易燃性、不挥发性、良好的热稳定性、电化学性能、安全性及优越的制造完整性和形状灵活性等独特优点，但其离子电导率低、循环性能差、容量小等问题亟待解决。到目前为止，固体电解质的发展范围越来越广，最先进的镁聚合物电解质的离子电导率有可能通过加入嵌段共聚物和陶瓷填料进一步提高。

2.4　镁离子电池常用溶剂

对于性能优良的镁离子电池电解液系统来说，溶剂在其性能方面也具有不可忽视的作用，接下来这部分将重点对镁离子电池常用的溶剂进行详细介绍。

将乙醚作为溶剂的电解质溶液是在 20 世纪 20 年代开发出来的[21,92-94]，这是因为醚可以溶解许多有机电解质，它的使用比其他溶剂均要早[12,75]，而且非常有利于可逆的镁沉积反应。然而，无机盐在这类化合物中的溶解度很低，最重要的是，它们在空气中不稳定，容易挥发。这些现象严重制约了可充电镁电池的发展进程。因此，大多数研究者仍在努力寻找合适的电解质溶剂。由于熔点、沸点、黏度等不同，每种溶剂在某种程度上对电解质电化学性质有不同的影响[7,22,103]。研究表明，醚类溶剂具有溶剂化能力强、化学稳定性好、沸点高、介电常数高等优点，适合作为可充电镁离子电池溶剂。目前，广泛探讨的镁离子电池溶剂有四氢呋喃（THF）、聚碳酸酯（PC）、乙基纤维素（EC）、丙烯腈（AN）、二甲醚(DME)-1,3-二氧戊环（DO）、二乙醚、二正丁基醚、环丁烷、乙基异丙基砜（EiPS）、二正丙基砜（DnPS）、三甘醇二甲醚、甘油三酯（TG）和聚醚等。实验结果显示，不同溶剂会影响电解质和集流器的性能，例如，基于 THF 的溶液具有良好的循环性，但存在着腐蚀、易燃性、可泄漏性和电化学窗口狭窄等缺陷。近年来，乙二醇二甲醚家族因其稳定性较好而取代了 THF。具体研究成果如下。

2001 年，Aurbach 团队研究了 $Mg(AlCl_2EtBu)_2$ 在四醚溶剂（四氢呋喃、四甘醇二甲醚、二甘醇二甲醚和甘醇二甲醚）中的电化学行为。尽管它们的电位窗口都大于 2V，但在相同条件下，电流效应是不同的。$Mg(AlCl_2\text{-}EtBu)_2$ 电解质的最佳溶剂是四甘醇二甲醚，这是因为在该体系中的电流效应最高。2002 年，Aurbach 团队研究了助溶剂与 $THF/Bu_2Mg(AlCl_2Et)_2$ 结合可以形成更安全的电解质，具体的电化学性能如表 2-11 及图 2-40[41,74]所示。

表 2-11　助溶剂对 $THF/Bu_2Mg\text{-}(AlCl_2Et)_2$ 配合物的循环效率和氧化电位影响

助溶剂	循环效率/%	电化学沉积电位/V
二氧戊环	95	2.10
二氧戊环	78	1.60

续表 2-11

助溶剂	循环效率/%	电化学沉积电位/V
二氧戊环	85	1.50
乙醚	83	2.15
乙醚	94	1.57
乙醚	99	1.62
三乙胺	97	1.44
三乙胺	89	1.79
呋菌胺	88	2.30
呋菌胺	72	2.33
呋菌胺	55	2.00
四乙二醇二甲醚	74	2.24
四乙二醇二甲醚	92	1.73
四乙二醇二甲醚	95	1.55
四乙二醇二甲醚	97	2.2
四乙二醇二甲醚	90	2.2

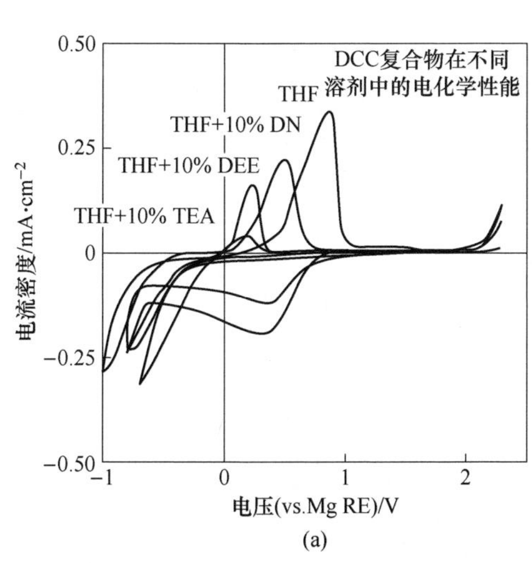

(a)

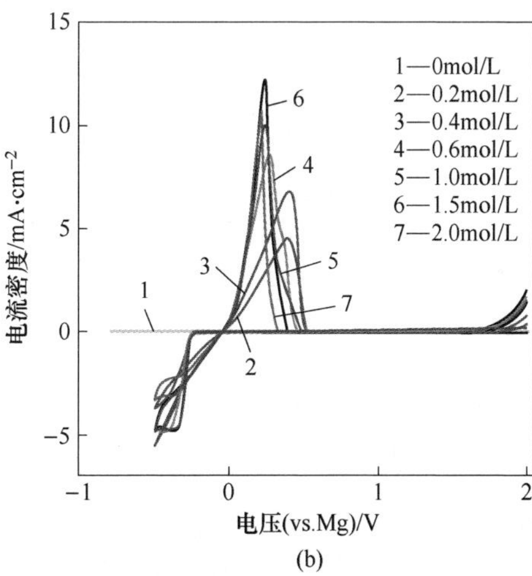

(b)

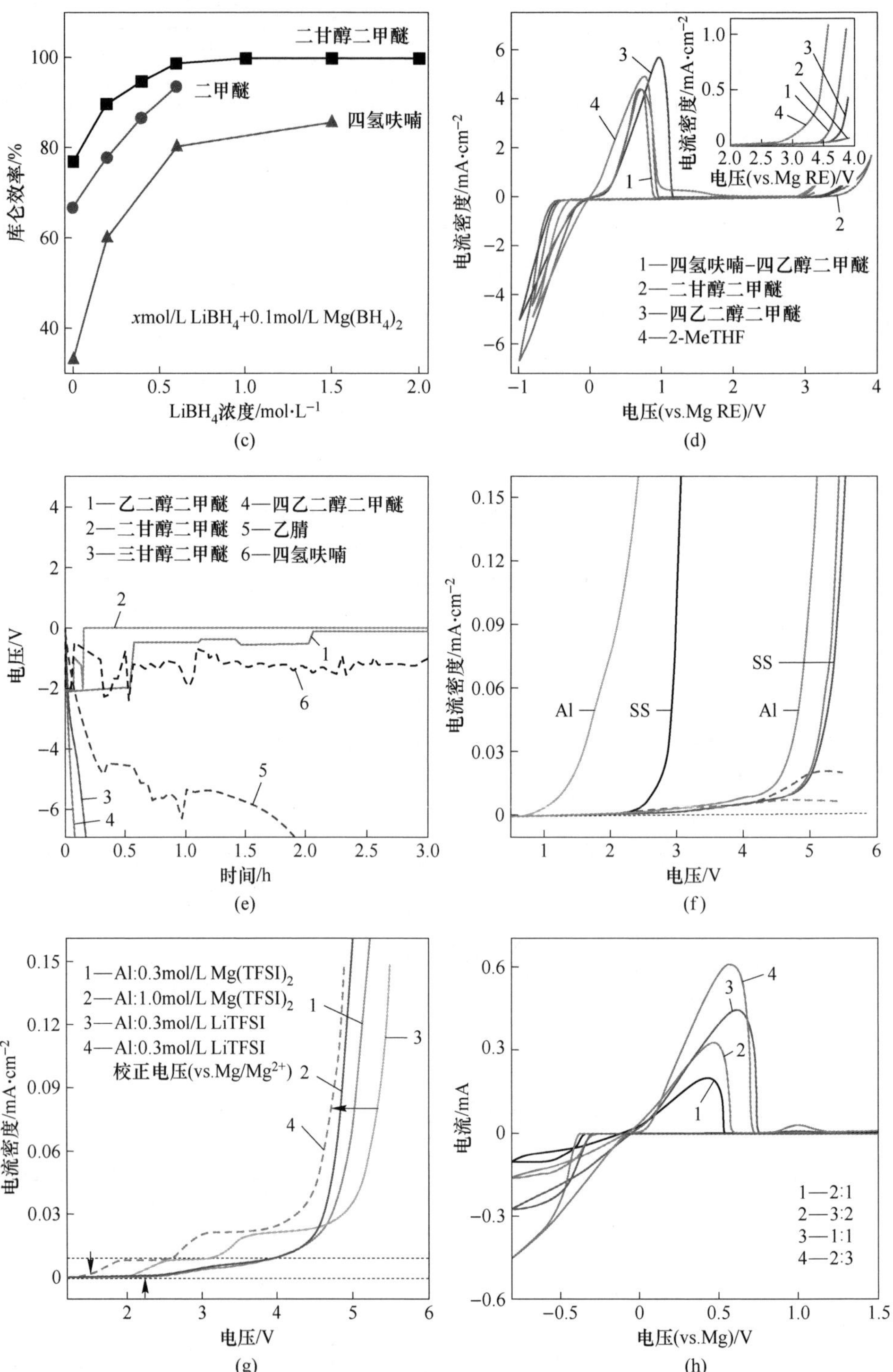
二甘醇二甲醚
二甲醚
四氢呋喃
库仑效率/%
xmol/L LiBH4+0.1mol/L Mg(BH4)2
LiBH4浓度/mol·L-1
(c)
电流密度/mA·cm-2
电压(vs.Mg RE)/V
1—四氢呋喃-四乙醇二甲醚
2—二甘醇二甲醚
3—四乙二醇二甲醚
4—2-MeTHF
(d)
1—乙二醇二甲醚　4—四乙二醇二甲醚
2—二甘醇二甲醚　5—乙腈
3—三甘醇二甲醚　6—四氢呋喃
电压/V
时间/h
(e)
Al
SS
电流密度/mA·cm-2
电压/V
(f)
1—Al:0.3mol/L Mg(TFSI)2
2—Al:1.0mol/L Mg(TFSI)2
3—Al:0.3mol/L LiTFSI
4—Al:0.3mol/L LiTFSI
校正电压(vs.Mg/Mg2+)
电流密度/mA·cm-2
电压/V
(g)
电流/mA
1—2:1
2—3:2
3—1:1
4—2:3
电压(vs.Mg)/V
(h)

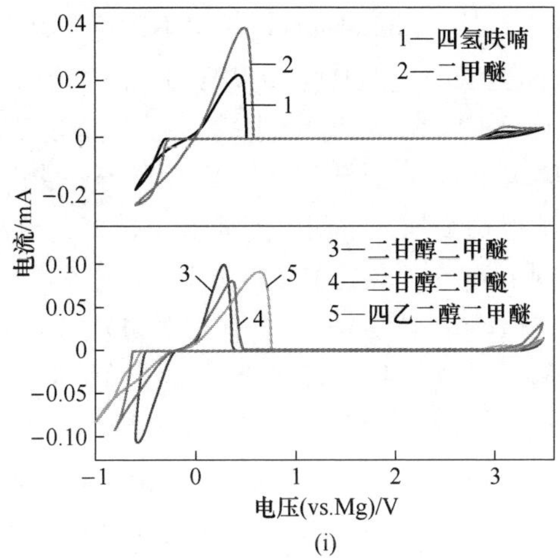

(i)

图 2-40 不同溶剂电化学性能对比

(a) Au 电极在不同共溶剂的 $Bu_2Mg\text{-}AlCl_2Et/THF$ 溶液中的循环伏安图；(b) 不同浓度 $LiBH_4$ 的 $Mg(BH_4)_2/DGM$ 溶液中的循环伏安图（Pt 电极）；(c) Mg 镀液/溶出电解质：$Mg(BH_4)_2$ + $LiBH_4$ + 溶剂的库仑效率；(d) Mg 沉积—溶解碱 $(HMDS)_2Mg\text{-}2AlCl_3$ 在不同溶剂中的循环伏安图；(e) Mg/Cu 电池在电解质中初始过电位与 $Mg(TFSI)_2$ 的关系；(f) 各种电解质和溶剂的循环伏安图；(g) LiTFSI 和 $Mg(TFSI)_2$ 中的循环伏安图（Al 电极）；(h) 不同比例的 $AlEtCl_2$ 在二甲醚中合成 $MgCl_2$ 电解质溶液的循环伏安图（第二循环）；(i) 在不同溶剂中，将 $MgCl_2$ 与所需量的 $AlEtCl_2$ 反应合成的镁电解质的循环伏安图

实验结果表明，$THF/Bu_2Mg(AlCl_2Et)_2$ 与四聚糖混合的电解质体系具有良好的循环效率和最高的沉积电位（2.2V(vs. Mg)），是一个很有希望的镁离子电池电解液体系。此外，该团队在实验过程中还发现该助溶剂能降低溶剂的挥发性，提高溶剂的安全性。

2007 年，该课题组进一步地采用混合溶液（THF-TG）代替纯 THF，并证明了混合溶液（THF-TG）与 THF 在具有相同库仑效率的基础上显著降低了整个溶液的挥发性。2012 年，Tran 等人指出，AN 可以降低镁负极的过电位。2013 年，Shao 等人利用单晶 X 射线衍射和核磁共振技术深入探讨不同电极液体系的电化学行为机制，他们指出不同的配体会影响镁离子电池电解液的性能。根据 CV 和库仑效率结果，可以明显看出最适合 $Mg(BH_4)_2$ 的溶剂是二甘醇二甲醚，而不是 DME 或 THF（见图 2-40(c)）。上述研究成果中的结构与性能构效关系将有助于设计新型电解液体系。

与此同时，Zhao-Karger 等人研究了$(HMDS)_2Mg\text{-}2AlCl_3$ 电解质在不同溶剂中的溶解情况，如图 2-40(a)所示，该电解质的最佳溶剂为二甘醇二甲醚，在该体系中其具有最宽的电化学窗口（3.9V），最高电导率接近 1.70mS/cm，且镁负极的循环效率高达 99%。此外，Zhao-Karger 等人还讨论了溶剂对非亲核电解质的影响[11]。结果证明，四氢呋喃－四甘醇二甲醚的助溶剂最适合的是$(HMDS)_2Mg$-$2AlCl_3$ 电解质，在该体系中的负极稳定性最高可以超过 3.5V，相应的结果如图 2-40(d)所示。2014 年，Choi 团队比较了常用溶剂的物理性质，随着化学结构的络合，供体数和沸点均增加，说明电解质稳定性好，流动性高。他们还在不同的电极和几种醚溶剂上做了很多工作（见图 2-40(e)和(g)），实验结果表明纯二甘醇二甲醚或甘醇二甲醚溶剂在 SS 上没有负极电流，并且二甘醇二甲醚溶剂在铜电极上拥有最低的过电位（起初只有 15mV，但 10min 后迅速消失），适用于 $Mg(TFSI)_2$ 系统。同时，Senoh 等人报道了砜基溶剂 SL、EiPS 和 DnPS 与 Li^+ 体系相比具有较低的离子电导率（1～2mS/cm(vs. 10mS/cm)），且在 Mg^{2+} 体系中表现出较高的黏度。数据显示，使用 SL、EiPS 和 DnPS 溶剂的 $Mg(TFSA)_2$ 电解液的电位窗口分别为 2.7V、2.1V 和 2.6V(vs. Mg)。紧接着，该课题组组装了 Mg｜$Mg(TFSA)_2$/SL｜DMBQ(2,5-二甲氧基-1,4-苯醌)电池，但由于过电位大，该体系的容量和库仑效率都较低。最近，Li 等人讨论了 $MgCl_2$-$AlEtCl_2$ 在不同溶剂中的电化学性能（见图 2-40(h)和(i)）。结果表明，DME 溶剂具有良好的金属镁沉积性能、电流密度，离子电导率高（4.10mS/cm）和循环效率稳定（大于 95%），以及显示出低镁负极沉积过电位（220mV），是最适合金属镁沉积的溶剂之一。

2.5　结论和展望

镁基电池因其安全、廉价、高能量等优点而成为单/多价离子电池系统的候选者之一。然而，由于可充电镁离子电池仍存在正极电压低、比容量低、容量保持能力差等固有缺陷，因此，镁离子电池的商业化需要在正极和电解质性能方面进行必要的改进。同时，电解液的电压稳定性和循环效率有待进一步提高。另外，镁金属负极在与液态电解质接触时的钝化、低溶解度和缓慢的镁沉积动力学也会严重阻碍镁可充电电池的开发和实际应用，这就需要设计新的镁盐电解液体系。研究发现溶剂的性能和种类、还原稳定性不足及与非贵金属不相容会在一定程度上影响有机电解质的离子电导率。高电荷密度和固有的缓慢扩散极大地限制了固态电解质的发展。到目前为止，主要有两种设计液态电解质的方法。首先是在格氏试剂中寻找合适的路易斯酸和路易斯碱，这种试剂可以精确地识别出导电的阳离子种类，以寻找具有腐蚀性和可燃性的路易斯酸的替代品，同时保持其高氧化稳定性。其次是提高电解液的电负性，避免镁负极表面的钝化。目前，开发有利于 Mg^{2+} 迁移的新型固态材料是解决固态镁电解质的离子电导率问题和提高其电压稳定性的有效途径。此外，集流体种类对电解质性能也有很大的影响，尤其是电化学窗口和库仑效率。到目前为止，许多化学计量计算方法，如量子化学计算、密度泛函理论（DFT）计算[27,31]、第一性原理等，也为寻找实用的镁电解质提供了理论依据。

综上所述，未来可充电镁电池电解质的发展方向是与电极兼容特别是正极材料兼容。此外，在不发生钝化反应的前提下，电解质在环境气氛中可以保持稳定，即可以对空气或水分不敏感，且具有可逆的沉积—溶解过程。另外还需要保证镁负极和正极能稳定存在于复杂的环境中，具有良好的电化学性能。最后，还需要集流体不再被腐蚀，保证所研究的电解质推动大规模可充镁离子电池向实际商业化生产方向发展，以满足人们日益增长的需求。

参考文献

[1] LI D J, YUAN Y, LIU J W, et al. A review on current anode materials for rechargeable Mg batteries [J]. Journal of Magnesium and Alloys, 2020, 8(4): 963-979.

[2] NIU J Z, ZHANG Z H, AURBACH D. Alloy anode materials for rechargeable Mg ion batteries [J]. Advanced Energy Materials, 2020, 10: 2000697.

[3] YANG R, YAO W J, TANG B, et al. Development and challenges of electrode materials for rechargeable Mg batteries [J]. Energy Storage Materials, 2021, 42: 687-704.

[4] MAO M L, GAO T, HOU S Y, et al. High-energy-density rechargeable Mg battery enabled by a displacement reaction [J]. Nano Letters, 2019, 9(9): 6665-6672.

[5] KIM K R, LEE K S, AHN C Y, et al. Discharging a Li-S battery with ultra-high sulphur content cathode using a redox mediator [J]. Scientific Reports, 2016, 6: 32433.

[6] GUO Y S, ZHANG F YANG J, et al. Electrochemical performance of novel electrolyte solutions based on organoboron magnesium salts [J]. Electrochem Commun., 2012, 18: 24-27.

[7] WANG F F, GUO Y S, YANG J, et al. A hovel electrolyte system without a grignard reagent for rechargeable magnesium batteries [J]. Chemical Communication, 2012, 48: 10763-10765.

[8] NELSON E G, BRODY S I, KAMPF J W, et al. A magnesium tetraphenylaluminate battery electrolyte exhibits a wide electrochemical potential window and reduces stainless steel corrosion [J]. Mater. Chem. A, 2014, 2: 18194-18198.

[9] CARTER T J, MOHTADI R, ARTHUR T S, et al. Boron clusters as highly stable magnesium-battery electrolytes [J]. Angew. Chem. Int. Edit., 2014, 53: 3173-3177.

[10] MOSS J B, ZHANG L P, KEVIN V, et al. Computational insights into Mg-Cl complex electrolytes for rechargeable magnesium batteries [J]. Batteries Supercaps, 2019, 2: 792-800.

[11] NULI Y N, YANG J, WU R. Reversible deposition and dissolution of magnesium from $BMIMBF_4$ ionic liquid [J]. Electrochemistry Communications, 2005, 7 (11): 1105-1110.

[12] NULI Y N, YANG J, WANG P. Electrodeposition of magnesium film from $BMIMBF_4$ ionic liquid [J]. Applied Surface Science, 2006, 252: 8086-8090.

[13] JU J Q, SHI Y, KAN Q J. Performance study of magnesium-polyaniline rechargeable battery in 1-ethyl-3-methylimidazolium ethyl sulfate electrolyte [J]. Synthetic Metals, 2013, 178: 27-33.

[14] SHIGA T, KATO Y, INOUE M, et al. Anode material associated with polymeric networking of triflate ions formed on Mg [J]. Phys. Chem. C, 2015, 119: 3488-3494.

[15] RAMASWAMY M, MALAYANDI T, SUBRAMANIAN S, et al. Development and study of solid polymer electrolyte based on polyvinyl alcohol: $Mg(ClO_4)_2$ [J]. Polym-Plast. Tech. Mat., 2017, 56: 992-1002.

[16] DEIVANAYAGAM R, INGRAM B J, SHAHHAZIAN-YASSAR R. Progress in development of electrolytes for magnesium batteries [J]. Energy Storage Materials, 2019, 21: 136-153.

[17] ZHANG Y J, CHEN D, LI X, et al. a-MoS_3@CNT nanowire cathode for rechargeable Mg batteries: A pseudocapacitive approach for efficient Mg-storage [J]. Nanoscale, 2019, 11: 16043-16051.

[18] BIAN J J, SU R, YAO Y, et al. Mg doped perovskite $LaNiO_3$ nanofibers as an efficient bifunctional catalyst for rechargeable zinc-air batteries [J]. ACS Appl. Energy Mater, 2019, 2 (1): 923-931.

[19] WANG C H, MUELLER T, ASSARY R S. Ionic dynamics of the charge carrier in layered solid materials for Mg rechargeable batteries [J]. Chem. Mater., 2022, 34(19): 8769-8776.

[20] LU Z, SCHECHTER M, MOSHKOVICH M, et al. On the electrochemical behavior of magnesium electrodes in polar aprotic electrolyte solutions [J]. Journal of Electroanalytical Chemistry, 1999, 466 (2): 203-217.

[21] YUAN C L, ZHANG Y, PAN Y, et al. Investigation of the intercalation of polyvalent cations (Mg^{2+}, Zn^{2+}) into λ-MnO_2 for rechargeable aqueous battery [J]. Electrochimica Acta, 2014, 116: 404-412.

[22] DOE R E, HAN R, HWANG J, et al. Novel, electrolyte solutions comprising fully inorganic salts with high anodic stability for rechargeable magnesium batteries [J]. Chem. Commun., 2014, 50: 243-245.

[23] LIU T B, SHAO Y Y, LI G S, et al. A facile approach using $MgCl_2$ to formulate high performance Mg^{2+} electrolytes for rechargeable Mg batteries [J]. Mater. Chem. A, 2014, 2: 3430-3438.

[24] ZHANG R G, YU X Q, NAM K W, et al. α-MnO_2 as a cathode material for rechargeable Mg batteries [J]. Electrochemistry Communications, 2012, 23: 110-113.

[25] CHEN S G, LAN R, HUMPHREYS J, et al. Perchlorate based "oversaturated gel electrolyte" for an aqueous rechargeable hybrid Zn-Li battery [J]. ACS Appl. Energy Mater., 2020, 3 (3): 2526-2536.

[26] DEIVANAYAGAM R, CHENG M, WANG C, et al. Composite polymer electrolyte for highly cyclable room-temperature solid-state magnesium batteries [J]. ACS Appl. Energy Mater., 2019, 2: 7980-7990.

[27] LIU Y C, FAN L Z, JIAO L F, et al. Graphene intercalated in graphene-like MoS_2: A promising cathode for rechargeable Mg batteries [J]. Journal of Power Sources, 2017, 340: 104-110.

[28] CHENG Y W, STOLLEY R M, HAN K S, et al. Highly active electrolytes for rechargeable Mg

batteries based on a [$Mg_2(\mu\text{-}Cl)_2$]$^{2+}$ cation complex in dimethoxyethane [J]. Phys. Chem. Chem. Phys., 2015, 17: 13307-13314.

[29] YANG Y Y, QIU Y X, NULI Y, et al. A novel magnesium electrolyte containing a magnesium bis(diisopropyl)amide-magnesium chloride complex for rechargeable magnesium batteries [J]. Mater. Chem. A, 2019, 7: 18295-18303.

[30] HIGASHI S, MIWA K, AOKI M, et al. A novel inorganic solid state ion conductor for rechargeable Mg batteries [J]. Chemical Communications, 2014, 50: 1320-1322.

[31] HA J H, LEE B, LEE M, et al. Al-compatible boron-based electrolytes for rechargeable magnesium batteries [J]. Chemical Communications, 2020, 56: 14163-14166.

[32] LI Y F, AN Q Y, CHNG Y W, et al. A high-voltage rechargeable magnesium-sodium hybrid battery [J]. Nano Energy, 2017, 34: 188-194.

[33] SAKAMOTO S, IMAMOTO T, YAMAGUCHI K. Constitution of Grignard reagent RMgCl in tetrahydrofuran [J]. Org. Lett., 2001, 3: 1793-1795.

[34] LIU T B, COX J T, HU D H, et al. A fundamental study on the [$(\mu\text{-}Cl)_3Mg_2(THF)_6$]$^+$ dimer electrolytes for rechargeable Mg batteries [J]. Chem. Commun., 2015, 51: 2312-2315.

[35] LIEBENOW C, YANG Z, LOBITZ P. The electrodeposition of magnesium using solutions of organomagnesium halides amidomagnesium halides and magnesium organoborates [J]. Electrochem Commun., 2000, 2: 641-645.

[36] YAO X H, LUO J R, DONG Q, et al. A rechargeable non-aqueous Mg-Br_2 battery [J]. Nano Energy, 2016, 28: 440-446.

[37] WU N, WANG W, WEI Y, et al. Studies on the effect of nano-sized MgO in magnesium-ion conducting gel polymer electrolyte for rechargeable magnesium batteries [J]. Energies., 2017, 10(8): 1215.

[38] GADDAM L W, FRENCH H E. The electrolysis of griganrd solutions [J]. Am. Chem. Soc., 1927, 49: 1295-1299.

[39] WATANABE T, IKEDA Y, ONO T, et al. Characterization of vanadium oxide sol as a starting material for high rate intercalation cathodes [J]. Solid State Ionics., 2002, 151: 313-320.

[40] FULLER J, CARLIN R T, OSTERYOUNG R A, et al. Anodization and speciation of magnesium in chloride-rich room temperature ionic liquids [J]. Electrochem. Soc., 1998, 145: 24-28.

[41] TUERXUN F, ABULIZI Y, NULI Y, et al. High concentration magnesium borohydride/tetraglyme electrolyte for rechargeable magnesium batteries [J]. Power Sources, 2015, 276: 255-261.

[42] ZHU J J, GUO Y S, YANG J, et al. Halogen-free boron based electrolyte solution for rechargeable magnesium batteries [J]. Power Sources, 2014, 248: 690-694.

[43] MAO M L, LUO C, HOU S, et al. A pyrazine-based polymer for fast-charge batteries [J]. Angewandte Chemie International Edition, 2019, 58(49): 17820-17826.

[44] LIU Y C, FAN L Z, JIAO L F, et al. Graphene intercalated in graphene-like MoS_2: A promising cathode for rechargeable Mg batteries [J]. Journal of Power Sources, 2017, 340: 104-110.

[45] NAKAYAMA Y, KUDO Y, OKI H, et al. Complex structures and electrochemical properties of magnesium electrolytes [J]. Electrochem. Soc, 2008, 155: 754-759.

[46] AURBACH D, GIZBAR H, SCHECHTER A, et al. Electrolyte solutions for rechargeable magnesium batteries based on organomagnesium chloroaluminate complexes [J]. Electrochem. Soc., 2002, 149: 115-121.

[47] WANG P W, BUCHMEISER M R. Rechargeable magnesium-sulfur battery technology: State of the art and key challenges [J]. Advanced Functional Materials, 2019, 29(49): 1905248.

[48] VIESTFRID Y, LEVI M D, GOFER Y, et al. Microelectrode studies of reversible Mg deposition in THF solutions containing complexes of alkylaluminum chlorides and dialkylmagnesium [J]. Electroanal Chemistry, 2005, 576: 183-195.

[49] YU L, ZHANG X. Electrochemical insertion of magnesium ions into V_2O_5 from aprotic electrolytes with varied water content [J]. Colloid Interf. Sci., 2004, 278: 160-165.

[50] SHAO Y Y, LIU T B, LI G S, et al. Coordination chemistry in magnesium battery electrolytes: how ligands affect their performance [J]. Sci Rep-UK., 2013, 3: 3130-3136.

[51] BREMER M, LINTI G, NOTH H, et al. Metal tetrahydroborates and tetrahydroborato metalates. solvates of alcoholato-, phenolato-, and bis (trimethylsilyl) amido-magnesium tetrahydroborates $XMgBH_4(Ln)^+$ [J]. Anorg. Allg. Chem., 2005, 631: 683-697.

[52] CHANG J, HAASCH R T, KIM J, et al. Synergetic Role of Li^+ during Mg electrodeposition/dissolution in borohydride diglyme electrolyte solution: voltammetric stripping behaviors on a Pt microelectrode indicative of Mg-Li alloying and facilitated dissolution [J]. ACS Appl Mater Interfaces, 2015, 7: 2494-2502.

[53] AURBACH D, TURGEMAN R, CHUSID O, et al. Spectroelectrochemical studies of magnesium deposition by in situ FTIR spectroscopy [J]. Electrochem Commun., 2001, 3: 252-261.

[54] AURBACH D, GOFER Y, LU Z, et al. A short review on the comparison between Li battery systems and rechargeable magnesium battery technology [J]. Power Sources, 2001, 8: 28-32.

[55] TUTUSAUS O, MOHTADI R, ARTHUR T S, et al. An efficient halogen-free electrolyte for use in rechargeable magnesium batteries [J]. Chem. Int. Edit., 2015, 54: 7900-7904.

[56] NELSON J M, EVANS W V. The electromotive force in cells containing nonaqueous liquids [J]. Am. Chem. Soc., 1917, 39: 82-83.

[57] WU Q J, SHU K W, SUN L L, et al. Recent advances in non-nucleophilic Mg electrolytes [J]. Front. Mater., 2020, 7: 612134.

[58] BARILE C J, SPATNEY R, ZAVADIL K R, et al. Investigating the reversibility of in situ generated magnesium organohaloaluminates for magnesium deposition and dissolution [J]. Phys. Chem. C, 2014, 118: 10694-10699.

[59] ZHANG Y J, LI T, CAO S A, et al. Cu_2MoS_4 hollow nanocages with fast and stable Mg^{2+}-storage performance [J]. Chemical Engineering Journal, 2022, 387: 124125.

[60] LI Y Q, ZUO P J, ZHANG N B, et al. Improving electrochemical performance of rechargeable magnesium batteries with conditioning-free Mg-Cl complex electrolyte [J]. Chemical Engineering Journal, 2021, 403: 126398.

[61] MCARTHUR S G, GENG L X, GUO J C, et al. Cation reduction and comproportionation as novel strategies to produce high voltage, halide free, carborane based electrolytes for rechargeable Mg batteries [J]. Inorganic Chemistry Frontiers, 2015, 2: 1101-1104.

[62] AURBACH D, COHEN Y, MOSIIKOVICII M. The study of reversible magnesium deposition by in situ scanning tunneling microscopy [J]. Electrochem Solid ST, 2011, 4: 113-116.

[63] LU Z, SCHECHTER A, MOSHKOVICH M, et al. On the electrochemical behavior of magnesium electrodes in polar aprotic electrolyte solutions [J]. Electroanal Chem., 1999, 466: 203-217.

[64] WU N, YANG Y J, ZHANG Q Y, et al. A layered titanium-based transition metal oxide as stable anode material for magnesium-ion batteries [J]. Journal of Materials Science, 2020, 55: 16674-16682.

[65] AURBACH D, SCHECHTER A, MOSHKOVICH M, et al. On the mechanisms of reversible magnesium deposition processes [J]. Electrochem. Soc., 2001, 148: 1004-1014.

[66] LIAO C, GUO B K, JIANG D N, et al. Highly soluble alkoxide magnesium salts for rechargeable magnesium batteries [J]. Mater. Chem. A, 2014, 2: 581-584.

[67] NELSON E G, KAMPF J W, BARTLETT B M. Enhanced oxidative stability of non-Grignard magnesium electrolytes through ligand modification [J]. Chem. Commun., 2014, 50: 5193-5195.

[68] GIZBAR H, VESTFRID Y, CHUSID O, et al. Alkyl group transmetalation reactions in electrolytic solutions studied by multinuclear NMR [J]. Organometallics., 2004, 23: 3826-3831.

[69] KIM H S, ARTHUR T S, ALLRED G D, et al. Structure and compatibility of a magnesium electrolyte with a sulphur cathode [J]. Nat. Commun., 2011, 2: 427-432.

[70] BIAN P E, NULI Y, ABUDOUREYIMU Z, et al. A novel thiolate-based electrolyte system for rechargeable magnesium batteries [J]. Electrochimica Acta, 2014, 121: 258-263.

[71] LV D P, TANG D H, DUAN Y H, et al. A study of a fluorine substituted phenyl based complex as a 3V electrolyte for Mg batteries [J]. Mater. Chem. A, 2014, 2: 15488-15494.

[72] ZHAO-KARGER Z R, ZHAO X Y, FUHR O, et al. Bisamide based non-nucleophilic electrolytes for rechargeable magnesium batteries [J]. RSC Adv., 2013, 3: 16330-16335.

[73] GUO Y S, YANG J, NULI Y, et al. Study of electronic effect of Grignard reagents on their electrochemical behavior [J]. Electrochem. Commun., 2010, 12: 1671-1673.

[74] HA S Y, LEE Y W, WOO S W, et al. Magnesium(Ⅱ)bis(trifluoromethane sulfonyl)imide-based electrolytes with wide electrochemical windows for rechargeable magnesium batteries [J]. ACS Appl. Mater. Inter., 2014, 6: 4063-4073.

[75] LIAO C, SA N, KEY B, et al. The unexpected discovery of the $Mg(HMDS)_2/MgCl_2$ complex as a magnesium electrolyte for rechargeable magnesium batteries [J]. Mater. Chem. A., 2015, 3: 6082-6087.

[76] GOFER Y, CHUSID O, GIZBAR H, et al. Improved electrolyte solutions for rechargeable magnesium batteries [J]. Electrochem. Commun., 2006, 9: 257-260.

[77] ZHANG Z, CUI Z L, QIAO L X, et al. A superior electronic conducting tellurium electrode enabled high rate capability rechargeable Mg batteries [J]. Adv. Energy Mater., 2017: 1602055.

[78] YAGI S, TANAKA A, ICHIKAWA Y, et al. Effects of water content on magnesium deposition from a Grignard reagent-based tetrahydrofuran electrolyte [J]. Res. Chem. Intermediat., 2014, 40: 3-9.

[79] AMIR N, VESTFIRD Y, CHUSID O, et al. Progress in nonaqueous magnesium electrochemistry [J]. Power Sources, 2007, 174: 1234-1240.

[80] YOSHIMOTO N, MATSUMOTO M, EGASHIA M, et al. Mixed electrolyte consisting of ethylmagnesiumbromide with ionic liquid for rechargeable magnesium electrode [J]. Journal of Power Sources, 2010, 195: 2096-2098.

[81] SHEN B S, ZHANG X, GUO R S, et al. Carbon encapsulated RuO_2 nano-dots anchoring on graphene as an electrode for asymmetric supercapacitors with ultralong cycle life in an ionic liquid electrolyte [J]. Journal of Materials Chemistry A, 2016, 4: 8180-8189.

[82] VARDAR G, SLEIGHTHOLME A E, NARUSE J, et al. Electrochemistry of magnesium electrolytes in ionic liquids for secondary batteries [J]. A ACS Appl Mater Interfaces, 2014, 6: 18033-18039.

[83] GUO Z Q, ZHAO S Q, LI T X, et al. Recent advances in rechargeable magnesium-based batteries for high-efficiency energy storage [J]. Advanced Energy Materials, 2020, 2: 1903591.

[84] LIU X, LI Y, ZHOU L, et al. Rechargeable metal (Li,Na,Mg,Al)-sulfur batteries: Materials and advances [J]. Journal of Energy Chemistry, 2021, 61: 104-134.

[85] HAGIWARA R, TAMAKI K, KUBOTA K, et al. Thermal properties of mixed alkali bis (trifluoromethylsulfonyl) amides [J]. Chem. Eng. Data, 2008, 53: 355-358.

[86] ZHU J L, LIU Y N, MU T, et al. $NiSe_2/Ti_3C_2$ as a promising cathode material for rechargeable dual Mg/Li-ion battery [J]. Materials Letters, 2021, 283: 128721.

[87] SONG J, NOKED M, GILLETTE E, et al. Activation of a MnO_2 cathode by water-stimulated Mg^{2+} insertion for a magnesium ion battery [J]. Phys. Chem. Chem. Phys., 2015, 17: 5256-5264.

[88] SUN X Q, DUFFORT V, MEHDI B L, et al. Investigation of the mechanism of Mg insertion in birnessite in nonaqueous and aqueous rechargeable Mg-ion batteries [J]. Chem. Mater., 2016, 28(2): 534-542.

[89] TRAN T T, LAMANNA W M, OBROVAC M N. Evaluation of $Mg[N(SO_2CF_3)_2]_2$/acetonitrile electrolyte for use in Mg-ion cells [J]. Electrochem. Soc., 2012, 159: 2005-2009.

[90] NULI Y, YANG J, WU R. Reversible deposition and dissolution of magnesium from $BMIMBF_4$ ionic liquid [J]. Electrochem Commun., 2005, 7: 1105-1110.

[91] SUTTO T E, DUNCAN T T. Electrochemical and structural characterization of Mg ion intercalation into Co_3O_4 using ionic liquid electrolytes [J]. Electrochimica Acta, 2012, 80:

413-417.

[92] WANG F Y, CHEN S Y, WANG Q, et al. Study on Gd and Mg co-doped ceria electrolyte for intermediate temperature solid oxide fuel cells [J]. Catal. Today, 2004, 97: 189-194.

[93] GUO M, YUAN C Y, ZHANG T F, et al. Solid-State Electrolytes for rechargeable magnesium-ion batteries: From structure to mechanism [J]. Small, 2022, 26: 2106981.

[94] WANG M, ZHANG F, LEE C S, et al. Low-cost metallic anode materials for high performance rechargeable batteries [J]. Advanced Energy Materials, 2017, 7: 1700536.

[95] GAO T, WANG F, FAN X L, et al. Existence of solid electrolyte interphase in Mg batteries: Mg/S chemistry as an example [J]. ACS Appl. Mater. Interfaces, 2018, 10(17): 14767-14776.

[96] NARAYANAN N SV, ASHOK RAJ BV, SAMPTAH S. Physicochemical, spectroscopic and electrochemical characterization of magnesium ion-conducting, room temperature, ternary molten electrolytes [J]. Power Sources, 2010, 195: 4356-4364.

[97] SAHA P, DATTA M K, VELIKOKHATNYI O I, et al. Rechargeable magnesium battery: Current status and key challenges for the future [J]. Prog. Mater. SCI., 2014, 66: 1.

[98] BASKIN A, PRENDERGAST D. Exploration of the detailed conditions for reductive stability of $Mg(TFSI)_2$ in diglyme: Implications for multivalent electrolytes [J]. Phys. Chem. C, 2016, 120: 3585.

[99] DOMANSKA U. Physico-chemical properties and phase behaviour of pyrrolidinium-based ionic liquids [J]. Int J. Mol. Sci., 2010, 11: 1825-1841.

[100] YOSHIMOTO N, SHIRAI T, MORITA M. A novel polymeric gel electrolyte systems containing magnesium salt with ionic liquid [J]. Electrochimica Acta, 2005, 50: 3866-3871.

[101] SHIMAMURA O, YOSHIMOTO N, MATAUMOTO M, et al. Electrochemical co-deposition of magnesium with lithium from quaternary ammonium-based ionic liquid [J]. Power Sources, 2011, 196: 1586-1588.

[102] JEREMIAS S, GIFFIN G A, MORETTI A, et al. Mechanisms of magnesium ion transport in pyrrolidinium bis(trifluoromethanesulfonyl) imide-based ionic liquid electrolytes [J]. Phys. Chem. C, 2014, 118: 28361-28368.

[103] KHOO T, HOWLETT P C, TSAGOURIA M, et al. The potential for ionic liquid electrolytes to stabilise the magnesium interface for magnesium/air batteries [J]. Electrochimica Acta, 2011, 58: 583-588.

[104] KAKIBE T, HISHII J, YOSHIMOTO N, et al. Binary ionic liquid electrolytes containing organo-magnesium complex for rechargeable magnesium batteries [J]. Power Sources, 2012, 203: 195-200.

[105] HIGASHI S, MIWA K, AOKI M, et al. A novel inorganic solid state ion conductor for rechargeable Mg batteries [J]. Chem. Commun., 2014, 50: 1320-1322.

[106] KUMAR G G, MUNICHANDRAIAH N. Effect of plasticizers on magnesium-poly (ethyleneoxide) polymer electrolyte [J]. Electroanal. Chem., 2000, 495: 42-50.

[107] YOSHIMOTO N, TOMONAGA Y, ISHIKAWA M, et al. Ionic conductance of polymeric

electrolytes consisting of magnesium salts dissolved in cross-linked polymer matrix with linear polyether [J]. Electrochimica Acta, 2001, 46: 1195-1200.

[108] YOSHIMOTO N, YAKUSHIJI S, ISHIKAWA M, et al. Rechargeable magnesium batteries with polymeric gel electrolytes containing magnesium salts [J]. Electrochimica Acta, 2003, 48: 2317-2322.

[109] PANDEY G P, HASHMI S A. Experimental investigations of an ionic-liquid-based, magnesium ion conducting, polymer gel electrolyte [J]. Power Sources, 2009, 187: 627-634.

[110] PANDEY G P, AGRAWAL R C, HASHMI S A. Magnesium ion-conducting gel polymer electrolytes dispersed with fumed silica for rechargeable magnesium battery application [J]. Solid State Electr., 2011, 15: 2253-2264.

[111] MARTINEZ A M, BORRESEN B, HAARBREG G M, et al. Electrodeposition of magnesium from the eutectic LiCl-KCl melt [J]. Appl. Electrochem., 2004, 34: 1271-1278.

[112] PAN M G, ZOU J X, LAINE R, et al. Using CoS cathode materials with 3D hierarchical porosity and an ionic liquid (IL) as an electrolyte additive for high capacity rechargeable magnesium batteries [J]. Mater. Chem. A, 2019, 7: 18880-18888.

[113] LIU W H. The electrolyte temperature dependence of the electrochemical hydrogen storage property of Mg-Ni alloy codeposited from aqueous solution [J]. Alloy Compd., 2005, 404: 694-698.

[114] IMANAKA N, OKAZAKI Y, ADACHI G. Optimization of divalent magnesium ion conduction in phosphate based polycrystalline solid electrolytes [J]. Ionics., 2001, 7: 440-446.

[115] WANG Y R, XUE X L, LIU P Y, et al. Atomic substitution enabled synthesis of vacancy-rich two-dimensional black TiO_{2-x} nanoflakes for high-performance rechargeable magnesium batteries [J]. ACS Nano, 2018, 12(12): 12492-12502.

[116] POLU A R, KUMAR R. Preparation and characterization of pva based solid polymer electrolytes for electrochemical cell applications [J]. Chinese J. Polym. Sci., 2013, 31: 641-648.

[117] SAITO M, IKUTA H, UCHIMOTO Y, et al. Influence of PEG-borate ester as a Lewis acid on ionic conductivity of polymer electrolyte containing Mg-salt [J]. Electrochem Soc., 2003, 150: 477-483.

[118] SUTTO T E, DUNCAN T T. The behavior of Li and Mg ions in a polymerized ionic liquid [J]. Electrochimica Acta, 2012, 72: 23-27.

3 镁离子电池正极材料

近年来，全球严重依赖化石燃料来满足日益增长的能源需求，导致了能源衰竭和环境污染等问题，如全球变暖和海洋酸化。人们开始广泛地应用清洁和可持续能源（太阳能、风能和地热能）取代传统化石燃料。然而，这些可持续能源的区域性和间歇性特点使高效电化学储能系统的发展显得尤为重要。因此，寻找具有低成本效益的储能和转换系统具有重要意义。锂离子电池作为一种高效的储能设备以其高能量度和长循环寿命广泛地应用在便携式电子、混合动力汽车、智能电网等领域。然而锂资源在大规模应用中由于其地理分布不均、成本上升和安全问题等严重阻碍了锂离子电池的发展。镁可充电电池具有安全、廉价、环境友好等优点，但其发展仍受到阻碍。Mg^{2+} 电荷密度大，带有 2 个电荷，其溶剂化作用强，较难嵌入一般的基质材料中。目前人们对镁可充电电池的研究还处于初级阶段，所开发的正极嵌入材料还比较少，而且大部分嵌入材料的循环性能不是很好。因此，开发适用于离子半径较大的碱金属离子存储的宿主材料是一个非常重要的挑战。设计具有高输出电压和高容量的先进负极材料，有助于离子在正极材料中的有效扩散，从而提高倍率性能、容量和稳定性。

3.1 概　　述

自 1991 年被发明以来，锂离子电池（LIB）逐渐成为各种电子产品的首选电源。经过 20 多年材料和电池设计方面的发展和创新，在电池水平上，锂离子电池的能量密度已达到 240W · h/kg 和 670W · h/L。然而，当锂离子电池接近插层化学的理论极限时，其容量和能量密度将达到一个上限。将金属负极与各种正极材料配对，这为进一步提高电池能量密度提供了很大的可能。可充电镁离子电池具有丰富度高、成本低、环境友好、稳定性好、安全可靠等优点，已成为最有前途的替代材料之一。如图 3-1 所示[1]，与金属锂相比，镁具有更高体积容量。镁在地壳中的储量要大于锂。在安全性方面，镁元素和大多数镁化合物具有熔点高、延展性好、无毒、稳定性好等特点。此外，镁离子电池不会出现锂离子电池中枝晶生长等问题，库仑效率可以达到 100%。另外，由于避免了树枝晶短路带来的安全问题，镁离子电池具有很高的安全性。从能量上看，二价镁可以与两个电子结合，在相同的情况下，镁电池的容量是锂电池的两倍。根据电池能量、电压和电池容量的关系，在相同电压下，镁离子电池的能量是锂离子电池的 2 倍。另外，镁离子电池和锂离子电池的工作原理相似，都是摇椅式。

性　　能	Li	Na	Mg
离子半径/nm	0.068	0.095	0.62
水溶液中电极电势/V	−3.03	−2.71	−2.37(酸) −2.69(碱)
体积容量/mA·h·cm^{-3}	2046	1128	3833
质量容量/mA·h·g^{-1}	3862	1161	2205
原子量	6.94	22.99	24.31

(a)

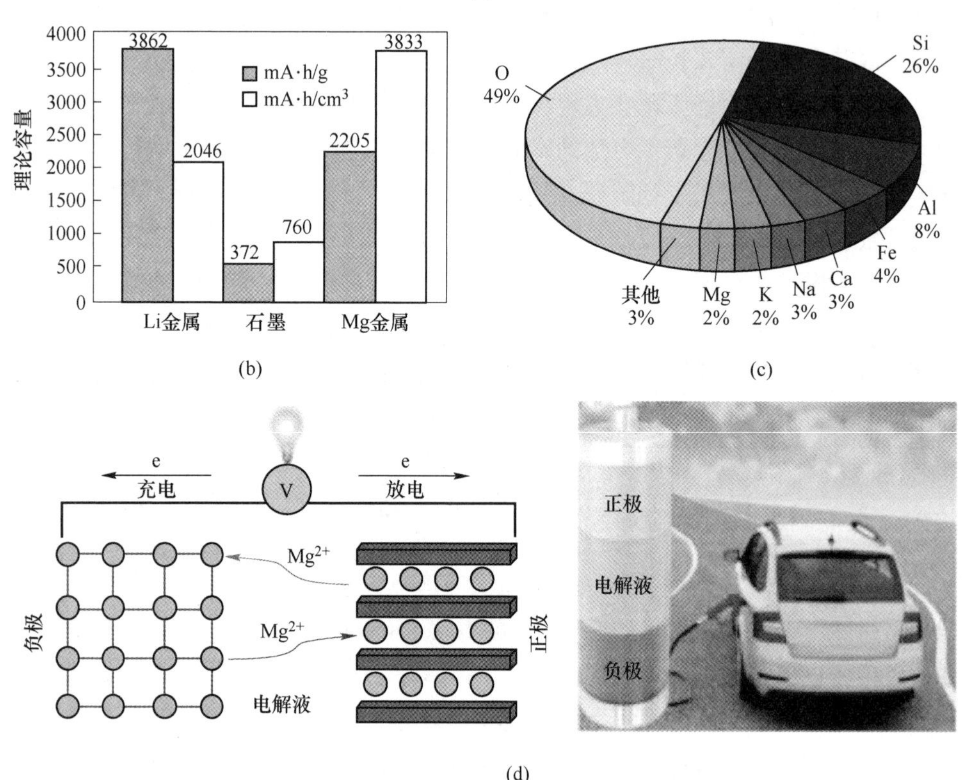

图 3-1　镁离子电池简介

（a）Li、Na、Mg 的比较；（b）Li、石墨、Mg 理论性能比较；（c）地球元素的丰度；（d）镁离子电池工作原理

在过去的十多年中，尤其是在 2013 年之后，人们对开发可充电镁离子电池的兴趣越来越大。Mg^{2+} 半径小，电荷密度大，容易与溶剂结合，导致严重的溶

剂化效应。另外，由于其二价性质，Mg^{2+}在固态正极材料中的扩散速率要比Li^+等单价阳离子缓慢得多，这导致大部分材料镁化程度低，实际比容量不高。因此，寻找具有扩散速率高、理论比容量大的正极材料已成为可充电镁电池发展的主要挑战。

本章概括了国内外学者在这一领域的工作，着重强调正极材料结构和组成对镁电池动力学的影响。目前对镁可充电电池正极材料的研究主要集中在以下几类材料：过渡金属氧化物、聚阴离子型化合物、过渡金属硫化物等。本章将简要介绍过渡金属氧化物、聚阴离子型化合物，着重介绍近几年热门的二维层状过渡金属硫化物正极材料的发展进展，列举一些最具代表性的过渡金属硫化物正极材料，并比较理论和实验结果以突出各类正极材料的优点和面临的挑战。期望本章内容能为下一步新型镁离子电池的实验和理论研究提供一个清晰的视角和具体的策略。

3.2 过渡金属氧化物

过渡金属氧化物层与层之间靠较弱的范德华力连接，有利于金属离子脱嵌过程的发生，与其他正极材料相比，它们的高电压使其在能量密度方面更具吸引力。此外，过渡金属氧化物还具有结构灵活性，可以适应嵌入Mg^{2+}时产生的严重结构变形，上述因素使得层状过渡金属氧化物成为一种很有前途的可充电镁离子电池正极的候选材料。在紧密堆积的氧结构（尖晶石和层状的面心立方堆积，橄榄石的六方密排堆积）中，镁离子沿着锯齿形路径交替穿过四面体和八面体进行扩散。本节对几种常见过渡金属氧化物的发展及现有问题进行简单介绍。

3.2.1 钒氧化物

钒氧化物因具有特殊的开放性层状结构、独特的结构柔性，可以减弱由宿体离子（如Li^+、Na^+和Mg^{2+}）的插入和脱出引起的严重结构变形，并且钒为多价态元素，具有较高的反应活性，因而钒氧化物在比容量和循环稳定性方面较其他正极材料更具优势。

在所有层状氧化物中，V_2O_5在镁电池研究中受到的关注最多。它的晶格由交替的边和角共享的VO_5金字塔层组成，嵌层原子位于层间。α型和δ型的主要区别在于沿一个方向的层堆叠不同（垂直于*b-c*面）。当金属离子进入V_2O_5时，Mg原子占据了沿正交晶格*a*方向延伸的4个VO_6八面体的中心。计算结果显示δ相（600～760meV）的迁移壁垒远远低于α相（975～1120meV）的迁移壁垒，其相应的迁移能量分别为“谷”和“高原”形，这是由于Mg在扩散路径上的协调环境发生了变化。在α相中，Mg通过共享的三倍协调位点在相邻的八倍协调位点之间迁移（激活状态），而在δ阶段，Mg通过两个三重配位点在相邻的六重配位点之间迁移，两个三重配位点被亚稳态五重配位“谷”隔开。因此，对于倾向于低配位数的 Mg^{2+}，在 V_2O_5 正极中插入 Mg^{2+} 时很可能发生 α—δ 的相转变。

为了系统地评价 α-V_2O_5 和 δ-V_2O_5 在 Mg^{2+} 插入/脱嵌过程中的差异，采用第一性原理系统地计算了 α-V_2O_5 和 δ-V_2O_5 两种正极材料的层间距、平均电压和热力学稳定性。另外还计算了空 V_2O_5 和嵌层 MgV_2O_5 的 α-和 δ-晶型的层间间距。在相同的嵌层成分下，δ 始终具有比 α 更大的层间距（3% ~5%）。δ 层间距的变化小于2%要比 α（9% ~14%）小得多。层间距越大，配位变化越小，δ 相的迁移能垒越低。此外，计算结果显示 δ-V_2O_5 的平均电压（2.56V）高于 α-V_2O_5（2.21V）。在脱嵌极限中，α-V_2O_5 是热力学稳定的，而 δ 相在室温下是亚稳态的。在嵌入状态下，δ 相比 α 更稳定存在，与 Mg^{2+} 的最佳配位环境吻合良好。考虑到较低的能垒、较大的层间距、较高的平均电压和适度的热力学稳定性，δ-V_2O_5 在镁离子正极材料的应用中是一种更有前途的材料。然而，迄今为止尚未报道 Mg^{2+} 嵌入 δ-V_2O_5 的实验结果，这可能与极限室温下亚稳态的存在有关。另一方面，在纳米厚度（约100nm）的 α-V_2O_5 薄膜中会观察到可逆的镁离子嵌入/脱出现象，形成 $Mg_{0.5}V_2O_5$，放电容量为150mA·h/g，在 0.5μA/cm^2 电流密度下，电池的电压可达到约2.35V，与计算结果一致，这是由于稳定的镁空位排序的形成，会有约0.5V 的电压降。以镁箔为负极，$Mg(ClO_4)_2$/THF 为电解液体系，比较镁离子在不同金属硫化物、氧化物正极材料中的可逆脱嵌反应。测试结果表明 V_2O_5 材料具有较高的开路电压（2.66V），仅次于铅氧化合物，但铅的密度很大，在实际应用中会降低以铅氧化物为正极材料的镁离子电池的放电能量密度。

V_2O_5 作为过渡金属氧化物，材料本身的导电性很差，并且由于其独特的晶体结构，镁离子在电极材料中的嵌入是一个非常缓慢的过程。目前主要有以下两种途径可用来提高镁离子在 V_2O_5 晶体中的扩散速率：控制晶粒大小和添加导电剂。减小晶粒尺寸就意味着缩短 V_2O_5 晶体之间的距离从而达到缩短镁离子脱嵌路径的目的。采用导电添加剂是提高镁离子扩散速率的另一有效方法。通过比较 C@V_2O_5（乙炔黑颗粒包覆在尺寸小于100nm 的 V_2O_5 干凝胶上）复合材料与传统物理混合法制备的复合材料的电化学性能，发现碳包覆会提高电极材料的放电比容量。

V_2O_5 干凝胶（$V_2O_5 \cdot nH_2O$）晶体是由层状四方锥 VO_5 多面体构成的，V^{5+} 与5个氧原子相连，水分子位于层状 V_2O_5 边界处，该结构可为镁离子的脱嵌过程提供更多的通道。镁具有较大的去溶剂能量（比锂的2倍还要大）。V_2O_5 干凝胶包括 V_2O_5 的“双层”排列，与 α-和 δ-V_2O_5 中的单分子层形成鲜明对比。双层 V_2O_5 是由两个单独的 V_2O_5 单层组成，嵌层中的客体和水分子存在于两个双层之间的空间中。这样的双层框架宿主，双层间距约为1.35nm，该材料具有结构灵活性，通过调整层间的距离可以让其适应不同大小的嵌入剂离子。此外，研究表明每摩尔 H_2O 从正极材料的加入（移除）过程中会导致双层间距的增加（减少），在电化学过程中嵌入的 Mg^{2+} 也会导致间距减小，这也是目前镁离子电池循环性能不佳的主要原因之一。

在含水体系中，离子的可逆脱嵌过程会更容易进行。在非水盐的研究中就有人探讨了水对层状五氧化二钒放电性能的影响[2]，结果表明正极材料的含水量是实现 Mg^{2+} 快速可逆脱嵌的必要条件。水化钒氧化物在 1mol/L $Mg(ClO_4)_2$ 的乙腈电解液中首次放电容量高达 170mA · h/g，远大于纯 V_2O_5（小于 50mA · h/g）。电化学测试结果表明在充电过程中与镁相连的水分子会被移除，对晶体结构造成不可逆转的破坏，导致电池放电比容量下降（基本保持在 60 ~ 70mA · h/g）。研究结果显示，可作为正极材料的 V_2O_5 晶体的含水量是 $V_2O_5 \cdot nH_2O$（$n=0\sim3$），但在实际应用中用最多的是 $V_2O_5 \cdot nH_2O$（$n=1.6\sim1.8$）[3]。

目前研究最多的钒氧化物是水化 V_2O_5 干凝胶和气凝胶。干凝胶-V_2O_5 在 $Mg(TFSI)_2$/二甘醇二甲醚电解质体系中在 20μA/cm² 的条件下的放电容量约为 50mA · h/g（0.25mol/L $Mg/V_2O_5 \cdot nH_2O$）[4]。相关人员在研究中提出了一种合理的嵌层机理：放电时，溶剂化壳层（二甘醇二甲醚）配位的 Mg^{2+} 进入 $V_2O_5 \cdot nH_2O$ 双分子层中，致使晶格中水大量流失。另外，由于 V_2O_5 层之间的相互吸引而导致层间距离的压缩，与嵌入的镁离子组成复合物。在恒电流充电时，Mg 配位团簇被拉出晶格，伴随着游离的二甘醇二甲醚分子以补偿空隙，从而产生最大的层间距离。这一机制从原理来看似乎是可逆的，但是产生的代价是电解液的进一步分解。但由于过电位较大，嵌层机理有待进一步确定。此外，晶体水的作用是维持晶体结构还是改善 Mg^{2+} 的扩散动力学，这个仍然是未知的。

含水凝胶不但可以提高镁离子在晶体中的脱嵌速率，而且由于其特殊的多孔结构会增大材料的比表面积，从而为镁离子的脱嵌反应提供更多位点。干凝胶和气凝胶的实质都是从纳米大小的孔洞中去除溶剂，唯一的区别在于干燥过程不同。与其他溶胶相比，干凝胶具有更紧密的结构。气溶胶的优点是孔隙多，材料的比表面积大，为镁离子脱嵌过程提供更多位点，增大正极材料的放电比容量。

3.2.2 锰氧化物

锰氧化物具有资源丰富、环境友好等特点，是非常有应用前景的电池正极材料之一。锰氧化物在镁离子电池中的首次应用是探讨在 THF/$Mg(ClO_4)_2$ 体系中 Mg^{2+} 在 Mn_2O_3 和 Mn_3O_4 化合物中的脱嵌性能[5]。在该研究体系中，电极材料的开路电位接近 2.4V(vs. Mg/Mg^{2+})，嵌镁量 0.66，所对应的放电比容量分别是

224mA · h/g 和 154mA · h/g。锰和氧可组成多种类型化合物，在可充电镁离子电池中应用最广泛的正极材料是 MnO_2。

具有隧道结构的正极材料可以为镁离子的脱嵌过程提供丰富且较短的扩散通道，提高电池的放电性能。采用水热法制备的钡镁锰矿 $Mg_{0.21}Mn_{2.03} \cdot 0.24H_2O$ 在 1mol/L $Mg(ClO_4)_2$-PC 电解液中的嵌镁量是 0.3，放电比容量为 85mA · h/g[6]。隧道结构的锰钡矿在高电压电解液体系中的放电容量为 280mA · h/g（电压区间：3.0 ~ 0.8V(vs. Mg/Mg^{2+})）。以金属镁作为负极，在 $Mg(ClO_4)_2$/AN 体系中原始锰钡矿的放电容量为 85mA · h/g[40]。采用乙炔黑与锰钡矿复合，在 100mA · h/g 的循环倍率下，电极材料的放电容量增大至 310mA · h/g。这一结果表明乙炔黑的加入增大材料的导电性和孔隙率从而优化电池的放电性能[7]。容量保持率不高是锰钡矿材料的一个明显缺点，首次充放电后容量保持率仅有 50%[43]。

水钠锰矿类型 MnO_2 具有明显的层状结构，可以为离子的脱嵌提供二维通道。以金属镁作为负极，研究层状 MnO_2 在高氯酸镁乙腈溶液中的电化学性能，放电结果显示该材料的比容量仅有 109mA · h/g，但是它的容量保持率高、循环寿命长。通过对不同结构的 MnO_2 进行比较，发现隧道结构的锰钡矿在经过 20 次充放电循环后晶体结构完全变形并被电荷占满，容量性能几乎完全丧失，然而在相同测试条件下层状结构水钠锰矿的容量保持率为 50%。在锂离子电池中，水钠锰矿会分解转变成尖晶石型结构，这一现象严重限制了该材料的实际应用。然而，在镁离子电池体系中并没有观察到尖晶石结构的形成，充放电过程中容量的衰退与 Mn^{2+} 在电解液中的溶解有关。

尖晶石型 Mn_2O_4 一直以来被认为是一种较为理想的尖晶石氧化物正极，它具有较高的电压及较小的体积变化率（小于 15%），更重要的是，它的充放电状态都属于热力学稳态。科学家尝试研究了不同尺寸和形态的尖晶石 Mn_2O_4(λ-MnO_2)在非水电解质中的反应[8]。计算结果表明，λ-MnO_2 纳米片（厚度约 50nm，直径几百纳米）显示出相当低的 Mg^{2+} 嵌入量（< 3% Mg/Mn_2O_4）及在 $Mg(TFSI)_2$ 二甘醇二甲醚或碳酸丙烯酯（PC）电解质中存在严重的电压滞后现象。除动力学因素外，在 Mg^{2+} 嵌入过程中晶体结构从立方尖晶石 Mn_2O_4 到四方尖晶石 $MgMn_2O_4$ 的相变也被认为是低镁化程度的可能原因。四方尖晶石结构，是一种部分倒置的尖晶石，大部分 Mn(Ⅲ)位于八面体位置，部分 Mn(Ⅳ)和 Mn(Ⅱ)分别位于八面体和四面体位置上，部分倒置的尖晶石会阻断 Mg^{2+} 的嵌入路径。为了证明这一点，将上述两相分别在相同的电解液中进行循环，结果表明 Mg^{2+} 在立方相显示出较高的可逆活性，充电容量接近 250mA · h/g（理论容量为 270mA · h/g)，而在四方相中没有观察到明显的镁离子嵌入行为，这表明尖晶石 Mn_2O_4 的相稳定性是提高离子可逆性的关键。然而，以 0.5mol/L $Mg(ClO_4)_2$ 为电解质的四方 $MgMn_2O_4$ 纳米颗粒得到了相反的结果，它的可逆容量仅为 120mA · h/g。

该结果可能是由于实验过程中电流密度和粒子尺寸的不同所导致的。尽管 Mg^{2+} 在尖晶石结构 Mn_2O_4 的迁移率很低，但可通过减小电流密度和颗粒尺寸来提高镁在尖晶石 Mn_2O_4 中的存量。

尖晶石型 MnO_2 是用微波反应器合成的，在 0.1mol/L $Mg(ClO_4)_2$-0.5mol/L H_2O-THF 电解液体系中，该材料的开路电位是 1.2V(vs. Mg/Mg^{2+})，放电比容量为 80mA · h/g。实验表明，在低功率下该材料的循环性能较差，增大反应功率会提高电极材料的容量保持率。近期的工作主要比较了硫酸镁、硝酸镁、高氯酸镁三种水溶液体系对尖晶石型 MnO_2-石墨复合正极材料放电性能的影响[9]。结果表明尖晶石型 MnO_2 与水系电解液具有较好的兼容性，在上述三种电解液中具有较高的容量保持率和优异的循环性能，这些特性使得尖晶石二氧化锰材料逐渐成为未来的研究热点。有报道采用第一性基本原理计算了 Mg^{2+} 在后尖晶石二氧化锰正极材料中的电压窗口范围、相位稳定性和扩散能量。计算结果表明：后尖晶石相二氧化锰具有较高的能量势垒，会阻碍 MnO_6 正八面体的重排，因此结构十分稳定；Mg^{2+} 在该电极材料中的迁移活化能仅有 0.4eV，与锂离子的迁移率相当；Mg/Mg^{2+} 的电压窗口为 2.84 ~ 1.68V(vs. Mg/Mg^{2+})。

3.2.3 钼氧化物

正交晶系的 MoO_3 是常见的可嵌入材料。科学家在正二丁基镁的乙烷溶液中，用化学法把镁离子插入到 MoO_3 中去，嵌入电压为 2.28V(vs. Mg^{2+}/Mg)，最高比容量为 142mA · h/g（相应的组成为 $Mg_{0.5}MoO_3$）[10]，Novak 等人证明了在质量分数为 3% 的 $MgCl_2$、56% 的 $AlCl_3$ 和 41% 的氯化 1-乙基-3-乙基咪唑构成的电解液中，Mg^{2+} 插入到 MoO_3 中去，最大容量可达 160mA · h/g。另外，MoO_3 的过电位要比 V_2O_5 大很多，这可能是因为 MoO_3 薄膜和 V_2O_5 颗粒的不同造成的。MoO_3 的层状结构适合离子的嵌入，但是其氧键比硫键更强、更硬，导致其在电化学循环过程中更多的结构损坏[11]。

正交 α-MoO_3 与 V_2O_5 有着类似的层状结构，斜方晶系的 α-MoO_3 被认为是一价和二价阳离子的嵌入宿主。它是由边共享和角共享的双层 MoO_6 八面体构建而成，由弱范德华引力聚集在一起，层间距约为 0.6929nm。当插入到 α-MoO_3 中时，Mg^{2+} 占据了 α-MoO_3 内部和中间的位置层并沿着 c 轴运动。该过程的迁移势垒为 880meV，对应扩散常数为 $10^{-17}cm^2/s$，远高于约 525meV 的阈值，表明镁离子在正极材料中的扩散动力学缓慢。科研工作者试图进一步制备一层薄薄的 α-MoO_3 薄膜（约 100nm），以减小嵌层离子的扩散路径，在一定程度上减缓了动力学上的迟缓。电化学数据显示，α-MoO_3 正极膜的镁化能力约为 220mA · h/g，对应于 0.59mol/L Mg^{2+}/MoO_3，在 0.3$\mu A/cm^2$ 下电压为 1.7 ~ 2.8V。α-MoO_3 的镁化和脱镁过程之间的电压差（0.2 ~ 0.4V）是 V_2O_5 薄膜的 3 ~ 6 倍，显示出了更大的动力学限制。过大的过电位和某种程度的不可逆性可能是电压引起的结构损伤造成的，主要是低电子导电性的退磁 MoO_3 及 α-MoO_3 表面可能发生的一些不可逆转化反应。因此仍需要对 α-MoO_3 进行改进才可以得到有前景的可充电镁离子电池正极候选材料。

为了进一步提高镁离子的嵌层动力学速率，可采用温和氟化法制备具有 α-MoO_3 结构的 $MoO_{2.8}F_{0.2}$。氟的引入可以使正极释放出一个电子，该电子在交流平面的 Mo-O 层上离域，这将增加 $MoO_{2.8}F_{0.2}$ 正极的电子导电性。此外，氟原子的离域作用有助于调节 Mg^{2+} 嵌入引起的电荷并降低 Mg^{2+} 的扩散势垒。与 α-MoO_3 相似，当嵌入 $MoO_{2.8}F_{0.2}$ 中时，Mg^{2+} 离子占据 $MoO_{2.8}F_{0.2}$ 内部的位置层，沿着 c 轴运动。同时，迁移壁垒降至约 490meV，小于 525meV 阈值。研究成果表明，微米尺寸的 $MoO_{2.8}F_{0.2}$ 在 5mA 时第一次放电容量约为 40mA · h/g，在循环 18 周后提高到了约 70mA · h/g（0.25mol/L Mg^{2+}/$MoO_{2.8}F_{0.2}$），优于微米尺度的 α-MoO_3，这表明卤素取代可能是改善层状氧化物动力学的一个可行的策略。

上述结果显示镁在层状氧化物基（V_2O_5、MoO_3 等）正极中的扩散较慢，可以通过具有开孔结构的斜方晶 Mo-V 氧化物来改善其电化学性能。Mo-V 氧化物是层状结构，每个层状结构通过共角堆叠形成三元、六元和七元环孔道的微孔骨架。六元和七元环形通道的直径分别约为 0.3nm 和 0.5nm，大的孔道可以使 Mg^{2+} 快速扩散。在 Mo-V 氧化物中，钼或钒离子可发生两种或两种以上的氧化态变化，促进局部电中性，降低对 Mg^{2+} 的势垒扩散。

3.3　聚阴离子型化合物

聚阴离子型化合物结构单元的通式为（XO_m）$^{n-}$（X = P、S、As、Mo 或 W），这些结构单元通过强的共价键连成三维网络结构，提供了离子的扩散通道。并且，其中较强的 X—O 共价键使晶格中 O 的稳定性提高，由此聚阴离子型材料都具有良好的安全性。具有一维扩散通道的聚阴离子型化合物（主要是橄榄石），将是一种很有前景的镁离子电池的正极材料。橄榄石结构由一个扭曲的六方紧密排列骨架、P 或 Si 的四面体位和两个明显的八面体位点组成，Mg 或 Li 的位点为 $4a$，金属离子的位点为 $4c$。$4a$ 位点形成共边八面体的线性链，有利于离子沿一维通道扩散，同时在循环过程中保持橄榄石的拓扑结构。每个 $4a$ 位点连接最近的两个 $4c$ 位点，形成曲折的 1D 链。

3.3.1　硅酸盐

研究表明，Mg^{2+} 在硅酸盐中沿一维通道从八面体位向四面体位扩散[12]。计算得到 $MgMSiO_4$（M = Fe、Mn、Co）的迁移能垒为 740 ~ 770meV，高于约

525meV 阈值，对应的离子扩散速率约为 10 ~ 16cm^2/s。由于浓度过高，Mg^{2+}无法在硅酸盐中扩散。大多数关于硅酸盐的报告都是由同一个研究小组提出的，该团队证明了其高容量和稳定的循环性能。然而，实验数据显示该体系的平均电压明显低于计算结果[12]。另外，一项研究在同样的条件下重新检测了硅酸盐，但几乎没有实现预期产能[13]。

亚稳斜方晶 $MgFeSiO_4$，与 Mg 具有四面体配位，在 55℃下提供了约 330mA·h/g 的可逆容量。动力学的改进可能是由于四面体配位的 Mg 在能量上不如八面体配位的 Mg^{2+}，有利于扩散。综上所述，表面非晶化阻碍了磷酸盐的可逆镁化，阻碍了电化学反应深入渗透到体相中。由于迁移障碍高，只有在较高的温度下，Mg^{2+}才能在普通硅酸盐中扩散。利用硅酸盐中较不稳定的四面体配位的 Mg 可以获得较好的 Mg 扩散率和改善 Mg 嵌入/脱嵌的动力学。尽管在全电池研究中存在一些不一致的地方，可能是由于电化学设置和电解质差异，鉴于镁离子在橄榄石硅酸盐中的插入具有良好的能量密度和安全性，值得进一步研究。

努丽燕娜等人[14]通过固相法合成了亚微米级的 $Mg_{1.03}Mn_{0.97}SiO_4$ 粉体材料，并且在 0.25mol/L 的 $Mg(AlCl_2EtBu)_2$/THF 的电解液中，放电容量在前 10 个循环中稳定为 80mA·h/g，为理论容量 314mA·h/g 的 25.4%。进一步研究表明，通过二氧化硅模板法制备出介孔 $Mg_{1.03}Mn_{0.97}SiO_4$ 材料，其放电容量分别为 200mA·h/g(0.3C)和 150mA·h/g(C/5)，这主要由于活性材料表面积增大，给 Mg^{2+}提供了更多的电化学反应位点。2014 年 Orikasa 等人[15]利用离子交换法制备的硅酸铁镁（$MgFeSiO_4$）材料在 55℃、0.5mol/L 的 $Mg(TFSI)_2$ 电解液和三电极体系下进行低电流密度（6.62mA/g）充放电测试，其容量超过 300mA·h/g。

有研究者尝试使用聚苯乙烯胶态晶体作为分散剂，将镁源、钴源和硅源在其中混合均匀，再经水热反应、煅烧两个过程制备出一种 $MgCoSiO_4$ 材料[16]，从经煅烧后样品的 SEM 图可明显看出其呈三维分层多孔结构，这种独特的结构增大了材料的比表面积并且大大缩短了客体离子的扩散路径，使扩散速率加快。

3.3.2 磷酸盐

Mg^{2+}在橄榄石 $FePO_4$ 中扩散沿着“波状”路径从八面体(O)位点到四面体(T)位点。Mg^{2+}在 $FePO_4$ 中的迁移势垒约为 580meV，对应的扩散系数是 10 ~ 13cm^2/s，而在镁化的 $FePO_4$($Mg_{0.5}FePO_4$)中的迁移障碍为 1025meV，远高于 525meV 阈值，对应的扩散系数常数约为 10^{-20} cm^2/s，这一数据表明 Mg^{2+}从 $Mg_{0.5}FePO_4$ 中脱出是不可能的。橄榄石 $FePO_4$ 在 20μA/cm^2 时提供约 12mA·h/g 的放电容量，是其理论容量的 6%，这归因于表面非晶化，阻止了电化学反应深入渗透到晶体中。

2001 年，Makino 等使用溶胶－凝胶法制备出了 Nasicon 结构的 $Mg_{0.5}Ti_2(PO_4)_3$ 和 $Mg_{0.5+y}(Fe_yTi_{1-y})_2(PO_4)_3$[17]，其在 1mol/L 的 $Mg(ClO_4)_2$/PC 电解液中可进行镁离子的嵌入/脱出反应。当 $0<y<0.5$ 时，嵌入材料的体积没有发生明显变化，可能是由于 Mg^{2+} 极化作用强从而抑制了基体材料的膨胀。

3.4　过渡金属硫化物

过渡金属硫化物由于其特殊的性能，被认为是一种很有商业化价值用途的镁离子电池正极材料。首先，过渡金属硫化物（如 CoS_2、FeS_2、MoS_2、VS_2 等）的电化学反应机理多为转化机理，另外一些硫化物（如 SnS_2、Sb_3S_4 等）会在转化反应的基础上进一步发生合金化反应，因此过渡金属硫化物具有很高的理论比容量。其次，过渡金属硫化物的 M—S 键弱于过渡金属氧化物中的 M—O 键或过渡金属氟化物中的 M—F 键，有利于 Mg^{2+} 与宿主材料的动力学转化反应。这也使得 Mg^{2+} 在正极材料中的可逆脱嵌过程更加顺畅，并具有更高的库仑效率。此外，过渡金属硫化物还具有原材料便宜、形态可控、环境友好等优点。但是，过渡金属硫化物正极材料的研究仍然面临着转换机制不明确、材料性能不佳等普遍存在的问题，如循环过程中体积膨胀导致容量衰减，材料电子导电性低导致动力学性能差。

为了获得高性能的镁离子电池正极材料，对过渡金属硫化物的微观结构进行调控至关重要。相应的改进方法及其对应的具体作用概括如下（见图 3-2）[18]：(1) 降低正极材料维度（见图 3-2(a)），有利于加速离子和电子的传递，增加表面反应性，缓解应力，提高机械稳定性；(2) 获得导电介质、机械（结构）支撑的复合化合物（见图 3-2(b)）；(3) 掺杂或功能化有利于加速离子和电子的传递，提高化学稳定性和热稳定性（见图 3-2(c)）；(4) 形态控制，可提高结构稳定性（见图 3-2(d)）；(5) 能保护电解液、防止电解液分解、稳定表面反应和导电介质的涂层或包覆层（见图 3-2(e)）；(6) 电解液改性，可以在电极表面形成钝化层，控制活性物质和分解产物等的溶解度（见图 3-2(f)）。需要特别指出的是，扩大层间距作为一种形态控制策略是改善 Mg^{2+} 转移动力学机制的常用方法，图 3-2(g) 显示了一些改善 Mg 扩散动力学的方法。Mg 在相邻两个 T 位之间迁移的活化能（0.48eV）是两个 H 位之间迁移所需活化能（2.61eV）的 1/5。

毫无疑问，过渡金属硫化物作为镁离子电池正极材料可以有效地改善其存储和扩散动力学。随着近年来关于过渡金属硫化物正极材料的报道越来越多，总结近期的研究成果，为未来的研究提供灵感是非常重要的。本节详细概括了近年来正极材料领域的研究进展，并讨论了基于过渡金属硫化物正极材料在镁离子电池研制中的应用，希望能为下一步高性能镁离子电池的实验和理论研究提供一个清晰的视角和具体的策略。

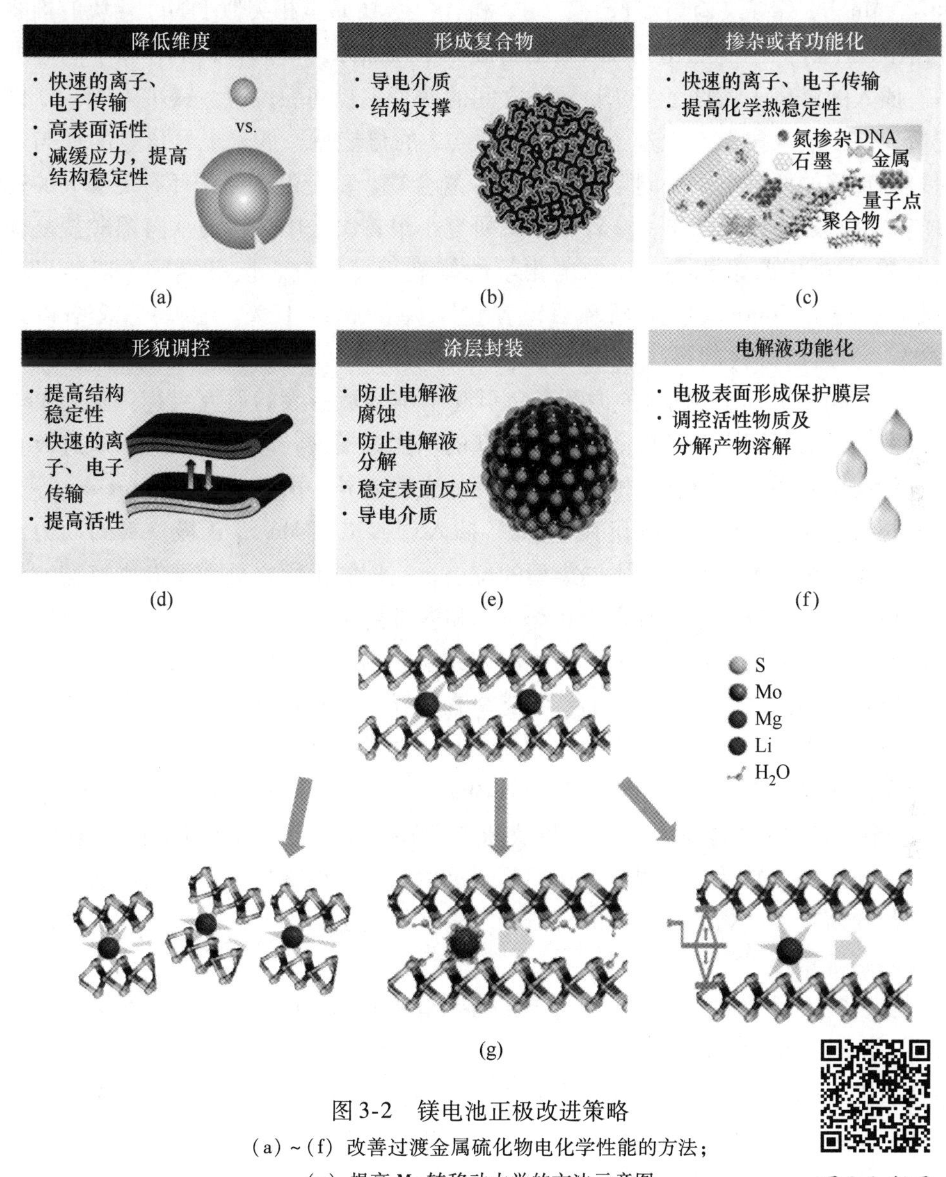

图 3-2　镁电池正极改进策略

（a）~（f）改善过渡金属硫化物电化学性能的方法；

（g）提高 Mg 转移动力学的方法示意图

图 3-2 彩图

3.4.1　硫化钼

3.4.1.1　切弗里相

1971 年科学家首次报道了切弗里相硫化钼，电化学测试表明该材料可以插层多种二价离子。切弗里相硫化钼，特别是 $M_xMo_6T_8$（M = 金属元素，T = S、Se），是一种特殊类型的宿主材料，可以可逆脱嵌一价和多价阳离子，如 Ag^+、Cu^+、Mn^{2+}、Co^{2+}、Zn^{2+}、Fe^{2+}、Cd^{2+} 和 Al^{3+}。切弗里相类似于 Mo_6S_8 块的堆叠（见图 3-3(a)）[3,6,7,19]。6 个 Mo 原子组成一个八面体，里面有 8 个 S 原子的立方体。插入的镁离子占据了 Mo_6S_8 块体之间的两个主要间隙位置。镁进入 Mo_6S_8 结构后，首先插入位点 1，该位点比插入位点 2 的势能低，插入 1 号位点的镁与上面最先转移的两个电子协同形成 $MgMo_6S_8$ 复合物。稳定的镁原子环有足够大的迁移能垒可以阻止镁原子进一步迁移。有研究小组首次采用有机镁 - 卤铝酸盐复合电解质[20]对切弗里相 Mo_6S_8 的电化学性能进行了研究。该报告显示切弗里相 Mo_6S_8 在进行 2000 次以上循环后，容量下降不超过 15%，且库仑效率接近 100%。虽然该材料的最大放电容量仅为 130mA · h/g，平均放电电压为 1.2V（vs. Mg/Mg^{2+}），但其优异的循环寿命引起了本领域极大的研究兴趣。随后 Levi 等人提出了描述固态离子扩散和离子捕获的双能态模型，以帮助理解插入过渡金属硫化物宿主中的一价和二价阳离子之间的主要差异。Bisquert 和 Vikhrenko 等人详细介绍了这一发现，系统研究了 Mg^{2+} 插入切弗里相 Mo_6S_8 正极材料的动力学机制。在这个寄主中有几种不同类型的位点，它们的不同之处在于能量特性。切弗里相 Mo_6S_8 正极对于单价离子 $0<x<4$ 和多价离子 $0<x<2$ 来说是非常有利于脱嵌反应发生的宿主材料。金属离子在切弗里相 Mo_6S_8 正极中有几种不同类型的扩散位点，不同之处在于它们的扩散能垒有差异，因此在不同程度上会阻碍离子嵌入扩散。事实上，Mg^{2+} 在正极材料中的插入过程是十分复杂的，特别是在捕获电荷和扩散过程结束时。实验数据显示，Mg^{2+} 在插入切弗里相 Mo_6S_8 正极的时候，在低频阻抗谱半圆形区域出现了一种特殊的 Gerischer 型阻抗行为（见图 3-3(b)），尤其在插入的开始处更加明显。从实验阻抗谱中可以很容易地识别出实验扩散时间常数的高频和低频。最接近的模拟半定量地重复了两种不同能垒的非等效晶格部分的阻抗特性[21-25]。

在研究中最重要的发现是镁离子在切弗里相 Mo_6S_8 正极中插入过程会通过捕获电阻的减小来实现嵌入能垒的增加。这一假设似乎与二价 Mg^{2+} 理论模型是一致的，即在插入过程中，由于高静电斥力（内六环）将捕获离子推入浅层（外六环），捕获离子的扩散势垒降低。以上结果可以解释为什么镁离子的第一阶段插入速率相对较慢，而第二阶段插入速率相对较快。

为了提高 Mg^{2+} 的扩散极限，科学家对纳米切弗里相 $Mg_xMo_6T_8$ 进行了大量的研究。在分子式中，用硒取代硫可以减少 1 位点电荷的捕获。Aurbach 等人[24]研究了 S-Se 取代对电化学行为的影响，以优化镁离子电池正极的组成。在 $Mg_xMo_6Se_{8-n}S_n$（$n=0$，1，2）中，S 原子被 Se 原子部分取代，避免了部分电荷捕获现象。$Mg_xMo_6Se_{8-n}S_n$ 材料作为镁离子电池正极显示出了优越的电化学性能，这是由于切弗里相负离子框架中 Se 的存在，增加了其极化率，从而提高了 Mg^{2+} 在宿主体内的固态扩散动力学速率。此外，主环中硒原子的存在改变了原子的内外环的几何形状，即会影响镁离子在切弗里相正极材料中的插入位置。因此，作为离子快速转运的关键条件，Mg^{2+} 在这些位点之间的跳跃可能比纯 S 更方便、更快，从而防止电荷捕获现象的发生。虽然，用相对原子质量较大的元素 Se 替代较小的 S 元素，会使 $Mo_6S_6Se_2$ 正极的理论容量有所降低，但由于 Mg^{2+} 在宿主材料中的快速插入和扩散，其实际容量却高于 Mo_6S_8 正极。类似地，Suresh 等人通过四种技术，采用硒替代硫元素，获得了同时含 S、Se 的切弗里相 $Mg_xMo_6S_6Se_2$ 电极，在动力学和热力学方面均有显著改善，并组装成扣式电池，其电化学性能

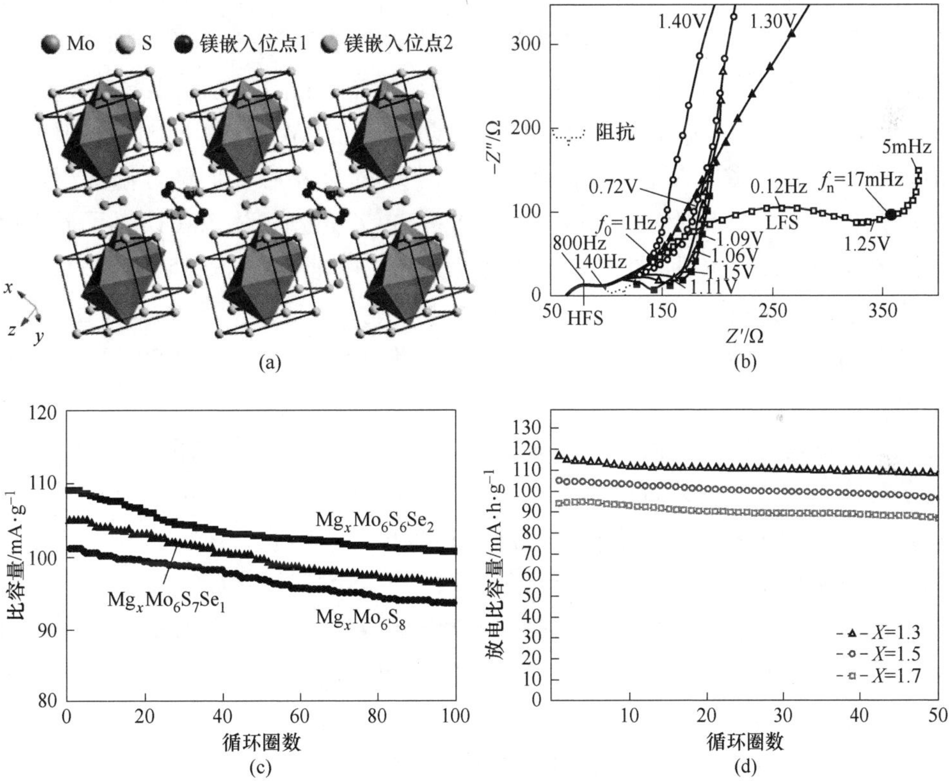

图 3-3 切弗里相 Mo_6S_8 晶体结构及作为镁离子电池正极材料电化学性能

(a) 切弗里相 Mo_6S_8 晶体结构；(b) 切弗里相 Mo_6S_8 晶体在不同电位下插入 Mg^{2+} 的阻抗谱；(c) 切弗里相 Mo_6S_8 正极放电容量与循环数图；(d) 在 6mA/g(0.05C) 恒定电流下组装镁离子电池的循环性能

图 3-3 彩图

结果显示该材料是一种非常有应用前景的镁离子电池正极材料（见图 3-3(c)）。

在众多的复合材料中，三元复合材料因其高可逆容量而备受关注。通过对比铜化学插入法和常规方法，优化三元切弗里相 $Cu_xMo_6S_8$（$x \geqslant 1$）的电化学性能。所制备的材料为单相 $CuMo_6S_8$，粒径分布均匀，粒径较小（约 1μm）。这些均质粉末电极具有高的可逆容量和理想的倍率性能，在常温下显示出优异的电化学性能。此外，电化学数据显示，当 1.3mol Cu 进入主体结构时，由于在切弗里相基体中 Cu-Mg 之间的竞争效应，会获得最高的可逆充放电比容量。另外，如图 3-3(d)所示，该正极材料即使经历 50 次循环仍保持稳定的放电容量，这是由于铜元素具有可逆相变，有助于保持宿主材料的结构稳定。三元切弗里相的组成及形貌可控制备方法对提高镁离子电池正极材料的可逆容量具有启示意义。

如图 3-4 所示[26]，科学家首次用常规结构法解释了室温下不同阳离子在切弗里相正极材料中的迁移特征，例如，系统研究了：（1）大阳离子（Sn^{2+}、Ag^+ 和 Pb^{2+}）在 MMo_6T_8 三元相中的溶解度；（2）$M_xM'_yMo_6T_8$ 四相中双 M + M′ 阳离子的耦合扩散及质量传输规律；（3）Mg-Mo_6S_8 中存在的部分阳离子捕获效应；（4）Cu-Mo_6S_8 体系、Mn-Mo_6S_8 体系和 Cd-Mo_6Se_8 体系在镁离子插入第一阶段和插入最后阶段的扩散动力学速率分别为慢速和快速；（5）小阳离子的快速离子迁移规律；（6）分析扩散通道中可能存在本质差异的多面体连接；（7）所有阳离子位点的映射，结合它们的键价和键值，以及与相邻 Mo 原子的距离。

在大量理论研究中揭示了阳离子在切弗里相正极材料中存在的两种常见竞争方式，在活化能附近的内部位点之间的圆周运动，以及从一个腔到具有相近活化能的相邻腔的四次独立跳跃的逐步扩散。因此，在室温下，切弗里相正极对阳离子迁移有以下主要贡献：两种不同类型活化能，以及插入阳离子之间的斥力分布。需要说明的是，阳离子位置、大小，阳离子与宿主材料之间相互作用和阴离子性质都会对活化能大小造成一定影响。另外，阳离子之间的斥力分布与插入的阳离子之间的斥力、它们的位置排列及它们彼此之间有多少基团有关，即取决于插入的程度和电化学反应的方向。切弗里相正极 Mo_6 簇的存在确保了一价和二价阳离子的高扩散率和广的光谱尺寸范围。因此，含有插入簇的化合物将成为未来新型镁离子电池正极材料开发的关键目标之一。然而研究发现，当前仍有部分切弗里相化合物存在阳离子迁移慢的现象，这种异常表现是由于 Mo_6 团簇在阳离子插入过程中产生了局部电中性。

R–Mo6S8
a=0.6432nm
α=91.58°
b
c
a
空腔2
内部位点
外部位点
中心位点
外周位点
空腔1
M1
M2
M3
M4
1.50
0.69
1.13
1.63
1.23
1.24
1.67
1.53
0.82
1.64
M1–Mo=0.336nm
M2–Mo=0.277nm
M3–Mo=0.237nm
M4–Mo=0.225nm
R–Ni1.4Mo6S8
a=0.6444nm
α=94.68°
2.34
0.93
1.99
1.30
2.18
1.42
1.31
1.91
1.27
2.61
M1–Mo=0.307nm
M2–Mo=0.297nm
M3–Mo=0.241nm
M4–Mo=0.227nm

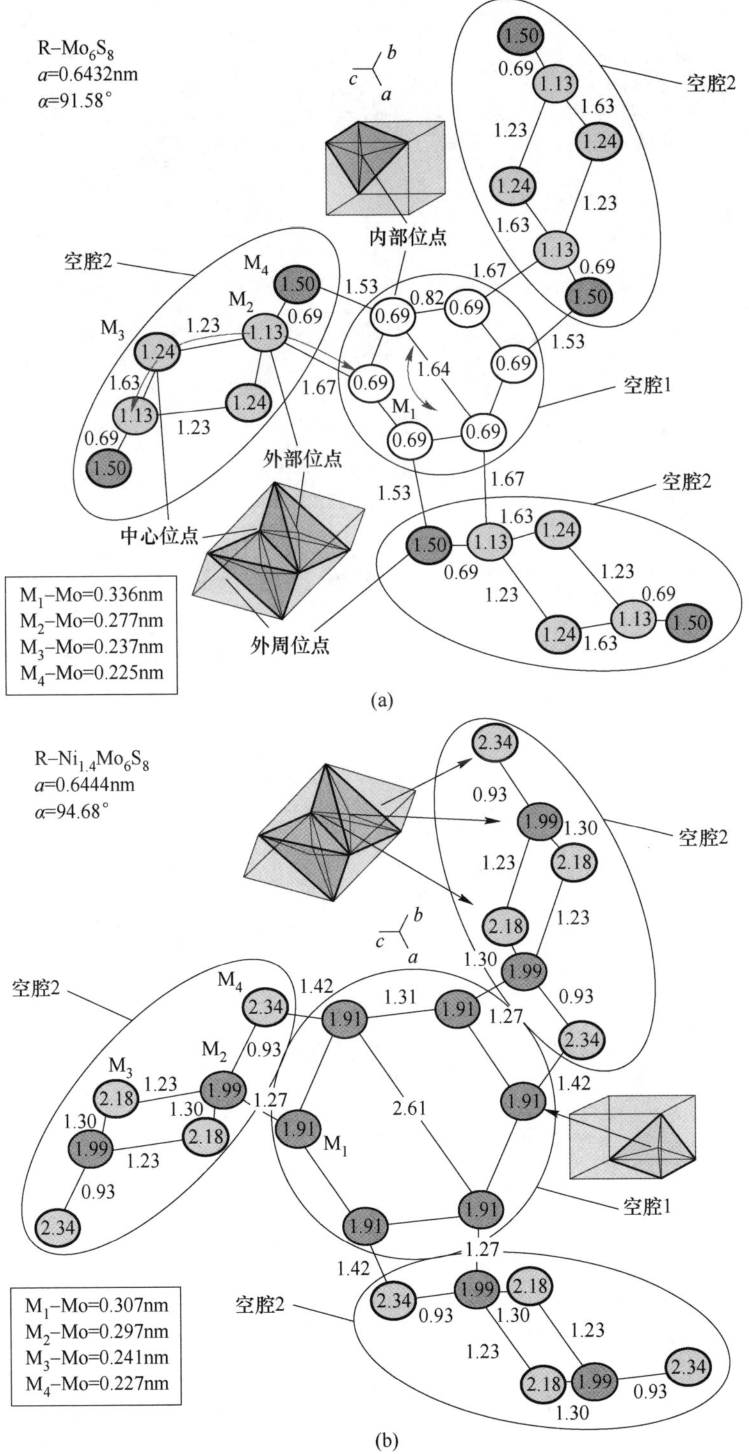

(a)

(b)

R−CuMo6S8
a=0.6444nm
α=93.73°
空腔2
空腔2
空腔2
空腔1
M1
M2
M3
M4
M1−Mo=0.309nm
M2−Mo=0.298nm
M3−Mo=0.241nm
M4−Mo=0.233nm

(c)

R−InMo6S8
a=0.6517nm
α=93.21°
空腔2-1
空腔2-2
空腔2-3
空腔1
Li+
Li+
M1
M2
M3
M1−Mo=0.372nm
M2−Mo=0.281nm
M3−Mo=0.239nm

(d)

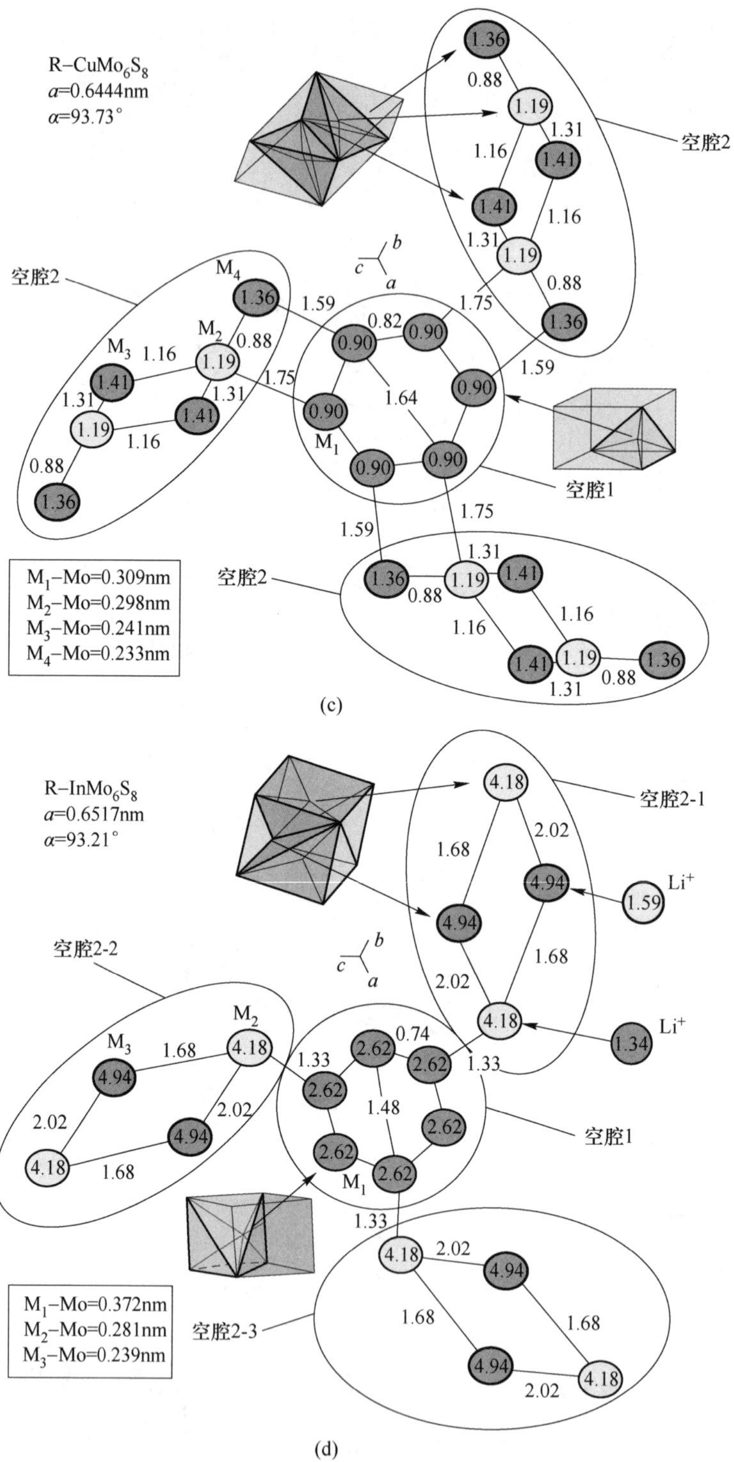

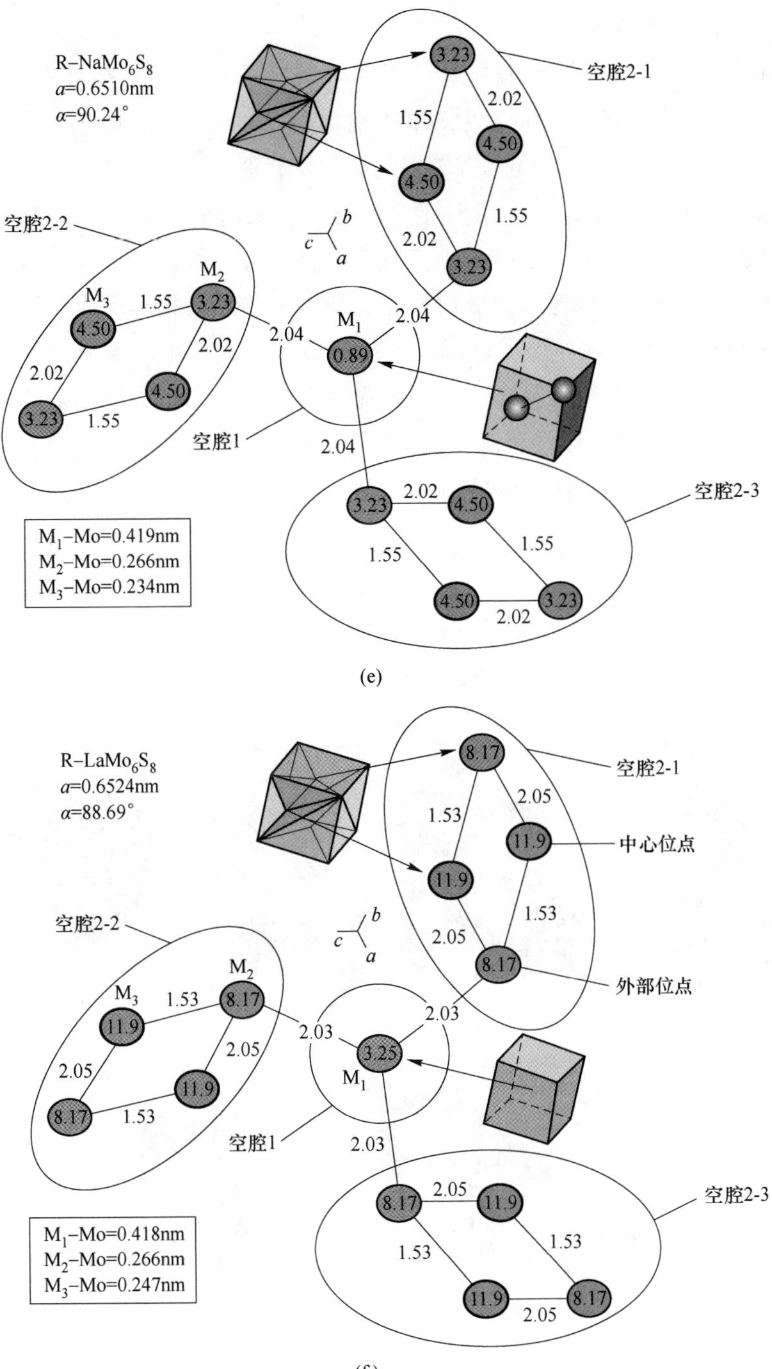

图 3-4 斜方六面体的切弗里相的阳离子位点示意图

（a）Mo_6S_8；（b）$Ni_{1.4}Mo_6S_8$；（c）$CuMo_6S_8$；（d）$InMo_6S_8$；（e）$NaMo_6S_8$；（f）$LaMo_6S_8$

3.4.1.2　二硫化钼

二硫化钼（MoS_2）是一类具有许多有趣性能的材料，如超导性、荧光性、电学性能和磁性等。在这些材料中，具有层状结构的 MoS_2 由共价结合的 S-Mo-S 三层结构组成，三层结构之间具有较大的层间距且通过较弱的范德华力连接，因此，外来原子或分子可以插入 MoS_2 的弱层之间。从这个角度来看，MoS_2 可以是高能量密度电池中很有前景的电极材料之一，近些年对镁离子电池正极材料的高需求导致 MoS_2 插层材料越来越受到关注。利用一些溶液化学反应在温和条件下就可得到 MoS_2，不用额外添加还原剂，反应过程十分简单。目前研究比较多的几种新型 MoS_2 的纳米结构包括纤维状絮凝体[27]（见图 3-5(a)和(b)）、球形纳米囊（见图 3-5(c)和(d)）和富勒烯类纳米颗粒（见图 3-5(e)和(f)）。MoS_2 作为镁离子电池正极材料的反应式如下：

MoS_2 正极：
$$6MoS_2 + 4Mg^{2+} + 8e \rightleftharpoons Mg_4Mo_6S_{12} \tag{3-1}$$

Mg 金属负极：
$$4Mg \rightleftharpoons 4Mg^{2+} + 8e \tag{3-2}$$

总反应：
$$6MoS_2 + 4Mg \rightleftharpoons Mg_4Mo_6S_{12} \tag{3-3}$$

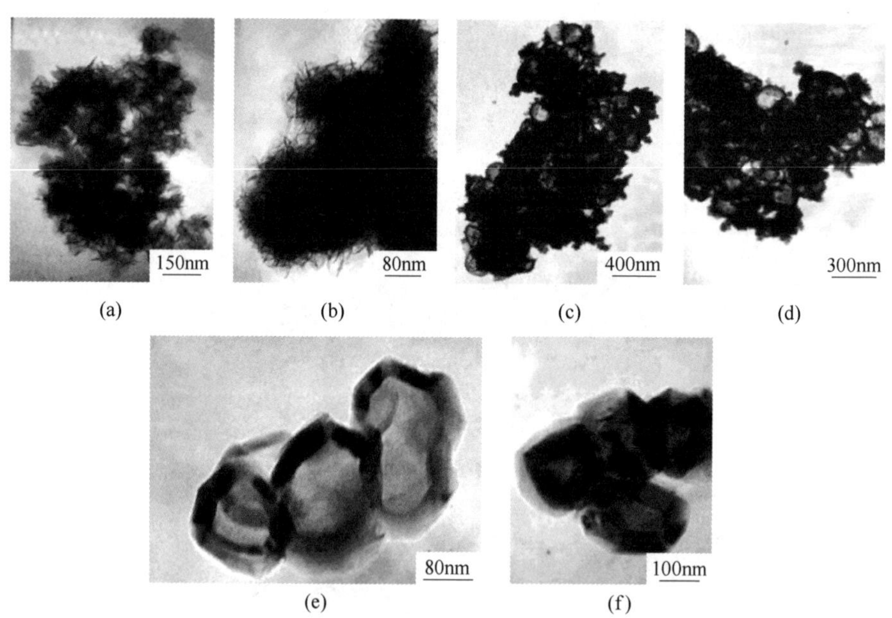

图 3-5　不同形貌 MoS_2 电极

(a)(b) MoS_2 纤维状絮凝体扫描电镜图；(c)(d) 球形 MoS_2 纳米囊泡扫描电镜图；(e)(f) MoS_2 富勒烯类纳米颗粒扫描电镜图

Chen 等人[28]制备了四种不同类型电极材料，即石墨烯类 MoS_2(G-MoS_2)、块状 MoS_2(B-MoS_2)、Mg 纳米颗粒(N-Mg)和空白状 Mg(B-Mg)，通过正交组合，研究不同活性物质对镁离子电池性能的影响。通过循环伏安图（见图3-6(a)）、放电/充电曲线（见图3-6(b)）和放电/充电循环试验（见图3-6(c)）[29]综合检测电池的电化学性能。实验结果表明，G-MoS_2 正极和 N-Mg 负极组合后所制备的镁离子电池的工作电压高（1.8V），首次放电容量为 170mA·h/g，循环 50 次后，放电容量保持在 95% 以上。因此，这种设计是最成功的镁离子电池配置之一。毋庸置疑，这一发现为改善镁离子电池的电化学性能提供了新的思路。如图 3-6(d)所示[30]，通过水热法可以得到三明治结构的 MoS_2/C 微球。该复合材料具有单层类石墨烯结构的 MoS_2，在镁离子电池中表现出良好的电化学性能。具体研究数据显示，MoS_2/C 正极在 50mA/g 电流密度下循环 20 次后放电容量达到 118.8mA·h/g（见图 3-6(e)）[30]，其循环性能优于纯相 MoS_2。这一现象源于导电碳及其与 MoS_2 的紧密结合，在提升材料导电性的同时，避免活性物质材料堆积，有利于提高材料比表面积，从而增强电化学性能。此外，有研究人员提出利用双盐电解液将具有层状结构的 MoS_2 纳米片组装在导电氮掺杂碳纳米纤维上制备纳米复合正极材料(N-CNFs@MoS_2)[31]。研究结果表明纳米复合电极的设计和双盐电解液策略可以极大地促进 Mg^{2+} 在 MoS_2 纳米片中的插入/脱嵌动力学速率。电化学结果显示，N-CNFs@ MoS_2 纳米复合正极材料在 200mA/g 电流密度下循环 120 次，比容量仍有 131mA·h/g；在 1000mA/g 下循环 120 次，比容量约为 110mA·h/g。因此，基于双盐电解质的镁离子电池的安全性和可靠性使其在许多实际应用中具有广泛前景。

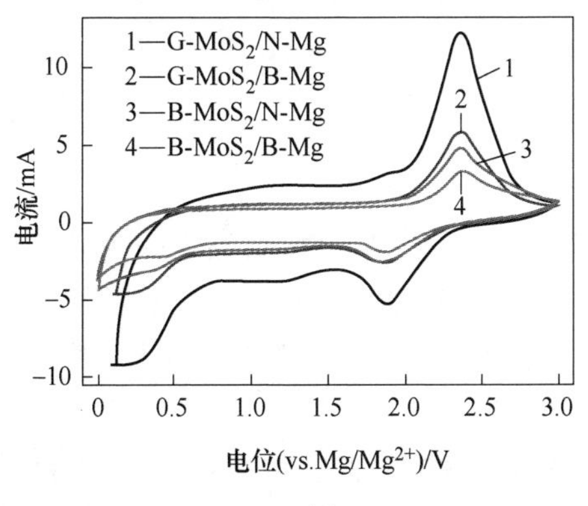

(a)

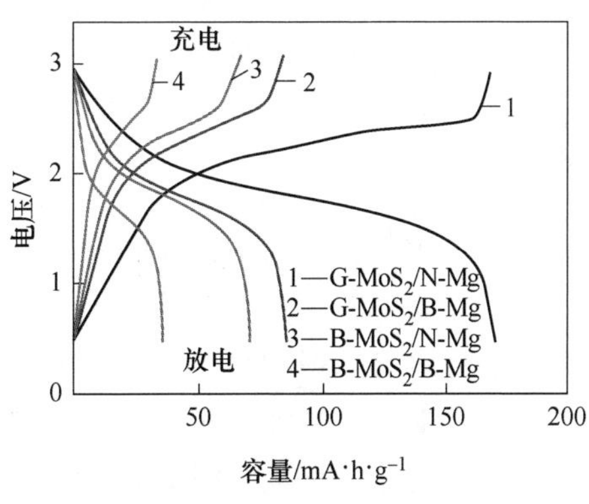

(b)

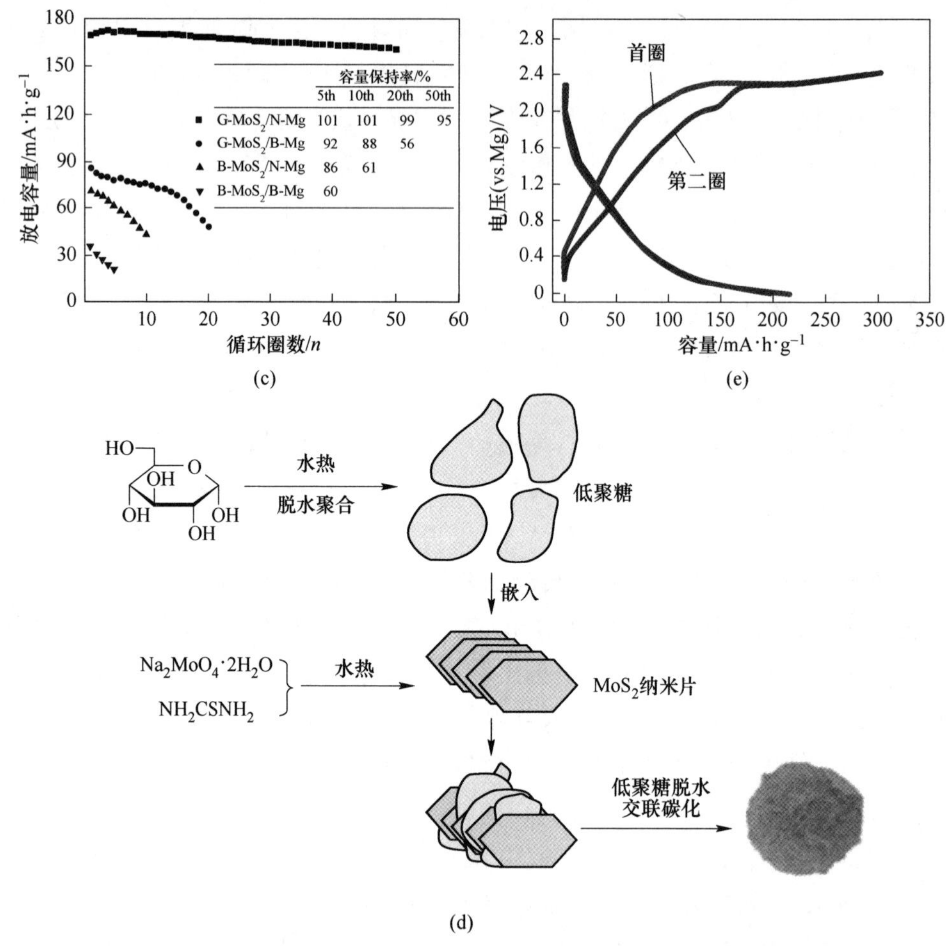

图 3-6　不同 MoS_2 电极的电化学性能

（a）三电极体系循环伏安图；（b）典型的恒流放电/充电过程中容量 - 电压分布图；（c）MoS_2 电极循环性能图；（d）50mA/g 电流密度下三明治结构类石墨烯 MoS_2/C 微球的形成过程示意图；（e）MoS_2/C 正极的充放电过程中容量 - 电压分布图

3.4.2　硫化钛

硫化钛因其独特的化学性能被提出可作为镁离子电池电极材料。作为硫化钛的代表，层状 TiS_2（见图 3-7(a)）[32] 被证实可以支持镁离子可逆反应，但嵌入镁元素的位置没有被识别出来。2004 年，通过与质量分数为 15% 的炭黑和 5% 聚四氟乙烯混合的低温气体反应得到 TiS_2 纳米管（见图 3-7(b)）[33]。采用双电极电池对其进行电化学试验，图 3-7(c)[32] 显示了 TiS_2 纳米管电极放电容量与循环数的关系图，经过 80 次循环后，该正极材料仍保持 78% 的容量，平均容量损失为每循环 0.65mA·h/g，有力证实了 TiS_2 纳米管是具有吸引力的镁离子电池正极材料。然而，由于镁负极的钝化效应即镁在电极表面的沉积阻止了 Mg^{2+} 在体系中的进一步迁移，这也使该正极材料的发展受到极大限制。2016 年，Sun 等人[34]获得了层状 TiS_2，作为一种新的插层电极材料，用于非水相镁离子电池。测量结果表明，该材料可以提供 115mA·h/g 的放电容量（见图 3-7(d)）[32]。第一个循环后的容量下降是由于结构中复杂有序和动态效应的部分镁捕获效应所致。由 XRD 结果（见图 3-7(e)）[32]可以看出，镁元素在颗粒中的分布不均匀，说明该材料的镁接受能力高于平均水平。同年，采用第一性原理研究了不同的纳米形貌，如纳米片、纳米带和纳米管状 TiS_2 电极电化学性能的差异，研究结果显示，与常规颗粒相比，纳米形貌材料有利于提升 Na^+ 和 Mg^{2+} 扩散速率（见图 3-7(f)）[35]。比较发现，由于 Mg 原子与 S 原子之间高度的相互作用，镁离子无法实现快速扩散。钠离子和镁离子的边缘诱导扩散特性发生了改变，而锂离子沿带状边缘的迁移效率不高。另外该研究还讨论了纳米管曲率对吸附强度和离子电导率的影响。

由于能级接近，轨道杂化通常发生在组成材料原子的价原子轨道之间，即过渡金属原子的 d 轨道和硫原子的 p 轨道发生杂化反应（见图 3-7(g)）[36]。具体来看，在硒化物中，由于硒的 4p 轨道尺寸大于氧化物或硫化物，d-p 轨道杂化应得到增强。图 3-7(h)[36]显示了室温下微尺寸 $TiSe_2$ 正极材料的电化学性能。研究揭示了 $TiSe_2$ 中的 Ti 的 3d 轨道和 Se 的 4p 轨道的近能发生反应形成 d-p 轨道杂化。接下来，科学家以 Ti 和 S 为原料，通过固相反应在室温下获得了一种 TiS_3 材料（见图 3-7(i)和(j)）[37]，并考察其作为镁离子电池正极材料的电化学行为。研究数据显示，前 50 次循环的比容量约为 80mA·h/g（见图 3-7(k)）[37]。第一性原理计算表明，TiS_3 是一种费米能级具有 d-p 轨道杂化电子结构的半导体（见图 3-7(l)）。金属配体元素上的离域电子分布可能通过 d-p 轨道杂化对电极的可逆性能有贡献。电荷簇［TiS_3］单元上 d-p 轨道杂化离域可能是实现可逆 Mg^{2+} 插入/脱出的重要因素之一（见图 3-7(i)）[37]。进一步研究结果证实 d-p 轨道杂化的增加可以改善 TiS_3 正极对镁离子电池的动力学性能。

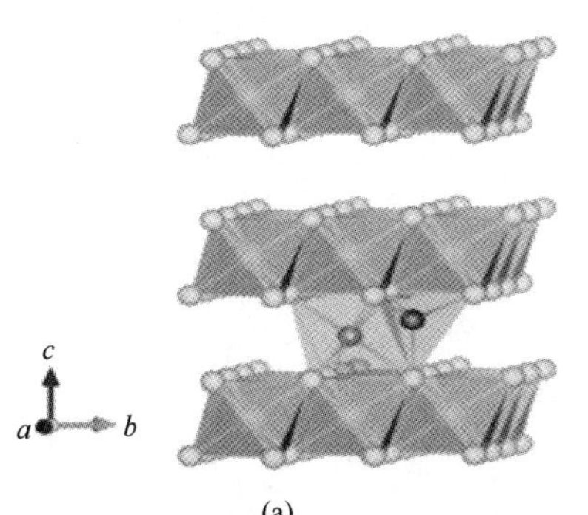

(a)

(b)

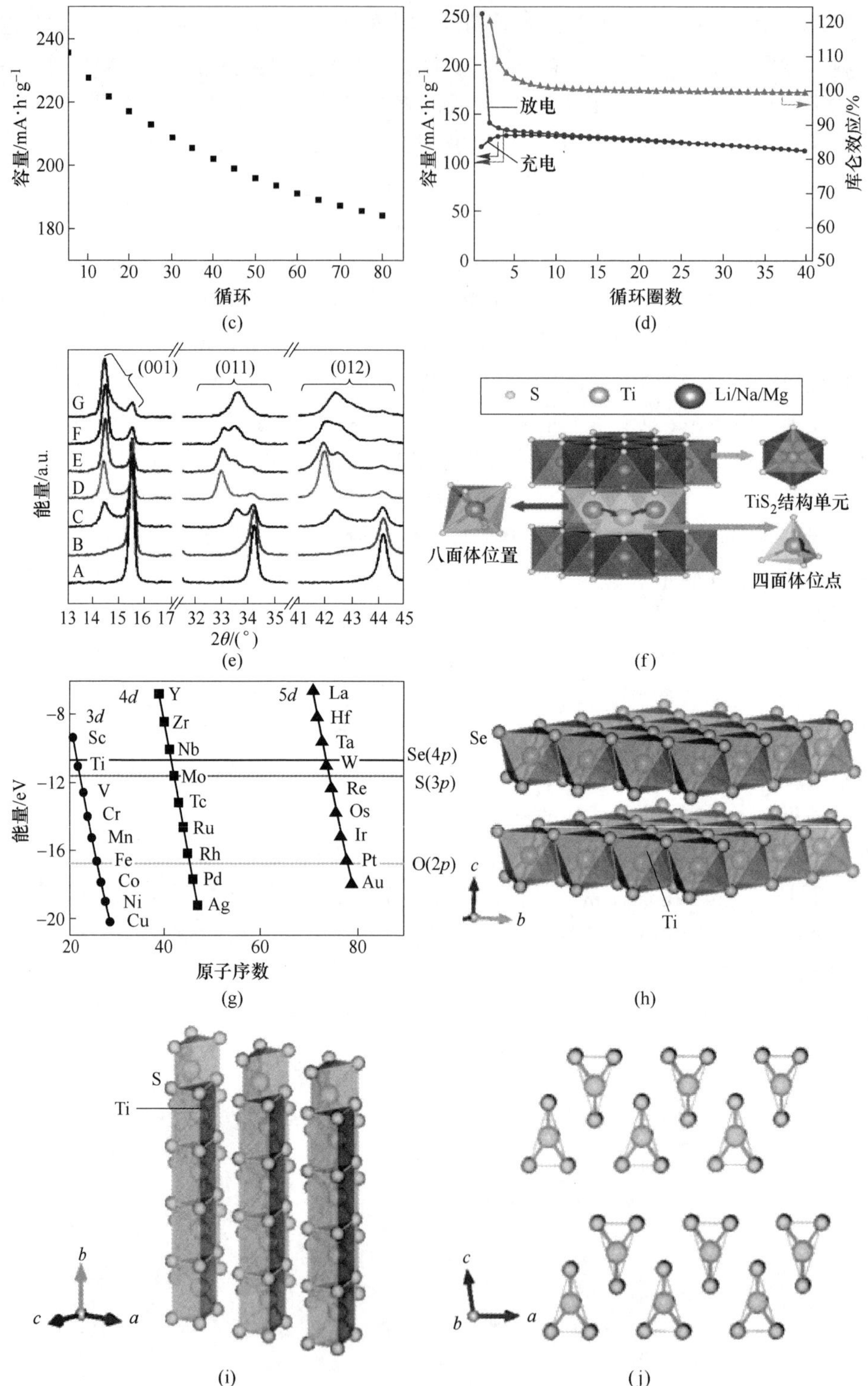

容量/mA·h·g^{-1}
循环
(c)
容量/mA·h·g^{-1}
库仑效应/%
放电
充电
循环圈数
(d)
(001)
(011)
(012)
G
F
E
D
C
B
A
能量/a.u.
2θ/(°)
(e)
S
Ti
Li/Na/Mg
TiS$_2$结构单元
八面体位置
四面体位点
(f)
4d
5d
3d
Sc
Ti
V
Cr
Mn
Fe
Co
Ni
Cu
Y
Zr
Nb
Mo
Tc
Ru
Rh
Pd
Ag
La
Hf
Ta
W
Re
Os
Ir
Pt
Au
Se(4p)
S(3p)
O(2p)
能量/eV
原子序数
(g)
Se
Ti
(h)
S
Ti
(i)
(j)

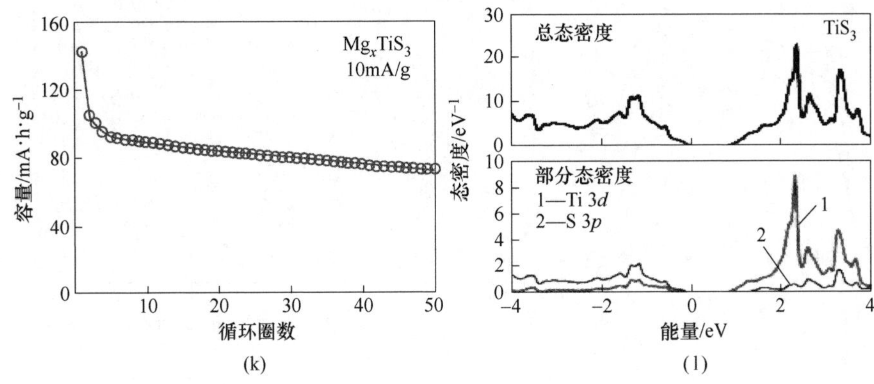

图 3-7　TiS_2 晶体结构形貌特性、电化学结果及理论计算数据

(a) TiS_2 晶体结构模型图（钛原子位于 S 原子八面体结构的中心）；(b) 放电状态下，TiS_2 纳米管电极第 80 次循环后的 TEM 图像；(c) 20℃下，TiS_2 纳米管电极放电容量随循环次数的变化；(d) C/10 速率下的放电和充电容量和库仑效率变化图；(e) TiS_2 纳米管充放电过程中原位 XRD 图谱；(f) 插入 Li/Na/Mg 原子的 TiS_2 晶体结构；(g) 第一性原理计算得到原子轨道能量图；(h) 1T-$TiSe_2$ 的晶体结构；(i) TiS_3 晶体结构；(j) TiS_3 晶体结构沿 [010] 轴的投影；(k) 含 TiS_3 正极的镁离子电池的循环性能图；(l) 第一性原理计算的 TiS_3 态密度分图

3.4.3　硫化钒

VS_2 是典型的六方结构物质，在两硫化物层之间形成钒金属层，即夹层 S-V-S。层结构由弱范德华力连接，层间距为 0.576nm。VS_2 层之间的距离足够大，可以确保 Li^+(0.136nm) 和 Na^+(0.196nm) 快速脱嵌反应进行。受此启发，VS_2 作为镁基储能系统正极材料也具有很大的优势。2017 年，科学家首次提出石墨烯包覆 VS_2(VS_2-Go) 作为混合镁基电池的正极材料。实验数据显示，VS_2-GO 正极具有较高的可逆放电容量（235mA · h/g）、优异的速率性能[38]（见图 3-8(a)）、高达 353W · h/kg 的比能量密度（见图 3-8(b)）和理想的循环寿命（在 5℃下循环 10000 次后仍保持 146mA · h/g 容量）（见图 3-8(c)）。

然而，氯基电解质的不溶性和 Mg^{2+} 在正极中的缓慢扩散严重影响了该材料作为镁离子电池正极的电化学性能。可行的解决方案是，采用 VS_2 纳米片作为正极，以 0.4mol/L$(PhMgCl)_2$-$AlCl_3$/四氢呋喃(APC/THF) 和质量分数为 50% 的 1-丁基-1-甲基氯代哌啶($PP_{14}Cl$) 为电解液，构建高性能镁离子电池。在层间距为 0.57nm 的原始 VS_2 纳米片中，插入的 Mg^{2+} 以 6 的配位数进入 VS_2 层的顶部和底部。当层间空间扩大到 1.13nm 时，Mg^{2+} 只与一个配位数为 3 的 VS_2 层结合，导

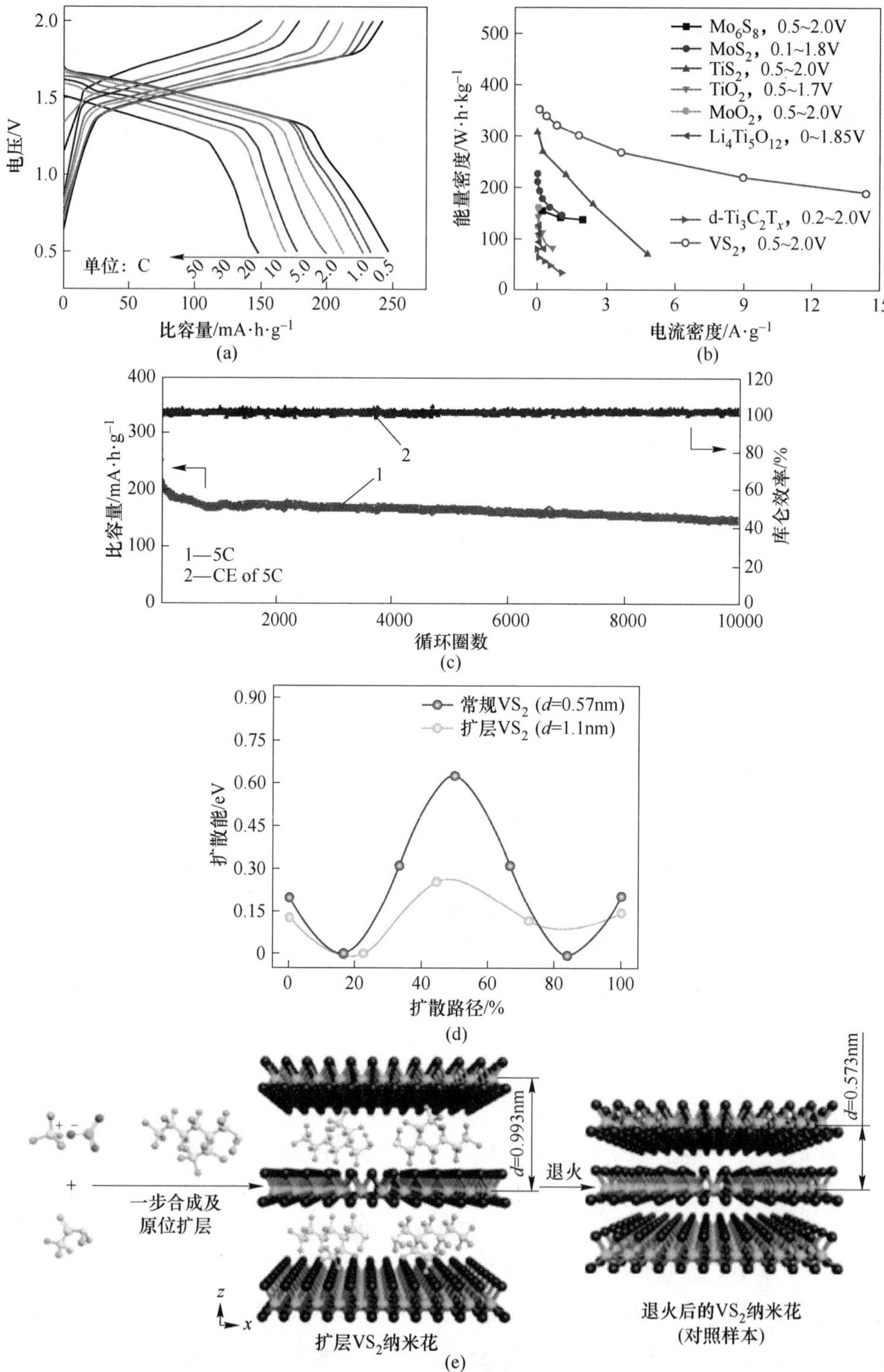

电压/V
比容量/mA·h·g^-1
单位：C
50 30 20 10 5.0 2.0 1.0 0.5
(a)
能量密度/W·h·kg^-1
电流密度/A·g^-1
Mo6S8，0.5~2.0V
MoS2，0.1~1.8V
TiS2，0.5~2.0V
TiO2，0.5~1.7V
MoO2，0.5~2.0V
Li4Ti5O12，0~1.85V
d-Ti3C2Tx，0.2~2.0V
VS2，0.5~2.0V
(b)
比容量/mA·h·g^-1
库仑效率/%
循环圈数
1—5C
2—CE of 5C
(c)
扩散能/eV
扩散路径/%
常规VS2 (d=0.57nm)
扩层VS2 (d=1.1nm)
(d)
一步合成及
原位扩层
d=0.993nm
退火
d=0.573nm
扩层VS2纳米花
退火后的VS2纳米花
(对照样本)
(e)

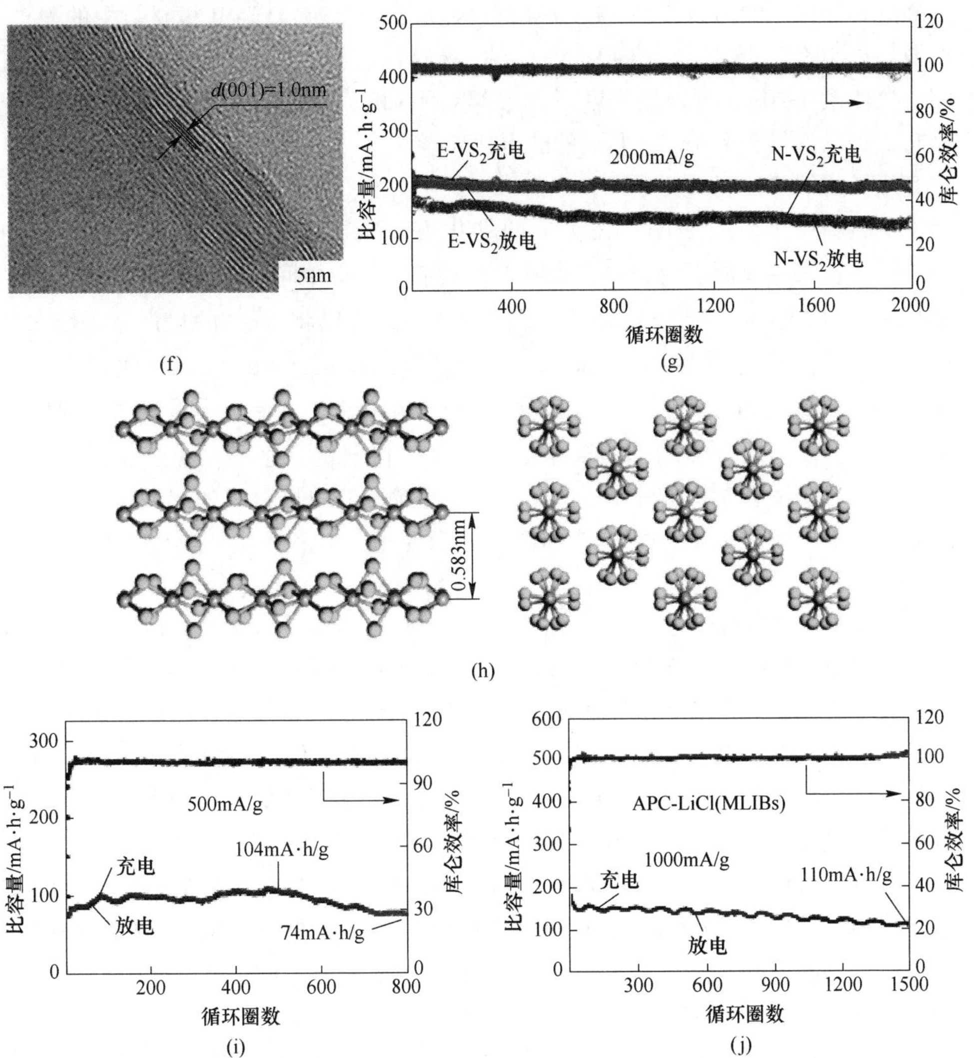

图 3-8　硫化钒-氧化石墨烯（VS_2-GO）复合物电化学性能及结构模型图

（a）不同速率下 VS_2-GO 的放电-充电曲线；（b）比较 VS_2-GO 电极材料在不同电流密度下的能量密度；（c）5.0C 电流密度下 VS_2-GO 作为镁离子电池正极材料的循环性能；（d）大层间距 VS_2 纳米花和退火 VS_2 纳米花的一步合成和原位插入过程示意图；（e）原始 VS_2 和层间扩展 VS_2 电极中 Mg^{2+} 扩散势垒分布；（f）大层间距 VS_2 纳米片的高分辨率透射电镜图像；（g）2000mA/g 电流密度下镁离子电池 2000 次循环的稳定图；（h）VS_4 的几何结构示意图和 VS_4 纳米枝晶的形貌表征（VS_4 的“线性链”晶体结构的横向（左）和纵向（右），原子链之间的间隔为 0.583nm）；（i）500mA/g 电流密度下长期循环试验 800 次数据图；（j）VS_4 纳米枝晶作为镁锂混合电池正极在 1000mA/g 下进行 1500 次长期循环稳定图致静电相互作用的力急剧减小。计算结果显示，$(PP_{14})_{0.6}VS_2$ 正极材料中的 Mg^{2+} 扩散势垒约为 0.25eV，小于原始 VS_2 的 0.63eV（见图 3-8(d)）。电化学数据表明，该体系在 20mA/g 电流密度下具有 348mA · h/g 的高容量，在 2.0A/g 电流密度时，仍保持具有 214mA · h/g 的放电比容量，这一数据强有力地证实了该材料具有优异的倍率性能。

实验和理论研究表明，在 PP_{14}^+ 的催化下，Mg^{2+} 的脱溶能从 3.0eV 降低到 0.67eV。在第一次放电时，一个大的 PP_{14}^+ 被插入 VS_2 中间层中，并永久留在宿主材料中。理论结果显示，当 VS_2 的层间距增大，可以将 Mg^{2+} 的扩散系数增加 3 个数量级，达到 $10^{-10} \sim 10^{-12}cm^2/s$。较为合理的推测是 PP_{14}^+ 的催化作用降低了 Mg^{2+} 的溶解能，PP_{14}^+ 的层间膨胀改善了 Mg^{2+} 的扩散动力学，这一研究为利用电解液调控开发高性能实用的镁离子电池正极材料奠定了基础。受上述策略的启发，研究者通过插入有机分子扩大了过渡金属硫化物电极材料的层间距离，从而扩大了离子扩散通道的尺寸，增加离子扩散速率，有利于电化学性能的进一步提升。

此外，插入的分子还起到了层间支柱的作用，维持了宿主材料的骨架，从而延长了正极材料的循环寿命。例如，将 2-乙基己胺分子插入 VS_2 纳米花中可以有效延长离子通道，为镁离子的插入提供额外的活性位点，并通过缓解镁离子与宿主材料阴离子之间的静电相互作用来从根本上促进离子转移速率。如图 3-8 (e)[39] 所示，一系列非原位表征证实了扩张的 VS_2 纳米花确实有利于镁离子发生可逆的脱嵌反应。电化学动力学分析表明，Mg^{2+} 在膨胀 VS_2 纳米花电极材料中的扩散速率为 $10^{-11} \sim 10^{-12}cm^2/s$，在 1mV/s 时赝电容贡献率为 64%。实验结果显示，VS_2 纳米花在 100mA/g 时的可逆放电容量为 245mA · h/g，在 2000mA/g 时的放电容量也可保持为 103mA · h/g，在 1000mA/g 时 600 次循环后的容量为 90mA · h/g，上述结果证实该材料具有优异的电化学性能。

当前，Mg^{2+}/Li^+ 双离子电池（MLIB）已经被提出，可扩大正极材料的选择范围，以期提升 Mg^{2+} 扩散速率。该体系允许单独将 Li^+ 或 Li^+ 和 Mg^{2+} 同时插入正极材料中，并在镁负极上沉积。Jing 等人[40] 利用简便的溶剂热法在碳纸上合成了具有大层间距、无需黏合剂的花朵状的 VS_2 纳米薄片（E-VS_2@C），用于制备镁离子电池和镁离子混合电池。研究表明，在 VS_2 中插入辛胺和/或 NH_4^+ 后，VS_2 层间距大大扩大（见图 3-8(f)），离子扩散通道拓宽，离子与 S-V-S 单层之间的静电相互作用减弱，循环过程中的体积变化得到缓解（见图 3-8(g)）。四硫化钒（VS_4）是一种一维（1D）线性链状化合物，由 V^{4+} 离子与沿 c 轴延伸的硫二聚体（S_2^{2-}）配位而成（见图 3-8(h)）[41]。原子链之间的距离为 0.583nm，足以存储 Mg^{2+}。VS_4 相邻的原子链仅受微弱的范德华力作用，有利于离子转移动力学。此外，VS_4 的禁带宽度较窄，约为 1.0eV，电导率高。近期有课题组采用一种简便的固相法制备了由大量一维 VS_4 纳米棒组装而成的分层 VS_4 纳米枝晶[42]。通过一系列系统的非原位表征和密度泛函理论计算，阐明了 VS_4 的嵌镁/脱镁机理。电化学数据显示，VS_4 纳米枝晶在 100mA/g 时的初始放电容量为 251mA · h/g，在 500mA/g 时，经过 800 次循环后的长期循环性能为 74mA · h/g（见图 3-8(i)）[43]。紧接着，有人在研究中发现采用 VS_4 纳米枝晶作为正极材料可以显著提高镁离子混合电池的电化学储能能力。这一理想的电化学数据得益于特殊的一维原子链结构，VS_4 纳米枝晶可以实现 Mg^{2+} 和 Li^+ 同时可逆插入/脱出过程，具有扩散动力学快、容量大、循环稳定性长等特点。测试结果显示，用 VS_4 纳米枝晶正极组装的镁锂混合电池在 500mA/g 时的可逆容量约为 300mA · h/g，在 1000mA/g 时循环 1500 次后，其循环稳定性仍可保持在 110mA · h/g（见图 3-8(j)）[44]。

最近，作者课题组采用大分子有机物插层策略利用一步溶解热法成功制备出了超大层间距（约 1nm）VS_2 纳米花（见图 3-9）[45]，并详细探讨其作为镁锂混合电池正极材料的电化学特性。如图 3-10 所示[45]，大层间距 VS_2 正极在电流密度为 0.1A/g、0.2A/g、0.5A/g 和 1.0A/g 时，获得的混合电池的放电比容量分别为 488.8mA · h/g、411.4mA · h/g、311.8mA · h/g 和 194.8mA · h/g，且库仑效率均在 90% 以上。当电流密度从 1.0mA/g 到 0.1mA/g 变化时，比容量可恢复到 470.2mA · h/g，容量保持率高达 96%，表明所合成的大层间距 VS_2 正极具有显著的倍率和循环稳定性。大层间距 VS_2 电极在混合离子电池中的循环性能为初始充放电比容量分别为 428.9mA · h/g 和 394.6mA · h/g 时，100 次循环后充放电比容量分别降为 281.3mA · h/g 和 271.9mA · h/g。这一测试结果表明，增强层间距是提高镁锂混合电池电化学性能的有效途径。

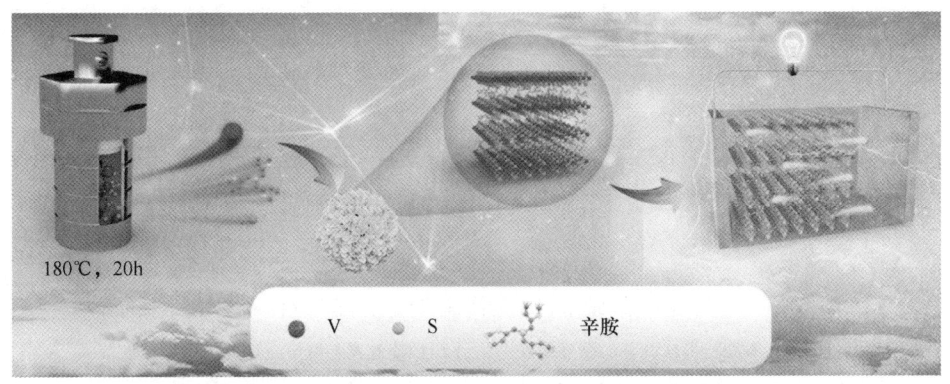

图 3-9 一步溶解热法制备大层间距 VS_2 纳米花示意图

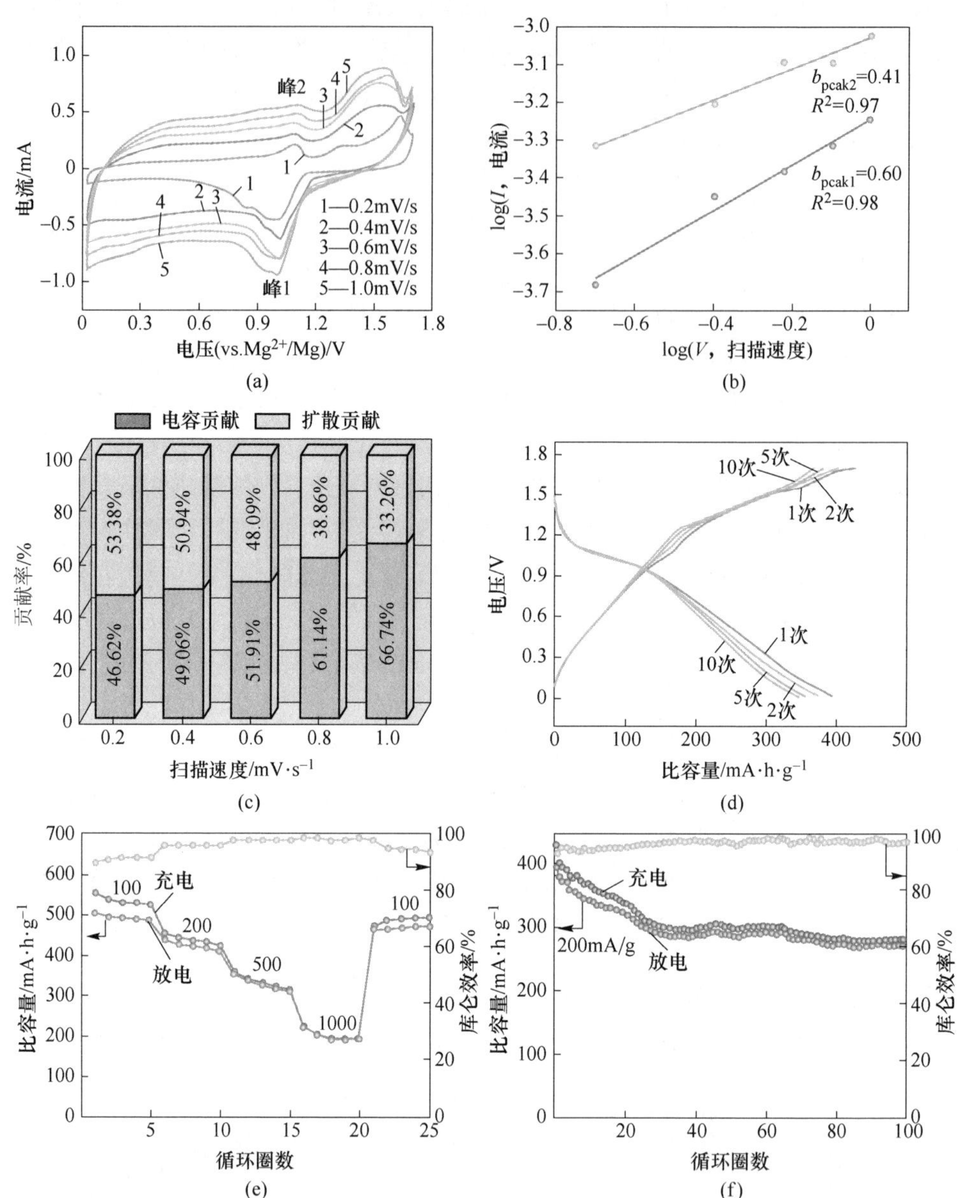

图 3-10　大层间距 VS_2 纳米花作为镁锂混合电池正极材料的电化学性能

(a) 不同扫描速度下的循环伏安图；(b) 扫描速度与峰电流线性关系图；(c) 不同扫描速度下容量贡献图；(d) 不同循环周期的容量 - 电压图；(e) 镁锂混合电池倍率性能；(f) 大层间距 VS_2 纳米花正极循环图

3.4.4　硫化铜

各种纳米结构的硫化铜，如一维棒、一维管、二维板、二维片、三维球和三维花，被科研工作者广泛用作锂离子电池和钠离子电池的电极材料。硫化铜具有理论容量大、环境友好、应用广泛等优点，是众多多价离子电池极有希望的正极材料备选。在各种转换型正极电极材料中，CuS 因其上述优点和较高的理论容量（560mA · h/g）而备受关注。此外，Cu^{2+} 的高迁移率增强了与 Mg^{2+} 的转化反应，提高了反应的可逆性。Dueffort 等人报道了 150℃下，以四糖基为电解质的全苯基络合物（APC，2PhMgCl-$AlCl_3$）在镁离子电池中 CuS 正极的镁存储容量。然而，研究发现在 25℃时只能获得微弱的电化学活性，从而阻碍了 CuS 正极在镁离子电池中的应用。以 0.5mol/L $Mg(ClO_4)_2$ 溶解于乙腈作为电解液的镁离子电池体系中，CuS 正极在 25℃下可达到 361mA · h/g 储镁活性。此外，在 1.15V 的放电平台处时获得了 165mA · h/g 的可逆容量，在 50mA/g 的电流密度下镁离子电池循环 30 次后的稳定容量为 119mA · h/g[46-47]。另一项研究报道了 CuS 纳米颗粒作为镁离子电池的正极材料，可逆容量为 175mA · h/g(50mA/g)，速率性能为 90mA · h/g(1000mA/g)[48]。之前的一项工作报道了 CuS 纳米颗粒（20nm）在 100mA/g 下的容量为 300mA · h/g，超过了 25℃下的同类产品，后者仅在 50℃下才有储镁活性（见图 3-11(a)）[49]。

根据文献报道，空心结构具有可以提供丰富的电化学活性位点和增大的电解液－电极界面的作用，能够促进 Mg^{2+} 的快速扩散，是提高镁离子正极可逆容量和放电性能的重要策略之一。如图 3-11(b) 所示[50]，科研工作者通过简单的方法获得了具有空心结构的 CuS 纳米立方体，并将其作为镁离子电池正极材料进行结构与性能测试，得到了全面的结构－性能关系。在实验过程中发现使用稀释后的溶液可以制备出壁面薄、比表面积大、体积小的空心结构 CuS 纳米立方体，这一形貌有利于镁离子的扩散进而提升电池的可逆容量和循环稳定性。具体测试结果如下：空心结构 CuS 纳米立方体正极材料在 100mA/g 放电密度下的可逆容量稳定在 200mA · h/g，在大电流密度 1000mA/g 时，获得放电容量为 50mA · h/g（见图 3-11(c)）[50]。在 25℃条件下，采用简易方法制备了纳米薄片组装的分层 CuS 多孔纳米笼（CS-PNCs）。由于多孔空心纳米结构的比表面积大，活性位点多，CS-PNCs 作为镁离子电池的正极电极材料表现出了优异的电化学性能。如图 3-11(d) 所示[51]，在 25℃条件下，该正极材料展示出高达 228mA · h/g 的可逆容量。此外，CS-PNCs 用于钙离子电池(CIB)、锌离子电池(ZIB) 和铁(Ⅱ)离子电池(FeIB) 时的初始放电容量分别为 492mA · h/g、235mA · h/g 和 137mA ·

h/g。上述结果说明具有分层结构的 CuS 多孔纳米笼，是一种极其有商业化应用前景的电极材料。

构筑层次化的纳米薄片是另一个用来增强镁离子电池电化学性能的常用策略。通过一步微波辅助方法可以成功制备超薄 CuS 纳米薄片，该方法具有快速、低成本、可扩展等优点，有望大规模推广。由于其特殊的纳米结构，这一材料在 20mA/g 放电密度下具有高达 300mA · h/g 的可逆放电容量，在 200mA/g 时稳定的放电容量为 135mA · h/g（见图 3-11(e)）[52]。另外实验数据显示，该材料在 25℃作为镁离子电池的正极材料时，在 100mA/g 时的放电容量为 237.5mA · h/g。通过插入客体分子或离子型化合物，扩大层间距离，明显提升过渡金属硫化物的放电性能。这些插入物质明显地扩大离子扩散通道的尺寸，较好维持寄主材料的结构完整性，进而延长循环寿命。另外需要说明的是，大层间距材料在一定程度上屏蔽了 Mg^{2+} 与寄主晶格阴离子之间的库仑作用，有利于提高镁离子扩散速率，从而增强倍率性能。在上述理论的基础上，科研工作者尝试通过插入十六烷基三甲基溴化铵得到层间距明显扩张的 CuS 纳米花（见图 3-11(f)）[53]，作为镁离子电池的正极材料。进一步地，使用基于氟化硼酸盐的非腐蚀性电解质（见图 3-11(g)）[53]，构造镁离子电池，在 50mA/g 的放电条件下，获得的比容量为 477mA · h/g，质量能密度为 415W · h/kg。在 1C 下测得该电池体系的放电容量为 560mA/g，经历 1000 次循环后，电池容量仍保持在 111mA · h/g（见图 3-11(h)）[53]。

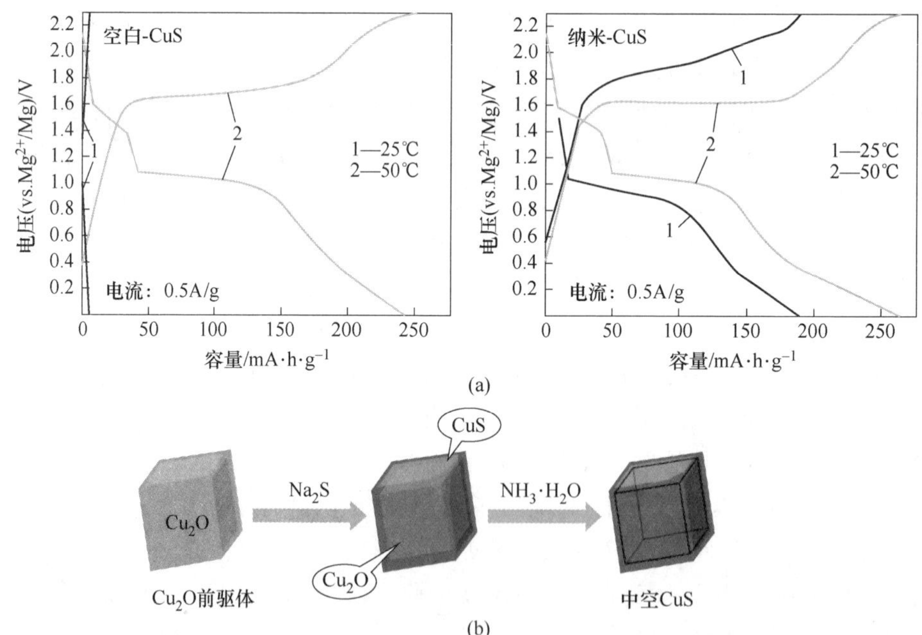

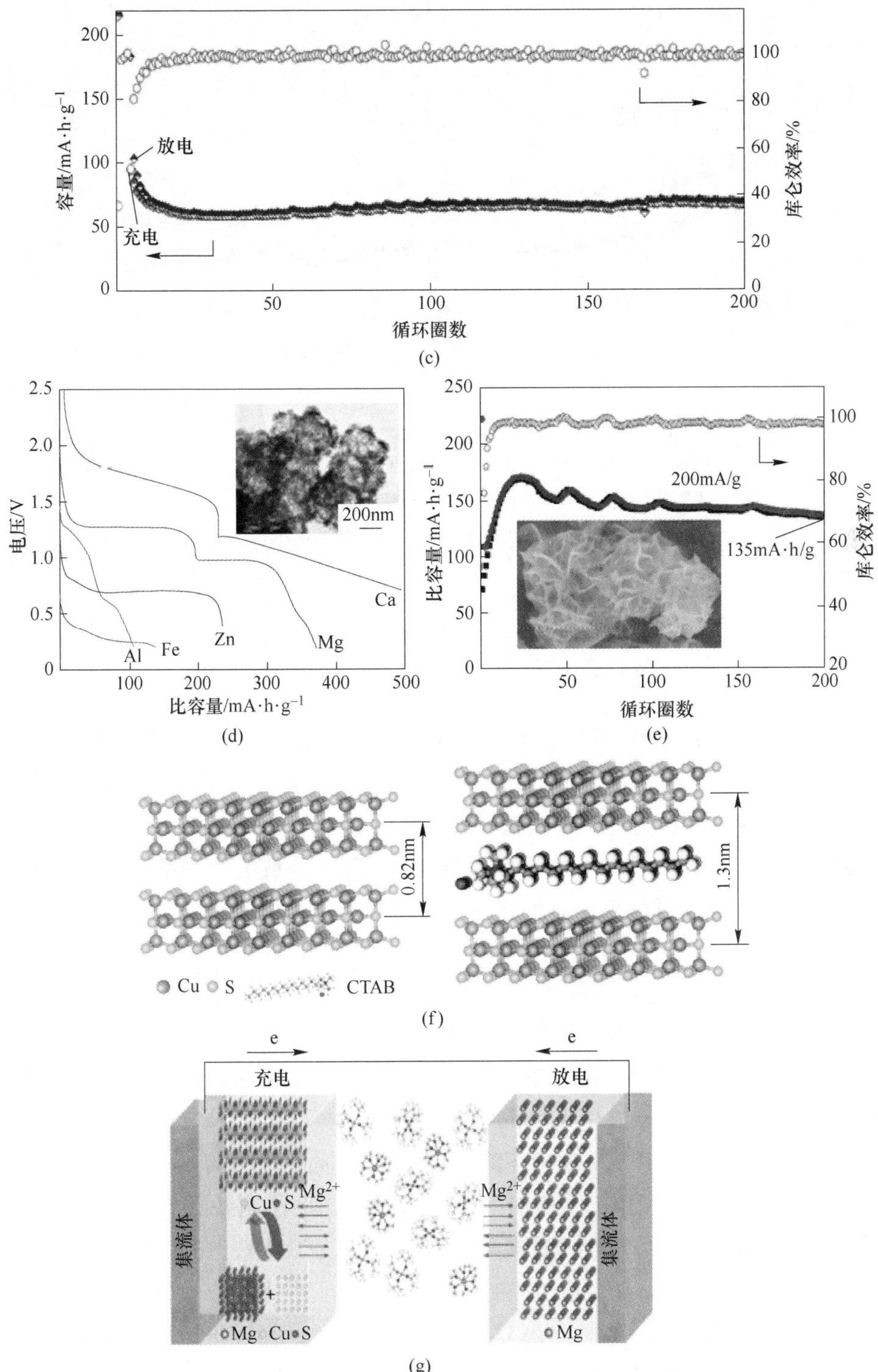

容量/mA·h·g⁻¹
库仑效率/%
放电
充电
循环圈数
(c)
电压/V
比容量/mA·h·g⁻¹
200nm
Ca
Zn
Mg
Al
Fe
(d)
比容量/mA·h·g⁻¹
200mA/g
135mA·h/g
循环圈数
(e)
0.82nm
1.3nm
Cu
S
CTAB
(f)
e
充电
放电
Mg²⁺
Cu S
集流体
Mg
(g)

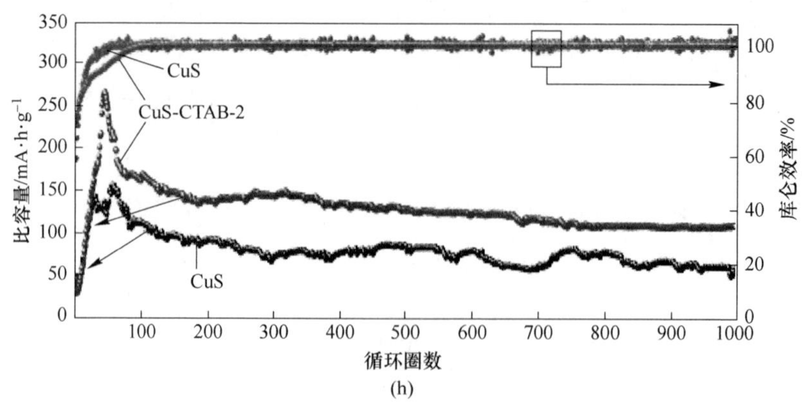

图 3-11　空心 CuS 纳米立方体结构、形貌特征及电化学数据

（a）空白 CuS 纳米材料的恒流充放电曲线；（b）空心 CuS 纳米立方体制备工艺示意图；（c）空心 CuS 纳米电极在 1000mA/g 下的循环性能；（d）铝、铁、锌、镁、钙离子电池的初始放电容量对比图（插图为合成空心 CuS 纳米立方体的透射电镜图像）；（e）200mA/g 电流密度下空心 CuS 纳米立方体正极循环稳定性测试（插图为 CuS 的扫描电镜图像）；（f）不同形貌 CuS 结构示意图；（g）以 $Mg[B(hfip)_4]_2$/DME 为电解液的镁离子电池示意图；（h）560mA/g 电流密度下镁离子电池循环性能和库仑效率

Cu_xSe_y 具有较高的离子电导率和足够的空位可供插入 Mg^{2+}，Se^{2-} 和 Mg^{2+} 离子之间的结合力较弱，易于实现可逆取代。通过溶剂热法可获得 0.2～1.8V 的微米级的 β-Cu_2Se 电极。在前 35 次循环中，当电流密度为 5mA/g 时，放电过程的最大容量达到 150mA · h/g。但在之后的循环中容量有所下降（见图 3-12(a)）[54]。此外，通过减小晶体尺寸（0.5～1μm），可以将该正极材料的比容量稳定在 200mA · h/g，但该课题组只提供了 4 次循环（见图 3-12(b)）[54]。因此，需要提高该体系的循环稳定性特别是高电流密度下的稳定性。随后，有团队通过溶剂热法和水热法分别获得微米尺寸（1.5～2μm）的 S-Cu_2Se 和 0.5μm H-Cu_2Se 颗粒。上述两种材料在 0.4mol/L$(PhMgCl)_2$-$AlCl_3$/THF 电解液中，所获得的放电容量分别稳定在 80mA · h/g 和 50mA · h/g(5.2mA/g)左右。需要注意的是，其循环性能在 30 次循环后就呈现出下降趋势，从 250mA · h/g 降低到 100mA · h/g。2019 年，科研工作者利用一种省时、经济的微波辅助法制备了 50nm 的 CuSe 纳米颗粒[55]。CuSe 纳米粒子作为镁离子电池正极材料时，在 25℃ 条件下，在 20mA/g 电流密度下获得的可逆放电容量为 241.2mA · h/g 在 50mA/g 时实现了 200mA · h/g 的稳定容量（见图 3-12(c)）[56]。此外，在 100mA/g 电流密度下经过 150 次循环放电容量仍接近 107.7mA · h/g（见图 3-12(d)）[56]。

非金属离子的亚晶格结构在未来将是促进新型镁离子电池电极材料发展的一个新方向。有课题组研究了两种不同 S^{2-} 亚晶格的 Cu(C-Cu_{2-x}S) 和六方辉(H-Cu_{2-x}S) 正极材料对镁离子电池性能的影响。只有在 C-Cu_{2-x}S 阴极的 MIB 中才能观察到充电性能。此外，S^{2-} 亚晶格的面心立方排列是提高镁离子正极性能的关键因素。通过简单的方法制备了海星状 Cu_{2-x}Se(S-Cu_{2-x}Se) 和纳米晶体(C-Cu_{2-x}Se)的纳米片（见图 3-12(f)）[57]。电化学数据显示，作为镁离子电池正极材料，S-Cu_{2-x}Se 在 100mA/g 时的可逆容量为 210mA · h/g（见图 3-12(e)）[57]，在 1A/g 时的稳定容量为 100mA · h/g，循环稳定性可以超过 300 次（见图 3-12(g)）[57]。

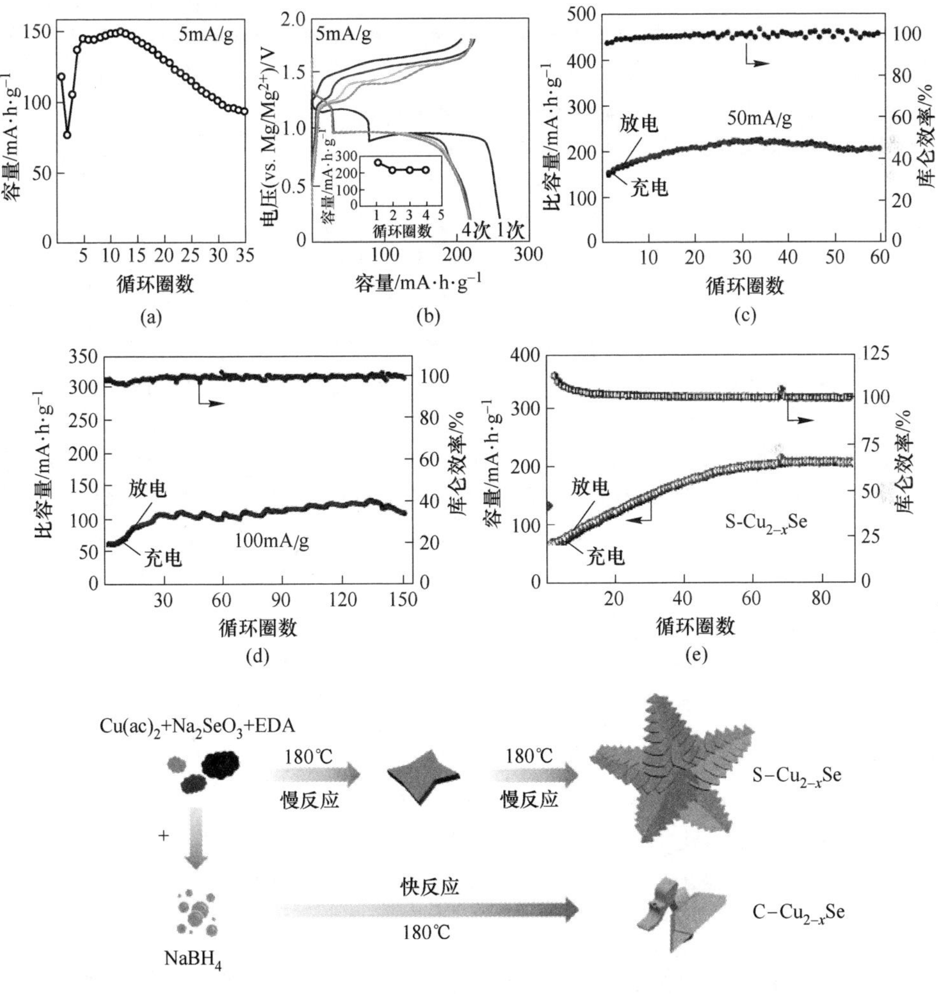

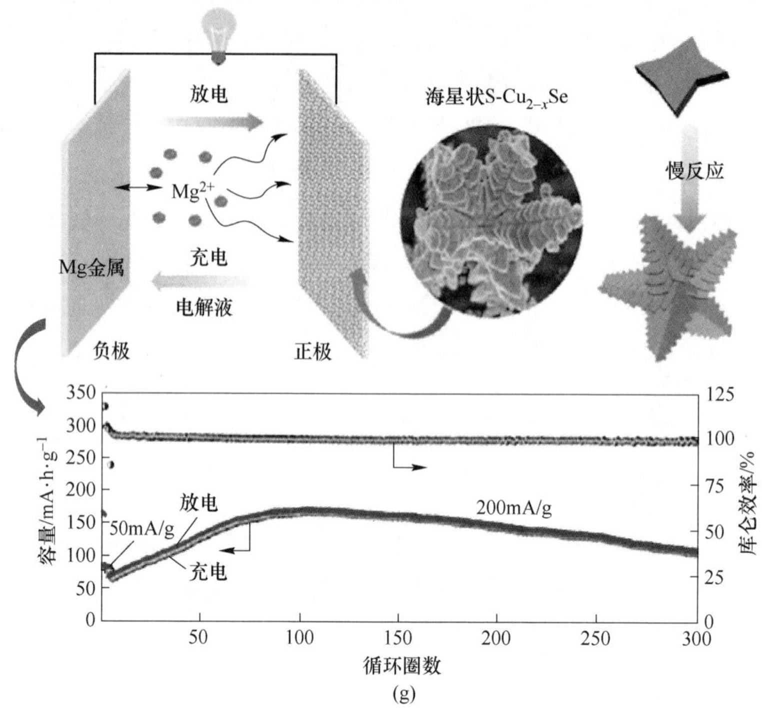

图 3-12 不同组成硒化铜材料合成、形貌及电化学性能

（a）β-Cu_2Se 作为镁离子电池正极材料在电流密度为 5mA/g 时的循环性能；（b）β-Cu_2Se 作为镁离子电池正极材料的充放电曲线，测量温度为 25℃；（c）CuSe 纳米粒子电极在 50mA/g 下的循环性能；（d）CuSe 纳米粒子电极在 100mA/g 下的循环性能；（e）S-$Cu_{2-x}Se$ 电极在 100mA/g 下的循环性能；（f）S-$Cu_{2-x}Se$ 和 C-$Cu_{2-x}Se$ 纳米材料形成机理示意图；（g）S-$Cu_{2-x}Se$ 在 200mA/g 下的长期循环稳定性

3.4.5 硫化钨和硒化钨

2013 年，Liu 等人[58]首次用 WSe_2 纳米线组装的薄膜复合材料作为镁离子电池的正极材料（见图 3-13(a)）。由 WSe_2 阴极和镁负极组成的可充电镁离子电池有效地获得了 Mg^{2+} 的插入/萃取活性。利用第一原理 DFT 计算方法对 WSe_2 和 $Mg_{0.67}WSe_2$ 电极在电化学过程中的电子密度、能带结构、迁移率和态密度等关键参数进行了计算和模拟，并根据相关实验数据评价了这两种 Mg^{2+} 插入型 WSe_2 材料作为镁离子电极的关键优势[59]。

通过第一性原理计算，探讨了 MoS_2 和 WS_2 扶手椅纳米管在锂离子和镁离子电池中的应用潜力。研究过程中发现 WS_2 和 MoS_2 纳米管的离子迁移率有所提

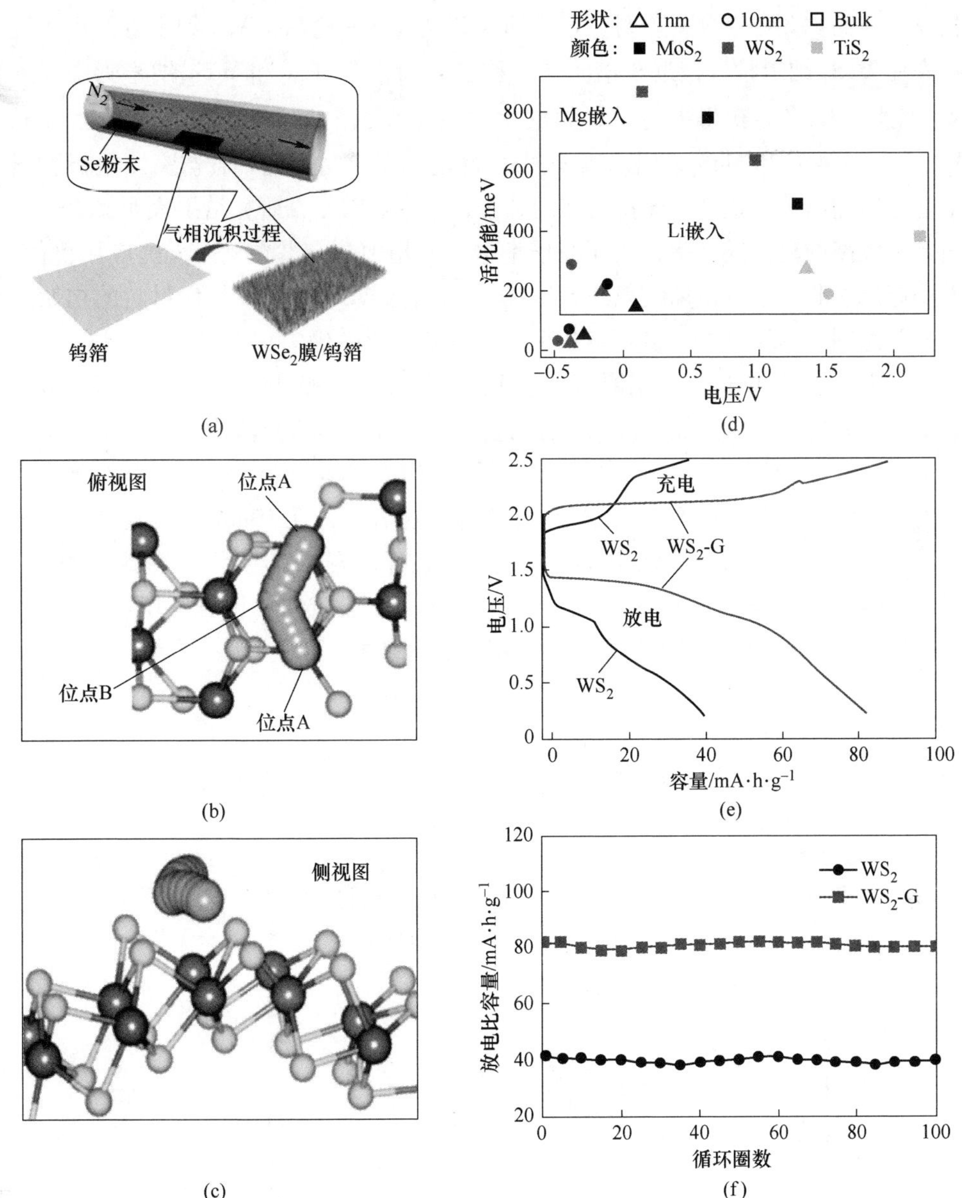

图 3-13 WS_2 纳米管材料结构、形貌及性能

（a）WSe_2 纳米线薄膜的制备过程及形貌表征；（b）（c）WS_2 纳米管外表面 Li 迁移的最小能量通道示意图（俯视图（b）和侧视图（c））；（d）电压激活能图（比较 Li 和 Mg 在无机纳米管中的吸附和扩散特性）；（e）WS_2 和 WS_2-G 复合材料的电池的电压与容量图；（f）WS_2 和 WS_2-G 复合材料在不同循环圈数下的放电比容量

高，特别是对于 MoS_2，Li 的迁移率比 TiS_2 纳米管快 4 倍（见图 3-13(b)）[60]。相反，镁的扩散特性分析表明，WS_2 纳米管是较好的选择，WS_2 纳米管的离子迁移率比 MoS_2 纳米管快接近 3 倍。在迁移率方面，在 WS_2 和 MoS_2 纳米管中插入 Mg 比插入 Li 将会获得更为显著的电化学性能（见图 3-13(c)）[60]。虽然 Li 和 Mg 插入到 WS_2 和 MoS_2 纳米管中热力学性能不稳定，但纳米管与高压电极材料结合会增加离子稳定性，保持快速的离子迁移率。因此，研究结果表明，WS_2 表面具有较高的离子迁移率，并在高倍率电池应用中具有潜在且巨大的应用价值。采用超声法制备了石墨烯负载的 WS_2 复合材料（WS_2-G）。WS_2-G 材料的初始放电容量达到 82mA · h/g，循环 100 次后，容量保留率仍为 95%（见图 3-13(d) ~ (f)）[60-61]。由于 WS_2 与石墨烯的协同作用，WS_2-G 电极比 WS_2 具有更高的可逆容量和更好的电化学性能。近期，作者课题组采用一步水热法成功制备纳米花状 WSe_2 材料（见图 3-14）[62]，并详细探讨了其作为镁离子电池正极材料的电化学特性。电化学数据显示 WSe_2 正极具有高的可逆容量，在 50mA/g 的放电电流下超过 265mA · h/g。另外该正极材料具有良好的循环寿命，经过可逆循环 100 次，仍保 90% 的初始电容，证实该材料具有优异的循环稳定性（见图 3-15）。该工作为 WSe_2 正极材料在镁离子等领域的应用奠定了基础。

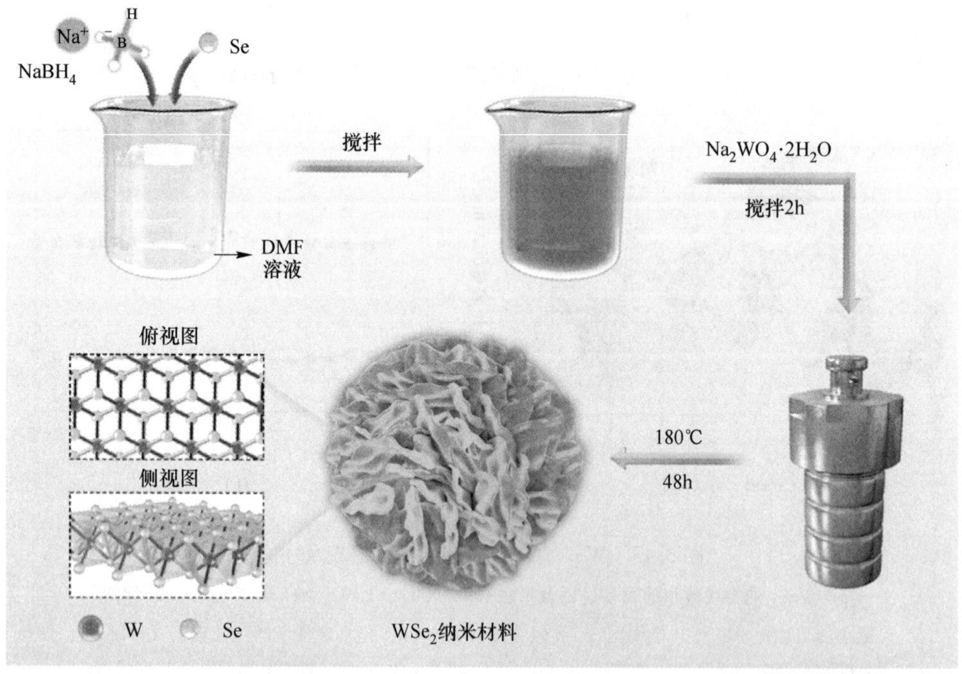

图 3-14　一步溶解热法制备 WSe_2 纳米花流程图及相应的晶体结构特性

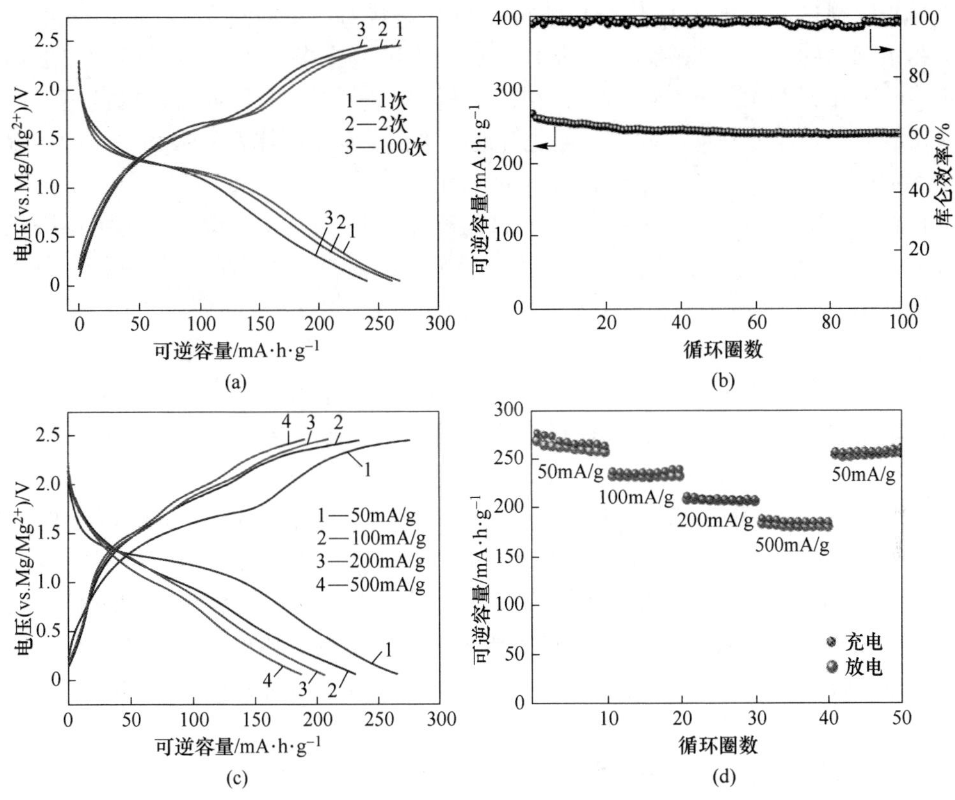

图 3-15 WSe_2 纳米花作为镁电池正极材料的电化学性能

(a) 不同圈数下 WSe_2 纳米花正极的容量－电压图；(b) WSe_2 纳米花正极循环图；

(c) 同电流密度下 WSe_2 纳米花正极的容量－电压图；

(d) 镁离子电池倍率性能

3.4.6 其他过渡金属硫化物正极

基于过渡金属硫化物的正极材料，包括硫化镍、硫化铌、硫化锆、硫化铜和硫化钛，已经被研究用于镁离子电池正极材料，但都存在性能不稳定等缺陷。随着研究的发展，近期更多的过渡金属硫化物受到了科研者的关注。CoS 作为钴硫化物的一员，特别是纳米结构的 CoS 由于其自身的优点，在许多领域得到了广泛的研究。研究显示，CoS 纳米片可用作染料敏化材料[63]，CoS 微球可被用作碱性二次电池负极材料[64]。CoS 纳米线和纳米球作为超级电容器中 RuO_2 的低成本替代品[65-66]。然而，上述材料在镁离子电池领域发表的报道很少[67-68]。现有的镁离子电池正极的研究主要集中在增加活性表面积和导电材料的加入，以在活性材料周围创建电子导电矩阵。例如，分别以六水氯化钴和硫脲为钴源和硫源，采用无模板溶剂热法获得了具有纳米结构的高纯花状 CoS（见图 3-16(a)）[59,69,70]。样品由均匀的微球（直径 1～2μm）组成，周围有许多交叉的纳米板（厚度约 40nm）。由于其高的比表面积和结晶度，该材料是一种具有研究价值的镁离子电池正极材料。在另一项研究中，通过溶剂热法在含有相同体积的水和乙二醇的混合溶剂中获得了具有三维分层孔隙度的 CoS 球（见图 3-16(b)）[71]。结果表明，该材料的孔隙体积为 0.227cm^3/g，比表面积为 27m^2/g。这种特殊结构可以提供一个有效的 Mg^{2+} 传输通道，并能够适应充放电过程中的材料的体积膨胀。将离子液体引入由 2-(叔丁基)-4-甲基苯酚氯化镁和氯化铝（摩尔比为 2∶1）组成的电解液可提高充放电和比容量。结果表明，当所制备的 CoS 正极与电解质添加剂离子液体结合使用时，可获得 370mA · h/g 的高容量，经过 88 次循环后循环稳定性约为 340mA · h/g，50mA/g 放电电流时的放电容量约为 300mA · h/g。近期，科研工作者成功制备了转换型镁离子电池正极材料 Ag_2S（见图 3-16(c)）[72]。测试结果显示 Ag_2S 正极的可逆容量为 120mA · h/g，500mA/g 时的容量为 70mA · h/g，200mA/g 时的循环性能可以超过 400 次（见图 3-16(d)）[72]。进一步研究表明，Mg^{2+} 在该正极材料中的扩散系数在 $10^{-10}cm^2/s$ 水平，远高于 Mo_6S_8 和 MoS_2。该研究为转化镁存储正极材料提供了重要的科学依据[73]。以 α-Ag_2S 为转换正极制备了一种新型的可充电电极材料[74]。测试结果显示 α-Ag_2S 正极具有较高的电子导电性和结构稳定性，另外引入还原氧化石墨烯（rGO）可以进一步提高 α-Ag_2S 正极的循环能力。通过低温熔炼可以轻松制备 α-Ag_2S/rGO 复合材料（见图 3-16(e)）[75]。α-Ag_2S/rGO 复合材料的典型 SEM 图像显示，α-Ag_2S 纳米颗粒分布均匀，并被石墨烯层紧密包裹（见图 3-16(f)）[75]。如图 3-16(g)所示，α-Ag_2S/rGO 正极的电流密度为 1000mA/g，初始放电容量提高到 154.1mA · h/g，经过多次循环后可逆容量保持在 46.3mA · h/g。这一优异结果得益于石墨烯增强了复合材料的导电性，并缓冲了充放电过程中的大体积变化[75]。为了提高 MIB 的电化学性能，有必要开发一种无黏结剂的电极材料。利用硫化镍（NiS_x）制备超薄、独立的纳米多孔层材料（NPL）的简单方法已被开发出来（见图 3-16(h)）[76]，可直接用作镁离子电池的无黏结剂电极。该方法制备的电极可以显著提升材料的导电性，且该方法避免使用黏合剂和其他添加剂，提高活性物质负载量。此外，纳米孔结构能提高材料的比表面积，为离子/质量扩散提供了更多的位点和途径，从而提高了电化学性能。通过简单的方法可获得 Sb_2Se_3 纳米线和 Bi_2Se_3 纳米片（见图 3-16(i)）[77]，并对镁离子电池的性能进行了系统的研究[78]。Bi_2Se_3 纳米片显示出稳定的二维层次化结构，具有良好的储能特性。Bi_2Se_3 纳米片结构较薄，储镁容量为 144mA · h/g，在 1000mA/g 时的放电容量为 65mA · h/g，由于其层次化结构，其循环性能能够超过 350 次。

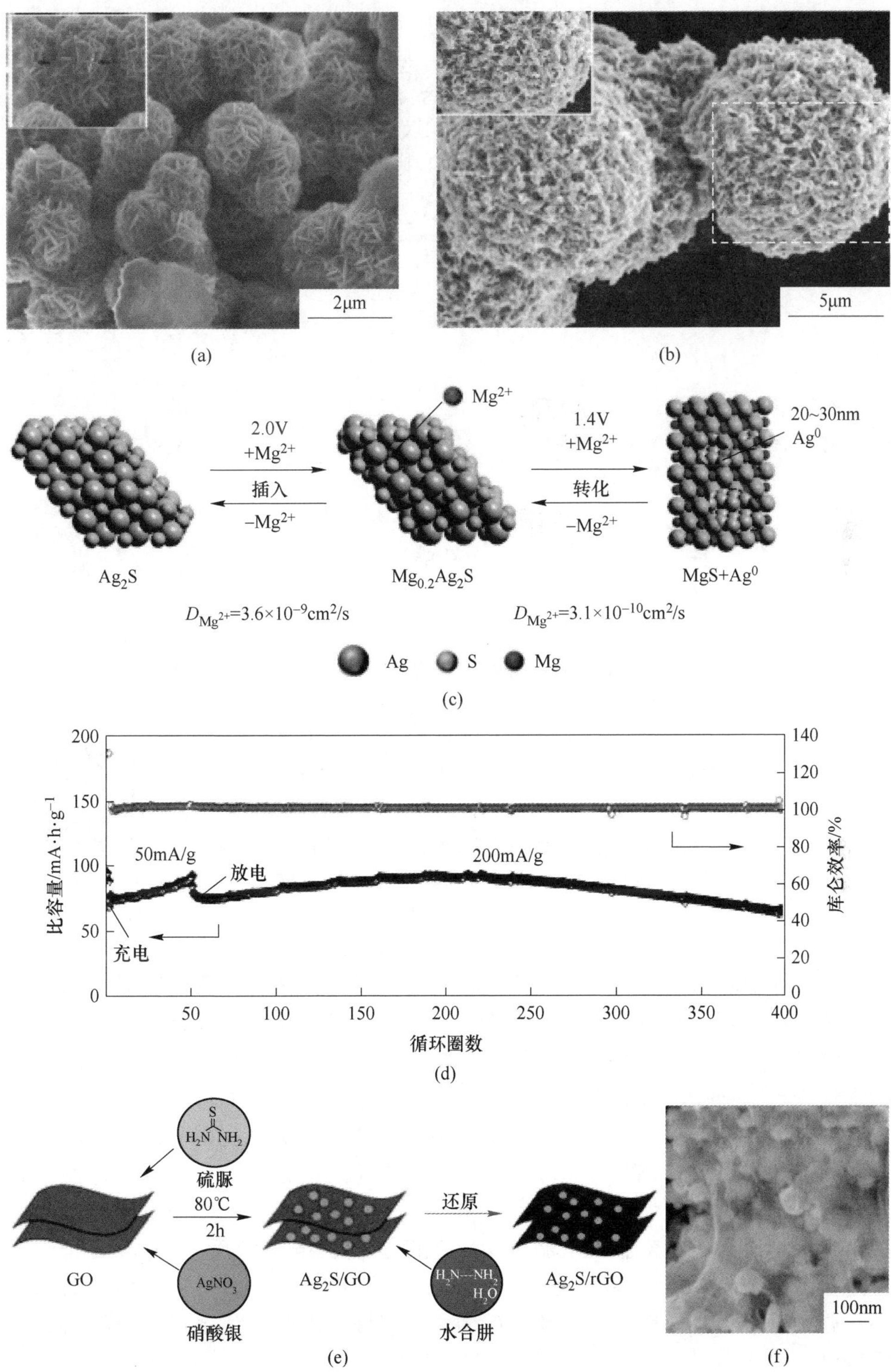
2μm
(a)
5μm
(b)
Mg^{2+}
2.0V
$+Mg^{2+}$
插入
$-Mg^{2+}$
1.4V
$+Mg^{2+}$
转化
$-Mg^{2+}$
20~30nm
Ag^0
Ag_2S
$Mg_{0.2}Ag_2S$
$MgS+Ag^0$
$D_{Mg^{2+}}=3.6\times10^{-9}cm^2/s$
$D_{Mg^{2+}}=3.1\times10^{-10}cm^2/s$
Ag
S
Mg
(c)
比容量/mA·h·g^{-1}
库仑效率/%
50mA/g
200mA/g
放电
充电
循环圈数
(d)
硫脲
80℃
2h
还原
GO
Ag_2S/GO
Ag_2S/rGO
$AgNO_3$
硝酸银
水合肼
100nm
(e)
(f)

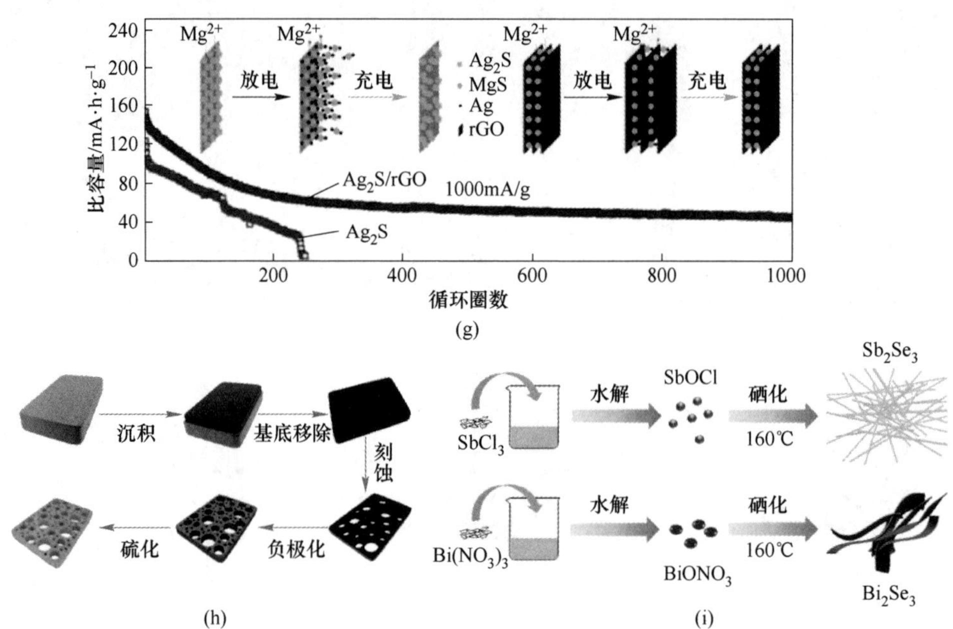

图 3-16　不同组成硫化物/硒化物的形貌特征及电化学性能

(a) 具有纳米花结构的 CoS 扫描电镜图；(b) CoS 球的扫描电镜图像；(c) Ag_2S 正极反应机理示意图；(d) Ag_2S 电极在 50mA/g 和 200mA/g 电流密度下的循环性能；(e) α-Ag_2S/rGO 复合材料制备示意图；(f) α-Ag_2S/rGO 复合材料的扫描电镜图；(g) Ag_2S 纳米结构和 α-Ag_2S/rGO 复合材料在 1000mA/g 下的循环性能；(h) 纳米多孔层（NPL）制备示意图；(i) Sb_2Se_3 和 Bi_2Se_3 的反应过程示意图

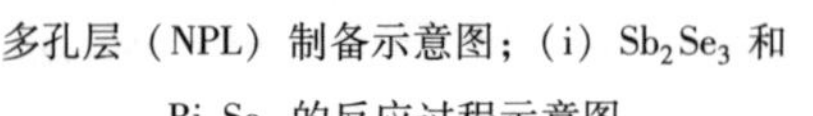

图 3-16 彩图

本节详细总结了以硫化钼、硫化钛、硫化钒、硫化铜、硫化钨等硫化物作为镁离子电池正极材料的电化学性能。表 3-1 列出了部分硫化物正极材料的镁离子性能对比。目前，对镁离子正极材料的研究主要集中在通过改变其内部结构适应 Mg^{2+} 的插入/脱出来提高电池性能。然而，与锂离子电池相比，镁离子电池提供的性能远远低于其理论容量，不能充分满足实际应用的需求。对于硫化物正极材料而言，以下两个障碍成为当前研究的重点：(1) 镁基电化学反应机理复杂，反应动力学缓慢。Mg^{2+} 的连续沉积通常会导致大多数电解质在镁阳极上形成绝缘层，在室温下从动力学上阻断相应的电化学反应和 Mg^{2+} 的扩散通道。(2) 缺乏适合室温下快速高效插入/萃取 Mg^{2+} 的正极材料，Mg^{2+} 的二价性和强的静电相互作用必然导致反应动力学缓慢。因此，镁正极材料将面临严重的结构退化。

表 3-1 过渡金属硫化物作为镁离子电池正极材料性能对比

正　极	负极	比容量 /mA·h·g^{-1}	电压 /V	电流密度 /mA·g^{-1}
G-MoS_2	纳米 Mg	170	1.8	20
MoS_2/C	Mg 合金	213	1.4	50
N-CNFs@ MoS_2	Mg	290	1.8	20
TiS_2 纳米管	Mg	193	1.7	20
TiS_2	Mg	115	1.8	0.1C
$TiSe_2$	Mg	110	1.8	5
VS_2-GO	Mg	235	0.5~2.0	0.5C
VS_2	Mg	348	0.25~1.1	20
大层间距 VS_2纳米花	Mg	245	0.2~2.2	100
VS_4	Mg	251	0.2~2.2	100
VS_4	Mg	190	0.2~2.2	500
CuS	Mg	119	0.2~1.9	50
CuS	Mg	175	0.3~2.2	50
中空 CuS 纳米管	Mg	200	0~2.5	100
β-Cu_2Se	Mg	117	0.2~1.8	5
CuSe	Mg	200	0.2~2.0	50
S-$Cu_{2-x}Se$	Mg	210	0.3~2.2	100
WSe_2	Mg	203	0.3~3.0	50
WS_2-G	Mg	82	0~2.5	20
Ag_2S	Mg	120	0.1~2.5	50

在接下来的几年里，选择合适的镁离子正极材料仍有许多挑战需要克服。首先，需要系统研究镁离子正极材料动力学延迟的影响因素。由于不同类型的正极具有不同的形貌或晶体形态，因此需要寻找合成正极活性材料的新方法，提高其电化学性能。其次，发展具有较大结构间隙的正极材料或增加结构之间的层间距以提高 Mg^{2+} 的传输速率。最后，通过掺杂、包覆、负载等方法提高正极材料的导电性和可逆脱嵌性能。希望在镁离子正极材料的发展上投入更多的精力，最终构建出大容量、长寿命、高安全的镁离子电池，这将进一步加速其在大规模储能领域的广泛应用。

参 考 文 献

[1] WANG L, JIANG B, VULLUM P E, et al. High interfacial charge storage capability of carbonaceous cathodes for Mg batterie [J]. ACS Nano, 2018, 12(3): 2998-3009.

[2] ZHANG X, LI D, RUAN Q, et al. Vanadium-based cathode materials for rechargeable magnesium batteries [J]. Matericals Today Energy, 2023, 32: 101232.

[3] SU J C, PEI Y, YANG Z H, et al. First-principles investigation on the structural, electronic properties and diffusion barriers of Mg/Al doped $NaCoO_2$ as the cathode material of rechargeable sodium batteries [J]. RSC Advances, 2015, 5: 27229-27234.

[4] CHEN X Z, WEI S H, TONG F L, et al. Electrochemical performance of Mg-Sn alloy anodes for magnesium rechargeable battery [J]. Electrochimica Acta, 2021, 398: 139336.

[5] WEI C L, TAN L W, ZHANG Y C, et al. Covalent organic frameworks and their derivatives for better metal anodes in rechargeable batteries [J]. AcS Nano, 2021, 15(8): 12741-12767.

[6] RUBIO S, LIANG Z T, LIU X S, et al. Reversible multi-electron storage enabled by $Na_5V(PO_4)_2F_2$ for rechargeable magnesium batteries [J]. Energy Storage Materials, 2021, 38: 462-472.

[7] ZHAO W H, ZHU W H, ZHAO D F, et al. Bismuth oxide: A versatile high-capacity electrode material for rechargeable aqueous metal-ion batteries [J]. Energy Environmental Science, 2016, 9: 2881-2891.

[8] KANG S J, LIM S C, KIM H, et al. Non-Grignard and Lewis acid-free sulfone electrolytes for rechargeable magnesium batteries [J]. Chemistry of Materials, 2017, 29(7): 3174-3180.

[9] WEI C L, TAN L W, ZHANG Y C, et al. Review of room-temperature liquid metals for advanced metal anodes in rechargeable batteries [J]. Energy Storage Materials, 2022, 50: 473-494.

[10] MA Y M, ZHANG Y J, WANG F, et al. Bimetallic sulfide $NiCo_2S_4$ yolk-shell nanospheres as high-performance cathode materials for rechargeable magnesium batteries [J]. Nanoscale, 2022, 14: 4753-4761.

[11] VASUDEVAN V, WANG M C, YUWONO J A, et al. Ion agglomeration and transport in $MgCl_2$-based electrolytes for rechargeable magnesium batteries [J]. J. Phys. Chem. Lett., 2019, 10(24): 7856-7862.

[12] LIU H Q, HE Y N, ZHANG H, et al. Lowering the voltage-hysteresis of CuS anode for Li-ion batteries via constructing heterostructure [J]. Chem. Eng. J., 2021, 425: 130548.

[13] CHEN X, BLEKEN F L, LØVVIK O M, et al. Comparing electrochemical performance of transition metal silicate cathodes and chevrel phase Mo_6S_8 in the analogous rechargeable Mg-ion battery system [J]. J. Power Sources, 2016, 321: 76-86.

[14] NULI Y, YANG J, LI Y. Mesoporous magnesium manganese silicate as cathode materials for rechargeable magnesium batteries [J]. Chem. Commun., 2010, 46(21): 3794-3796.

[15] ORIKASA Y, MASESE T, KOYAMA Y, et al. High energy density rechargeable magnesium battery using earth-abundant and non-toxic elements [J]. Sci. Rep., 2014, 4(12): 5622.

[16] NULI Y, ZHENG Y, WANG Y, et al. Electrochemical intercalation of Mg^{2+} in 3D hierarchically porous magnesium cobalt silicate and its application as an advanced cathode material in rechargeable magnesium batteries [J]. J. Mater. Chem., 2011, 21(33): 12437-12443.

[17] MAKINO K, KATAYAMA Y, MIURA T, et al. Electrochemical insertion of magnesium to $Mg_{0.5}Ti_2(PO_4)_3$[J]. J. Power Sources, 2001, 99(1/2): 66-69.

[18] SPAHR M E, NOVAK P, HAAS O, et al. Electrochemical insertion of lithium, sodium, and magnesium in molybdenum (Ⅵ) oxide [J]. J Power Sources, 1995, 54(2): 346-351.

[19] LEVI E, LANCRY E, MITELMAN A, et al. Phase diagram of Mg insertion into chevrel phases, $Mg_xMo_6T_8$(T = S, Se). 2. The crystal structure of triclinic $MgMo_6Se_8$ [J]. Chem. Mater., 2006, 18: 5492-5503.

[20] AURBACH D, LU Z, SCHECHTER A, et al. Prototype systems for rechargeable magnesium batteries [J]. Nat., 2000, 407: 724-727.

[21] NGUYEN D T, ENG A Y S, HORIA R, et al. Rechargeable magnesium batteries enabled by conventional electrolytes with multifunctional organic chloride additives [J]. Energy Storage Materials, 2022, 45: 1120-1132.

[22] CHEN S, FAN S, LI H N, et al. Recent advances in kinetic optimizations of cathode materials for rechargeable magnesium batteries [J]. Coordination Chemistry Reviews, 2022, 466: 214597.

[23] BISQUERT J. Analysis of the kinetics of ion intercalation: Ion trapping approach to solid-state relaxation processes [J]. Electrochim. Acta, 2002, 47: 2435-2449.

[24] AURBACH D, SURESH G S, LEVI E, et al. Progress in rechargeable magnesium battery technology [J]. Adv. Mater., 2007, 19: 4260-4267.

[25] GAO X P, MARIANI A, JEOG S, et al. Prototype rechargeable magnesium batteries using ionic liquid electrolytes [J]. Journal of Power Sources, 2019, 423: 52-59.

[26] LI F L, GUO W, SI Y B, et al. Benzene-1,2-dithiolato complexes as cathode materials for rechargeable lithium batteries [J]. Electrochimica Acta, 2021, 20(370): 137757.

[27] ZHANG Y Z, LI X, CHENG Y, et al. Binder-free Cu-supported Ag nanowires for aqueous rechargeable silver-zinc batteries with ultrahigh areal capacity [J]. Journal of Colloid and Interface Science, 2021, 15(586): 47-55.

[28] LIANG Y L, FENG R J, YANG S Q, et al. Rechargeable Mg batteries with graphene-like MoS_2 cathode and ultrasmall Mg nanoparticle anode [J]. Adv. Mater., 2011, 23: 640-643.

[29] HU X L, PENG J B, XU F, et al. Rechargeable Mg^{2+}/Li^+, Mg^{2+}/Na^+, and Mg^{2+}/K^+ hybrid batteries based on layered VS_2[J]. ACS Applied Materials Interfaces, 2021, 13(48): 57252-57263.

[30] LEE B, CHOI J, NA S, et al. Critical role of elemental copper for enhancing conversion kinetics of sulphur cathodes in rechargeable magnesium batteries [J]. Applied Surface Science, 2019, 484: 933-940.

[31] TAN Y H, ZHOU F, HUANG Z H, et al. MoS_2-nanosheet-decorated carbon nanofiber

composites enable high-performance cathode materials for Mg batteries [J]. Chem. Electro. Chem., 2018, 5: 996-1001.

[32] SAUVAGE F, BODENEZV, VEZIN H, et al. $Ag_4V_2O_6F_2$(SVOF): A high silver density phase and potential new cathode material for implantable cardioverter defibrillators [J]. Inorg. Chem., 2008, 47(19): 8464-8472.

[33] INCORVATI J T, WAN L F, KEY B, et al. Reversible magnesium intercalation into a layered oxyfluoride cathode [J]. Chem. Mater., 2016, 28(1): 17-20.

[34] SUN X Q, BONNICK P, NAZAR L F. Layered TiS_2 Positive electrode for Mg batteries [J]. ACS Energy Lett., 2016, 1: 297-301.

[35] ROGERS D B, SHANNON R D, SLEIGHT A W, et al. Crystal chemistry of metal dioxides with rutile-related structures [J]. Inorg. Chem., 1969, 8(4): 841-849.

[36] MINELLA C B, GAO P, ZHAO-KARGER Z, et al. Interlayer-expanded vanadium oxychloride as an electrode material for magnesium-based batteries [J]. Chem. Electro. Chem., 2017, 4(3): 738-745.

[37] DONAKOWSKI M D, GÖRNE A, VAUGHEY J T, et al. $AgNa(VO_2F_2)_2$: A trioxovanadium fluoride with unconventional electrochemical properties [J]. J. Am. Chem. Soc., 2013, 135(26): 9898-9906.

[38] SADAKANE M, OHMURA S, KODATO K, et al. Redox tunable reversible molecular sieves: Orthorhombic molybdenum vanadium oxide [J]. Chem. Commun., 2011, 47(38): 10812-10814.

[39] SADAKANE M, KODATO K, KURANISHI T, et al. Molybdenum-vanadium-based molecular sieves with microchannels of seven-membered rings of corner-sharing metal oxide octahedra [J]. Angew Chem. Int. Edit., 2008, 47(13): 2493-2496.

[40] JING P, LU H, YANG W, et al. Interlayer-expanded and binder-freeVS_2 nanosheets assemblies for enhanced Mg^{2+} and Li^+/Mg^{2+} hybrid ion storage [J]. Electrochi Acta, 2020, 330: 135263-135271.

[41] DATHAR G K P, SHEPPARD D, STEVENSON K J, et al. First-principles study of the magnesiation of olivines: Redox reaction mechanism, electrochemical and thermodynamic properties [J]. Chem. Mater., 2011, 23: 4032-4037.

[42] WANG Z T, ZHANG Y X, PENG H, et al. Engineering kinetics-favorable 2D graphene@ CuS with long-term cycling stability for rechargeable magnesium batteries [J]. Electrochimica Acta, 2021, 407: 139786.

[43] FENG Z, YANG J, NULI Y, et al. Sol-gel synthesis of $Mg_{1.03}Mn_{0.97}SiO_4$ and its electrochemical intercalation behavior [J]. J. Power Sources, 2008, 184: 604-609.

[44] ATTIAS R, SALAMA M, HIRSCH B, et al. Anion effects on cathode electrochemical activity in rechargeable magnesium batteries: A case study of V_2O_5 [J]. ACS Energy Letters, 2019, 4(1): 209-214.

[45] XU J, LIU Y B, CHEN P L, et al. Interlayer-expanded VS_2 nanosheet: Fast ion transport, dynamic mechanism and application in Zn^{2+} and Mg^{2+}/Li^+ hybrid batteries systems [J]. J.

Colloid Interf. Sci., 2022, 620: 119-126.

[46] CHUNG J S, SOHN H J. Electrochemical behaviors of CuS as a cathode material for lithium secondary batteries [J]. J. Power Sources, 2002, 108: 226-231.

[47] XIONG F, FAN Y, TAN S, et al. Magnesium storage performance and mechanism of CuS cathode [J]. Nano Energy, 2018, 47: 210-216.

[48] WU M Y, ZHANG Y J, LI T, et al. Copper sulfide nanoparticles as high-performance cathode materials for magnesium secondary batteries [J]. Nanoscale, 2018, 10: 12526-12534.

[49] LEVI E, GERSHNSKY G, AURBACH D, et al. New insight on the unusually high ionic mobility in Chevrel phases [J]. Chem. Mater., 2009, 21: 1390-1399.

[50] AURBACH D, LU Z, SCHECHTER A, et al. Prototype systems for rechargeable magnesium batteries [J]. Nat., 2000, 407: 724-727.

[51] LEVI M D, AURBACH D. A comparison between intercalation of Li and Mg ions into the model Chevrel phase compound($M_xMo_6S_8$): Impedance spectroscopic studies [J]. J. Power Sources, 2005, 146: 349-354.

[52] BISQUERT J, VIKHENKOV S. Two state model describing the coupling of solid state ion diffusion and ion binding processes [J]. Electrochim. Acta, 2003, 47: 3977-3988.

[53] SURESH G S, LEVI M D, AURBACH D, et al. Effect of chalcogen substitution in mixed $Mo_6S_{8-n}Se_n$($n=0, 1, 2$) Chevrel phases on the thermodynamics and kinetics of reversible Mg ions insertion [J]. Electrochim. Acta, 2008, 53: 3889-3896.

[54] WOO S G, YOO J Y, CHO W, et al. Copper incorporated $Cu_xMo_6S_8$ ($x \geqslant 1$) Chevrel-phase cathode materials synthesized by chemical intercalation process for rechargeable magnesium batteries [J]. Rsc Adv., 2014, 4: 59048-59055.

[55] CHEN D, CHEN Z X, XU F, et al. Rechargeable Mg-Na and Mg-K hybrid batteries based on a low-defect $Co_3[Co(CN)_6]_2$ nanocube cathode [J]. Physical Chemistry Chemical Physics, 2021, 23: 17530-17535.

[56] CHEN Q, LIANG L, ABDURRAHMAN A E Y, et al. High quality superconductor-normal metal junction made on the surface of MoS_2 flakes [J]. Phys. Status Solidi B, 2017, 254: 1700181-1700185.

[57] LOO A H, BONANNI A, PUMERA M. Strong dependence of fluorescence quenching on the transition metal in layered transition metal dichalcogenide nanoflakes for nucleic acid detection [J]. Analyst., 2016, 141: 4654-4658.

[58] LIU B, LUO T, MU G, et al. Rechargeable Mg-ion batteries based on WSe_2 nanowire cathodes [J]. ACS Nano, 2013, 7: 8051-8058.

[59] LI X, ZHU H W. Two-dimensional MoS_2: Properties, preparation, and applications [J]. J. Materiomics, 2015, 1: 33-44.

[60] GAO Y P, WU X, HUANG K J, et al. Two-dimensional transition metal diseleniums for energy storage application: A review of recent developments [J]. Crystengcomm., 2016, 19: 404-418.

[61] BARUTH A, MANNO M, NARASIMHAN D, et al. Reactive sputter deposition of pyrite

structure transition metal disulfide thin films: Microstructure, transport, and magnetism [J]. J. Appl. Phys., 2012, 112: 054328.

[62] XU J, WEI Z N, ZHANG S K, et al. Hierarchical WSe_2 nanoflower as a cathode material for rechargeable Mg-ion batteries [J]. J. Colloid Interf. Sci., 2021(588): 378-383.

[63] LIN J Y, LIAO J H, CHOU S W. Cathodic electrodeposition of highly porous cobalt sulfide counter electrodes for dye-sensitized solar cells [J]. Electrochim. Acta, 2011, 56: 8818-8826.

[64] SONG D, WANG Q, WANG Y, et al. Liquid phase chemical synthesis of Co-S microspheres with novel structure and their electrochemical properties [J]. J. Power Sources, 2010, 195: 7462-7465.

[65] JUSTIN P, RAO G R. CoS spheres for high-rate electrochemical capacitive energy storage application [J]. Int. J. Hydrogen Energ., 2010, 35: 9709-9715.

[66] SHTERENBERG L, SALAMA M, GOFER Y, et al. The challenge of developing rechargeable magnesium batteries [J]. MRS Bulletin, 2014, 39: 453-460.

[67] YOO H D, SHTERENBERG I, GOFER Y, et al. Mg rechargeable batteries: An on-going challenge [J]. Energy Environ. Sci., 2013, 6: 2265-2279.

[68] LV R J, GUAN X Z, ZHANG J H, et al. Enabling Mg metal anodes rechargeable in conventional electrolytes by fast ionic transport interphase [J]. National Science Review, 2020, 7: 333-341.

[69] REGULACIO M D, NGUYEN D T, HORIA R, et al. Designing nanostructured metal chalcogenides as cathode materials for rechargeable magnesium batteries [J]. Small, 2021, 24: 2007683.

[70] ZHE H, LIU Q, SUN W, et al. MoS_2 with an intercalation reaction as a long-life anode material for lithium ion batteries [J]. Inorg. Chem. Front., 2016, 3: 532-535.

[71] LI T, LIU Y H, CHITARA B, et al. Li intercalation into 1D TiS_2(en) chains [J]. J. Am. Chem. Soc., 2014, 136: 2986-2989.

[72] CUCINOTTA C S, DOLUI K, PETTERSSON H, et al. Electronic properties and chemical reactivity of TiS_2 nanoflakes [J]. The Journal of Physical Chemistry C, 2015, 119: 15707-15715.

[73] HWANG Y Y, LEE N K, PARK S H, et al. TFSI anion grafted polymer as an ion-conducting protective layer on magnesium metal for rechargeable magnesium batteries [J]. Energy Storage Materials, 2022, 51: 108-121.

[74] ZHANG R P, CUI C, LI R N, et al. An artificial interphase enables the use of $Mg(TFSI)_2$-based electrolytes in magnesium metal batteries [J]. Chemical Engineering Journal, 2021, 426: 130751.

[75] SUSLOV E A, BUSHKOVA O V, SHERSTOBITOVA E A, et al. Lithium intercalation into TiS_2 cathode material: phase equilibria in a Li-TiS_2 system [J]. Ionics, 2016, 22: 503-514.

[76] WHITTINGHAM M S. Electrical energy storage and intercalation chemistry [J]. Science, 1976, 192: 1126-1127.

[77] BRUCE P G, KROK F, NOWINSKI J, et al. Chemical intercalation of magnesium into solid

hosts [J]. J. Mater. Chem., 1991, 1: 705-706.

[78] WANG Z T, ZHANG Y X, XIAO S, et al. Microwave-assisted synthesis of metallic V_6O_{13} nanosheet as high-capacity cathode for magnesium storage [J]. Materials Letters, 2022, 308: 131279.

4　镁离子电池负极材料

镁离子电池主要由正极、负极、电解液组成。正极主体主要由对镁离子具有高度可逆脱嵌能力的材料组成，并且在电解质中具有良好的稳定性。理想的镁离子电池正极材料应具备以下特点：适当的工作电压、镁离子可逆性好、能量密度高、成本低。电解质具有离子传输和电流传导的作用，对镁离子电池的性能也有重要影响。传统的电解液溶剂会在金属镁的表面产生致密的钝化表层，使镁离子难以通过，从而导致电池稳定性降低。因此，当前科研工作者在开发具有高离子导电性、宽电压窗和高效率的可逆镁沉积—溶解电解质方面投入了大量的工作。可充电镁离子电池的研究和开发仍在进行中，除了上述提到的探索新的电池电解质，寻找可替代电池的正极材料外，金属负极也是影响电池性能的重要因素之一，特别是在电池电压、能量密度和电池容量中起着至关重要的作用。金属镁活性高，循环过程中镁负极表面会产生不可逆的钝化层，降低电池放电性能。本章简单介绍了近年来镁离子电池负极材料（金属及其合金、金属氧化物和二维材料）及其相应的镁存储机制的研究进展。

4.1　引　　言

自 19 世纪以来，人类大规模使用化石能源，而能源不仅是社会经济发展的重要基础，同时也是人类社会持续发展面临的最大问题之一。随着现代社会的快速发展，能源已经成为人类日常生活中不可或缺的角色[1-5]。与此同时，针对化石能源储量日益枯竭与严峻的污染问题，环境保护迫在眉睫。由于化石燃料资源的有限性和带来的环境问题，寻求清洁能源以减少人类对化石燃料的依赖已成为当前发展的趋势[6-10]。二次电池具有转换效率高、易于维护、成本低、对环境污染小等特点，是储能系统研究中发展最快的领域之一[11-13]。锂离子电池是目前最成功且应用最广泛的可充电电池技术之一。由于自放电率低、使用寿命长和额定电压高等优点备受消费市场青睐，同时其高能量密度和便携性令锂离子电池强势占据了当前的化学储能市场，特别是在便携式电子设备和混合动力汽车中得到了广泛应用[14-18]。然而，锂离子电池仍然存在一些固有缺陷。一方面，锂是一种化学活性金属，在充放电过程中，锂负极表面呈现出生长树枝状结晶的趋势，在循环过程中会生长出枝晶刺穿隔膜，容易导致爆炸起火，这使得锂离子电池存在巨大的安全隐患[19]。另一方面，地壳内锂资源稀缺且提取困难，经济有效回收锂的技术仍不成熟，电池回收系统难以管理[20-21]。当前，研究人员越来越关注锂离子电池[22-23]不断上升的成本与可持续性。因此，迫切需要寻找能量密度高、安全性好、成本低、环境友好的新型化学储能装置。在锂离子电池众多可替代品中，可充镁离子电池受到了极大关注。

与锂相比，镁具有优越的性能。它是世界上含量最丰富的元素之一（约占地壳的2.3%），也是一种低成本的材料[24-28]。金属镁具有高熔点（660℃），在大气中比锂更稳定，在电池制备过程中也易于操作。镁及其化合物以无毒或低毒为主，有望成为新一代环保能源材料[29-30]。此外，镁是地壳中最轻的结构金属之一，可以减轻储能装置的重量[31-35]。此外，镁离子电池的理论容量约为锂离子电池的两倍[36-39]。镁的还原电位极低，仅次于锂[40]。更重要的是，与锂离子电池相比，镁离子电池在充放电过程中不会形成有害的树状枝晶，安全性高[42-43]。镁离子电池原型的提出可以追溯到2000年，由切弗里相正极（Mo_6S_8）、镁负极和基于有机卤铝酸盐的电解质溶液组成。虽然该系统具有良好的循环稳定性（循环次数超过2000次），但其能量密度还需进一步提高。从那时起，人们对镁离子电池进行了大量的研究。然而，与锂离子电池相关的研究工作相比，镁离子电池的研究仍处于起步阶段。

镁负极与电解液的相互作用是一个十分复杂的过程[44-47]，该过程中形成的界面膜直接影响电极材料的溶解和充放电性能[48-51]。镁负极研究的实质就是讨论电极与电解液接触界面所形成膜层的特性。在电池测试过程中表面膜层通过阻碍镁离子的扩散进程来影响金属镁的溶解、沉积。膜层特性与接触电极表面电解液的不稳定性即电解质分解有关[52-55]。在锂离子电池的研究中发现，界面膜层的存在会抑制锂沉积过程（强的还原环境）中电解液的分解。在镁沉积过程中，电解液在镁金属负极表面的分解是可充镁电池发展的瓶颈之一。简单离子盐（比如高氯酸盐）是不适合单独作为可充镁电池的电解液，这是因为金属镁会在该体系中生成“堵塞层”抑制电化学反应的进行。在极性非质子溶剂中，碳和氮的结合也能在镁金属表面形成“堵塞层”影响电池的放电性能。“堵塞层”的存在限制了有机镁－溶剂电解液体系在可充镁电池中的应用[56-60]。

镁离子电池的负极材料要求镁离子能进行可逆的沉积与溶解，且沉积—溶解的电极电位较低。由于Mg比较活泼，容易与水和大气杂质进行反应，在表面会形成一层钝化膜[61-65]。锂的这种覆盖层疏松易于锂离子通过，而且有利于锂金属的稳定，但是镁的钝化层致密，镁离子不易通过，使镁在电解液中的可逆溶解与沉淀变得困难[66-69]。目前，镁二次电池研究集中在正极材料和电解液方面，一般采用纯镁作为负极材料，有关其他负极材料的研究报道相对较少。

本章简单介绍了近年来镁离子电池负极材料及其相应的镁存储机制的研究进展，以期为镁离子电池发展提供新的思路。

4.2　纯镁负极

可充电电池负极材料需要同时具备高放电比容量和低反应电压，金属镁本身就是一种比较理想的负极材料。镁最初用于二次电池负极时被认为是无枝晶的，但是这一结论的成立高度依赖于电解质和电流密度。最近的研究显示，镁离子电池并不是永远无枝晶，在某些特定条件下，镁负极表面生成的枝晶硬度甚至高过锂枝晶，因此，在使用中存在较大的安全隐患。另外，镁金属用作电池负极材料时由于其自腐蚀速度较大、负极利用率低，负极极化严重等原因，使得其工作电位难以满足电池负极材料的技术要求。另外，在传统电解液中镁负极表面会形成致密的钝化膜阻碍 Mg^{2+} 的迁移，造成电压滞后等问题。这些因素都限制了镁电极在电池材料方面的应用。现阶段对于镁负极存在的问题仍然缺乏有效解决方法，而且相关机制在理论方面尚不完善。

镁的电沉积形貌也是影响电池电化学特性的一个重要因素。近期研究发现在有机卤化物 - 铝酸盐电解液体系中沉积镁的枝晶形貌完全消失。测试结果表明沉积形貌与放电过程中所施加的电流密度有着密切的关系：在较低放电电流密度下，镁沉积的择优取向是（001）方向；在高电流密度下，镁优先沉积的方向是（100）方位。这一实验现象表明镁的沉积过程与晶体生长动力学、热力学稳定性、镁离子的扩散速率均有关[70-72]。

4.3　镁合金负极

合金负极在锂离子电池中有着广泛的应用，受此启发，研究人员试图用合金负极替代纯镁负极，以解决镁负极与传统电解质不相容这一难题。合金化是提高镁电极放电行为的一种有效的方法。在镁合金制造过程中添加其他合金元素，一方面可以加速放电产物在电极表面的脱落，另一方面会降低电极的自放电速率。然而，由于 Mg^{2+} 的固有特性，许多在锂离子电池中表现良好的合金负极，在镁离子电池中表现不佳。

4.3.1　Bi 基负极材料

在众多合金负极材料中，金属铋（Bi）是最具吸引力的负极之一。它可以与金属镁发生合金化反应生成 Mg_3Bi_2，如图 4-1 所示，理论容量为 385mA · h/g，相对于 Mg/Mg^{2+} 的平均电压为 0.25V。此外，Bi 和传统电池电解质具有良好的兼容性。然而，由于它自身局限性，如容量衰减和循环性能较弱（这主要与其在合金化和去合金化过程中的体积变化大有关），目前金属 Bi 仍未大规模应用。

Arthur 等人[73]首次提出当使用电沉积 Bi 电极作为镁离子电池的负极材料时，Bi 负极在 1C 速率下循环 100 次后，比容量可以保持在 222mA · h/g，证明其与传统电解质具有良好的兼容性，这也是 Bi 作为负极材料研究的重大突破。然而，Mg-Bi 可逆合金化过程的机理尚不清楚，其电化学性能仍有待提高。基于各种电化学技术和 X 射线衍射（XRD）分析，可以帮助探究 Mg 与 Bi 可逆合金化的机理，Mg 和 Mg_3Bi_2 相在充放电过程中均有较高程度的结晶，没有中间相和非晶态。

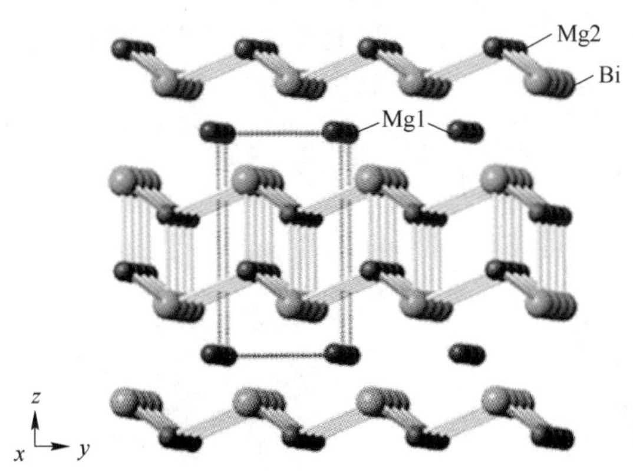

图 4-1 Mg_3Bi_2 的结构示意图

近年来，纳米材料在提高可充电金属离子电池（如锂离子电池和钠离子电池）电极材料的结构稳定性和离子扩散方面被证明具有巨大的潜力[74-77]。在充放电循环过程中，纳米级材料能够有效承受较大的体积膨胀，这是几乎所有负极材料在合金化过程中都必须面临的挑战。此外，与大块材料相比，纳米结构材料由于其较短的扩散路径，表现出更好的电子导电性。因此，在纳米尺度上控制 Bi 结构是提高其电化学性能的最有效策略之一。例如，可合成 Bi 纳米管作为高性能可充电镁离子电池的负极材料，从而获得高的可逆比容量 350mA · h/g（达到理论值的 91%），优异循环稳定性（循环 200 次后容量保持在 303mA · h/g），高的库仑效率（初始为 95%，后接近 100%）。为了进一步证明 Bi 纳米管的优越性，科研工作者尝试制备 Bi 纳米颗粒（30 ~ 50nm），并对其性能进行了研究。结果表明，与 Bi 纳米管相比，纳米颗粒的倍率性能和循环稳定性均不理想。这可能是由于在放电过程中，纳米管可以保持整体形态，提供了快速的离子传输路径，从而保持良好的电接触。在后续的充放电过程中，Mg^{2+} 可以在不造成结构塌陷的情况下自由嵌入和脱出。对于内部没有中空空间的纳米颗粒，其结构会在充放电过程中粉碎，失去导电通道。当采用 Mo_6S_8 为正极，Bi 为负极，分别以

0.4mol/L $Mg(TFSI)_2$-二甘醇二甲醚、$Mg(BH_4)_2$-$LiBH_4$-二甘醇二甲醚为电解质组装成电池，结果显示两种电池的比容量相当，循环稳定性好，说明该负极材料与传统电解质具有良好的相容性。

胶体 Bi 纳米晶已被证明是可充电镁离子电池的理想负极材料[78]。基于 Bi 纳米碳化物的电极具有良好的容量保持性能。如图 4-2 所示，基于晶体结构预测方法和理论计算结果发现，Bi 的镁化是通过合金化机制发生的，这导致了两个稳定相同时形成，即低温三角结构 α-Mg_3Bi_2 及高温立方结构 β-Mg_3Bi_2，使得可逆合金化反应具有高稳定性。此外，采用小角度 X 射线散射（SAXS）测量方法可以灵敏地探测单分散 Bi 纳米晶负极在电化学循环过程中的尺寸及形貌的变化。在第一次放电后，大量的活性 Bi 粒子转变为非晶态和更小的纳米结构，而在随后的 100 次电化学循环中没有观察到明显的形态或结构变化，这是其具有优异电化学性能的有力支撑。

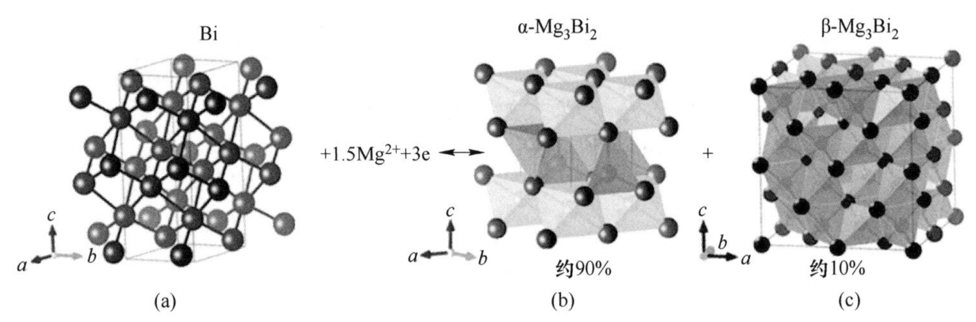

图 4-2　Bi 的电化学镁化过程及相关相的晶体结构

（a）元素 Bi（六边形）；（b）α-Mg_3Bi_2（三方晶系）；（c）β-Mg_3Bi_2（立方晶系）

采用简单方法制备高性能铋负极材料是未来发展趋势。通过简单的一步固态合金化方法可以合成纳米团簇的 Mg_3Bi_2 合金作为镁离子电池负极材料。通过在不同的合金化温度下混合镁粉和铋粉，制备了纳米团簇的 Mg_3Bi_2 合金。其中当合金化温度为 650℃时，所制备的负极可逆比容量、库仑效率、容量保持率最高。这种具有成本效益和优异性能的可充电镁离子电池有望用于电网及大规模储能体系。

除了将 Bi 的粒径减小到纳米级外，复合材料的制备也是进一步提高电极电化学性能的重要设计策略。采用溶剂热法可以在 N_2 气氛下进行 Bi 和还原氧化石墨烯的原位复合，并将合成的不同组分的纳米复合材料作为镁离子电池的负极材料进行探究[79]。其中，当复合体系中 Bi 含量为 60% 时，放电容量高达 413mA · h/g（超过 Bi 负极的理论容量），循环稳定性极佳，在第 50 次循环中放电容量仍高达 372mA · h/g。这是由于引入的还原氧化石墨烯不仅增强了电导率，而且还作为缓冲材料来适应充放电循环过程中的体积变化，从而全面提升材料性能。

镁离子在 $Bi_{0.88}Sb_{0.12}$ 和 $Bi_{0.55}Sb_{0.45}$ 负极材料中具有脱嵌可行性（在小于 0.4V (vs. Mg)的电位下），测试选用的电解液是有机卤化物 - 铝酸盐/四氢呋喃体系。在 1C 倍率下放电，$Bi_{0.88}Sb_{0.12}$ 电极材料的放电比容量为 298mA · h/g，循环 100 圈后降为 215mA · h/g。放电过程中容量的损失与镁离子在嵌入过程中电极材料的体积膨胀有关。加快镁离子在固相插层电极材料中的可逆脱嵌速率是提高镁离子电池容量保持率的一个有效方法。

到目前为止，Bi 因其与各种传统电解质具有良好的相容性和本质上不受动力学限制的优点，已成为研究最广泛的合金负极材料。制备不同的纳米结构材料是提高 Bi 负极性能最有效的策略之一，其结果表明 Bi 负极具有优异的综合性能，包括放电容量、库仑效率、循环稳定性和倍率性能。然而，Bi 负极的理论容量有限，单个 Bi 负极无法进一步满足镁离子电池性能提升的需要。因此，合理的双相电极设计、良好的多孔结构和适宜的合金成分有利于提高 Bi 基负极的电化学性能，从而进一步提高镁离子电池体系电化学性能。

4.3.2 Sn 基负极材料

Sn 是一种极具吸引力的候选合金负极材料，可以与 Mg 反应生成 Mg_2Sn 合金。与 Bi 相比，Sn 基负极具有更高的理论容量（903mA · h/g）和更低的反应电压（0.15V(vs. Mg^{2+}/Mg)），且充放电过程中的体积膨胀相对较小，与传统常规的电解质相容性良好。但在实际应用中，Sn 的容量和第一循环库仑效率远低于预测值，且容量衰减快，常温下难以合金化。为了克服这些局限性，需要进一步研究其反应机理，并合理设计 Sn 基电极材料。采用理论计算可以帮助研究 Mg 在 α-Sn 体中的结构、热力学和扩散行为，结果表明 α-Sn 表现出低晶格膨胀和扩散势垒。在一定的 Sn 掺杂浓度范围内，Mg 原子间的相互作用可以有效降低扩散势垒，从而提高 Mg 的扩散率。与 Bi 基电极优化一样，将 Sn 缩小为纳米颗粒是提高其动力学速率的有效方法之一。采用简单的机械球磨方法可以制备微米级块状 Mg_2Sn 负极材料。在传统镁盐电解质中，该负极展示出优异的电化学性能，这可能是由于颗粒粉碎增加了材料的表面积和离子扩散通道。然而，优化 Mg_2Sn 负极以实现正极和传统电解质相结合的高性能镁离子全电池仍然是一个挑战。

采用经济有效且简单的方法来合成用于高性能镁离子电池纳米结构 Sn 负极是未来发展趋势。通过在镁离子半电池中电化学还原块状 Mg_2Sn，成功合成了特征尺寸为 10 ~ 50nm 的纳米结构 Sn。分析表明，纳米结构 Sn 形成的主要原因是块状 Mg_2Sn 在脱镁化过程中产生的拉应力促进了合金材料的裂纹扩展。人们普遍认为，合理的界面设计对于促进离子输运性能至关重要，设计双相或多相合金为一种明智的策略。通过研究 β-SnSb 负极在（脱）镁化过程中形貌、晶体结构和局部成分的变化，发现在最初几次充放电循环中，由于 Mg^{2+} 占据了 Sn 晶格的位置，因此初始的 β-SnSb 可逆地转化为两种不同的相，即纯 Sn 和富 Sb 的多孔网络。电化学改性后，Sn 粒子表现出优良的 Mg^{2+} 嵌入/脱嵌的可逆性。大量的 Mg^{2+} 被困在富含 Sb 的域中，这对 β-SnSb 电极的可逆存储容量贡献不大，但 Sb 在 β-SnSb 体系中对形成分散良好且稳定的 Sn 纳米颗粒起着至关重要的作用。此外，Sn 纳米颗粒的大小对 Mg^{2+} 储存性能和结构稳定性有很大影响。Sn 负极的可逆镁存储和动力学性能对尺寸具有很强的依赖性，当 Sn 颗粒的特征尺寸超过 100nm 时，这些性能将受到慢速镁动力学的影响。大多数 Sn 基电极在早期循环中表现不佳，只有一小部分活性物质参与氧化还原反应，部分原因是其离子和电子电导率低，粒径相对较大，镁化动力学缓慢。经过多次充放电循环后，Sn 基电极的电化学性能有了明显的提高，这与活化过程中 Sn 的粉化和活性材料的充分参与有关。

4.3.3 Mg-Al-Zn 负极材料

Mg-Al-Zn 合金的几个典型代表分别是 AZ31（Mg-3% Al-1% Zn）、AZ61（Mg-6% Al-1% Zn）、AZ63（Mg-6% Al-3% Zn）、AZ91（Mg-9% Al-1% Zn）（质量分数）。这类合金的共同特点就是在含水电解液中具有很好的耐蚀性但放电效果不佳。因此，AZ 系列合金目前多用于长期、低能设备化学电源。在 Mg-Al-Zn 系列合金中，Al 在抑制镁电极自放电方面扮演着重要的角色，Zn 的存在可以改善镁电极的滞后行为。

有关 Al 元素改善镁合金滞后行为的报道很多。在 Mg-Al-Zn 系合金中，Al 主要有以下两种存在方式：镁矩阵固溶体和 β-$Mg_{17}Al_{12}$。研究发现第二相 β-$Mg_{17}Al_{12}$ 的存在对 AZ91D 的腐蚀行为有双重影响：当它的含量很高并且在镁矩阵中均匀分布时，β-$Mg_{17}Al_{12}$ 相充当腐蚀屏障抑制镁合金的腐蚀；当 β-$Mg_{17}Al_{12}$ 相含量很少并且分布不连续时会加速镁金属基底在含水电解液中的腐蚀。镁合金的腐蚀程度主要是由 Al 元素的含量及镁合金的微观结构所控制，镁基底的耐蚀性随着 Al 含量的增加而增加。

此外，压力会对 AZ31 和 AZ61 镁合金电化学特性有影响。在高压下两种电极的放电电位比在低压下负移了 20～30mV，与 AZ31 相比，AZ61 镁合金具有更负更稳定的放电电位，这一现象与电极表面腐蚀膜层的特性有关。对两个电极的放电产物进行对比发现，AZ31 镁合金的放电产物大多堆积在电极表面，所形成的钝化膜层非常致密，在电极表面的附着力也很强；AZ61 电极放电产物呈现灰白色，颗粒状的放电产物与电极之间的附着力不强，很容易在放电过程中从电极表面脱落。

4.3.4 Mg-Li 系列合金

与 Mg-Al-Zn 系列合金相比，Mg-Li 合金具有更高的放电活性。锂元素具有较高的反应活性和法拉第容量，它的加入可以明显地提高镁合金的放电活性和理论比容量。研究表明只有当 Li 的含量超过 5.7% 时，以 β 相为中心的立方结构才可以形成。此外，Li 的加入可以提高材料的塑性变形性，这对获得不同形状的镁合金是非常重要的。通过对比研究 Mg-Li、Mg-Li-Al、Mg-Li-Al-Ce 合金在含水电解液中的电化学行为，发现这类合金的放电产物在电极表面的吸附力不强，这也是 Mg-Li 系列合金具有高放电活性的原因。在上述测试体系中，三种镁合金的电流效率和放电活性顺序是：Mg-Li < Mg-Li-Al < Mg-Li-Al-Ce，极化电阻大小的顺序是：Mg-Li > Mg-Li-Al > Mg-Li-Al-Ce。综上所述，Mg-Li-Al-Ce 合金在测试体系中具有最高的负极效率和最短的活化时间。同时这一现象也表明在合金化的过程中，Al 和 Ce 的加入可以显著提高 Mg-Li 合金的放电活性。另外，通过对比 Mg-Li-Al-Ce-Zn 和 Mg-Li-Al-Ce-Zn-Mn 合金的电化学行为，发现 Mg-Li-Al-Ce-Zn-Mn 合金具有较好的放电特性（放电效率高达 80%）。这一优异的电化学特性与 Mg-Li-Al-Ce-Zn-Mn 合金疏松的表面膜层（在放电过程中很容易脱落）有关。与 Mg-Li-Al-Ce 相比，纯 Mg 和 Mg-Li-Al-Ce-Y 合金具有更高的耐蚀性，对上述三种材料的放电特性进行对比发现，Mg-Li-Al-Ce-Y 合金具有最高的放电活性。以 Mg、Mg-Li-Al-Ce、Mg-Li-Al-Ce-Y 分别作为电池负极所达到的最大能量密度分别是 83.4mW/cm^2、91.3mW/cm^2、110.0mW/cm^2。

4.3.5 其他系列合金

Mg-Al-Pb 系列合金最早是由英国镁电子公司制备出来的。与 Mg-Al-Tl 合金相比，Mg-Al-Pb 电极的放电活性略低，但是与 Mg-Al-Zn 相比，它的放电活性较高。具有代表性的 Mg-Al-Pb 合金是 AP65，它是一种常见的高能海水激活电池负极材料。在 AP65 合金中，Pb 的析氢过电位很高，会增大电极材料的放电效率。与 AZ31 和 AZ61 相比，AP65 合金在测试电解液中具有最大的腐蚀溶解速率和最小的电荷转移电阻。交换电流密度和双电层电容的大小顺序是：纯 Mg > AP65 > AZ61 > AZ31。实验结果表明，单独的 Al 和 Pb 都不会提高镁负极的电化学活性，但是当 Al 和 Pb 同时存在时会显著提高镁电极的放电活性，它们的活性机制是溶解—沉积。以上两种元素的协同效应是：放电过程中发生氧化反应形成的 Pb^{2+} 很容易以铅氧化物的形式覆盖在负极表面，游离的 Al^{3+} 发生沉积反应形成 $Al(OH)_3$ 沉淀，以上两个过程相互促进。此外，在沉积过程生成的产物会加快放电产物在电极表面的脱落过程，提高镁电极的放电活性。

苏联是最早研究 Mg-Hg 和 Mg-Hg-Ga 合金的国家。Hg 元素的析氢过电位很高，在提高电极放电效率方面起着重要的作用。汞有剧毒且对环境的危害很大，因此多采用同样具有高析氢过电位的 Ga 元素来部分代替 Hg。与其他镁合金相比，Mg-Hg 和 Mg-Hg-Ga 系列合金在含水电解液中具有较高的放电活性和较短的滞后时间。

Mg-Hg-Ga 合金中存在三种第二相，即 Mg_3Hg、Mg_5Ga_2、$Mg_{21}Ga_5Hg_3$。Mg_3Hg 相具有较大的体积，它的存在会明显地提高镁合金的放电活性，但同时会降低其耐蚀性。当放电电流密度为 $100mA/cm^2$ 时，含有 Mg_3Hg 相的镁合金具有较负的放电电位。$Mg_{21}Ga_5Hg_3$ 相的颗粒尺寸比较小，能够增强镁合金基底在测试电解液中的耐蚀性。当第二相沿着颗粒边界分布时，Mg-Hg-Ga 合金的耐蚀性会显著降低。当第二相的尺寸减小并且在镁矩阵中均匀分布时，镁合金在含水电解液中的耐蚀性和放电活性都会显著增强。Mg-Hg-Ga 合金的活化机制是溶解—沉积。Ga 元素的添加明显提高了腐蚀膜层的自修复能力，促进含镁化合物的形成从而提高放电活性。

Mg-Al-Tl 合金最早也是由英国镁电子公司合成出来的，该合金具有较高的放电活性，可以提高镁电池的输出电压。Tl 元素的析氢过电位很高，它的引入会明显地提高镁合金的放电效率。在放电过程中 Tl^{3+} 在镁电极表面发生还原反应，Tl 元素在镁电极表面的沉积会促进放电产物的脱落从而加快负极材料的活化进程。已经成功应用的 Mg-Al-Tl 合金有 AT61 和 AT75。与 AZ61 相比，AT61 合金具有较短的激活时间，更适合用作瞬时、高能化学电源的负极材料。与 Mg-Al-Zn 系列合金相比，Mg-Al-Tl 合金具有较好的放电行为。需要特别指出的是，Tl 有毒并会通过皮肤被身体所吸收，不利于人体健康。

4.4　插层材料

采用插层材料代替金属镁负极是解决高反应活性金属镁带来的可兼容电解液选择受限这一难题的一个很有应用价值的解决办法。插层负极材料的提出为镁离子电池在极性非质子溶剂中的应用提供了现实可能性。当前插层负极材料的研究主要面临以下挑战：二价镁离子在电极材料中的脱嵌速率极其缓慢；充放电过程中电极材料晶体结构发生改变。

采用石墨材料代替传统的锂金属负极是锂离子电池发展史上一个有意义的里程碑，这一发现大大促进了锂离子电池的商业化进程。同样地，科研工作者期望找到一种合适的插层材料代替传统金属镁负极实现镁离子电池放电性能质的飞跃。插层材料的独特之处就是为镁离子在传统镁离子盐（如 $Mg(TFSI)_2$）溶解在不同有机溶剂中的可逆脱嵌提供可能性。这一现象的原因至今还没有完全的确定，一个极有可能的推论是与镁离子在电极材料中的插入电势有关。这一发现对提高镁电池性能有着重大影响，但是在投入实际应用之前必须对插层材料的电化学特性作详细的评估。

2004 年以来，以石墨烯为代表的新型二维纳米材料引起了全球范围内的研究热潮，在光电子、生物、能源等领域展现出了巨大的应用潜力[80-81]。相比传统电极材料，二维材料有着良好的稳定性，在离子嵌入时形变很小，有利于离子的快速转移。石墨烯是碳的同素异形体之一，在可充电电池领域备受关注。石墨烯优异的导电性和稳定性使其成为极具吸引力的负极候选材料。在石墨烯结构中引入缺陷被发现是增加锂离子电池电荷转移这一问题的有效解决方案。受此鼓舞，使用第一性原理计算了 Mg 在缺陷石墨烯和石墨烯同素异形体上的吸附能。对开路电压（OCV）和电荷转移的计算表明，引入缺陷的类型和浓度对材料的性能有很大的影响。较低的缺陷浓度不利于 Mg 在所有可能位点上的吸附。相比之下，两个同素异形体的开路电压均为正值，证明 Mg 的嵌入是可行的。当缺陷浓度增加到 100% 时，开路电压约为 1.6V。该值随 Mg 浓度的增加而降低，在 65% Mg 浓度时达到 0V，对应的最大容量为 960mA · h/g。偏位缺陷也表现出类似的趋势。当缺陷浓度为 25% 时，最大值为 1042mA · h/g。具有固定缺陷浓度的环状和八角形石墨烯同素异形体可分别实现 335mA · h/g 和 710mA · h/g 的镁存储容量。进一步的 Mg 迁移计算表明，2% 的偏位缺陷石墨烯具有较小的扩散势垒，有利于速率性能的提高。这种优异的性能和良好的稳定性表明，碳基二维材料在镁离子电池领域具有巨大的潜力。

过渡金属硫族化物因其层与层之间较弱的范德华作用力可以将其剥离成二维层状纳米材料，且该材料具备类石墨烯的物理化学性质而被誉为“无机石墨烯”。在其单层内，金属原子与硫族原子以共价键结合，层与层之间靠弱的范德华力沿 z 轴方向堆积成体相材料。强的层内作用力和弱的层间作用力导致其具有高度的各向异性，同时很容易被剥离成单层纳米片结构。当它被剥离成单层的二维纳米片后，由于电荷的二维限域效应，除了保持原有优异的光学、电学及力学性能之外，还表现出了一些独特的性能，如大的比表面积、特殊的电子结构和高的反应活性，以及比金属氧化物具有更高的热稳定性和有助于高比容量的富氧化还原反应，这使得它们作为储能器件的电化学活性材料从其他材料中脱颖而出[82-83]。此外，超薄的过渡金属硫族化物纳米片还可以自组装成各种三维网络结构，更有利于电子和离子的传输，从而大大提高了该活性材料在电化学反应中的有效利用率。另外，相比于石墨烯的全碳元素组成及无带隙的电子结构特点，过渡金属硫族化物则具有更为丰富的元素组成，并且随着金属元素的改变，它们表现出了多种多样的电子结构特点，这些特征为进一步调控它们的本征物性提供了条件，为获得高性能材料提供了一个丰富的平台，也为高性能能量存储材料的设计与性能优化提供了便利。尽管关于过渡金属硫族化物的研究已有多年，但最近几年关于其二维（2D）纳米材料的制备与表征、基于其储能器件的制备与性质研究已充分说明过渡金属硫族化物纳米材料在能源领域中具有潜在的应用价值。近年来，作者课题组在二维过渡金属硫族化物纳米材料的制备及应用方面开展了一些探索性的研究，如采用水热法成功合成了二维的过渡金属硫族化物纳米片，如图 4-3 ~ 图 4-6 所示，这些材料均体现出了大的比表面积和优良的电化学性能。

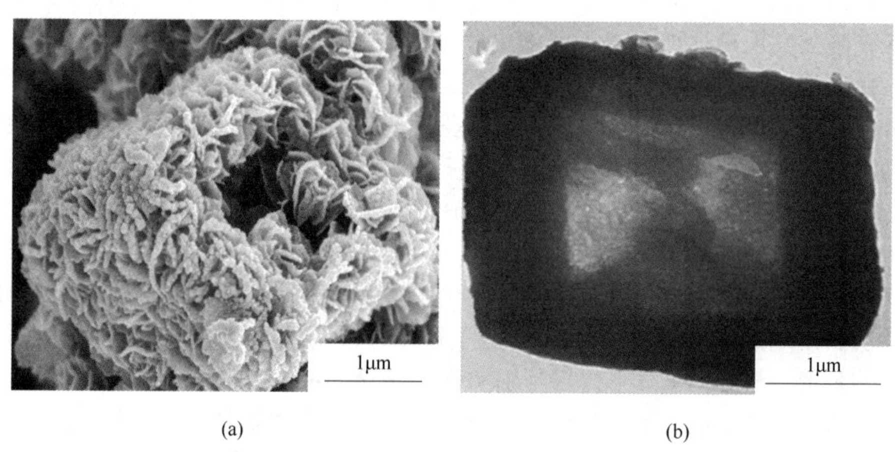

图 4-3　中空 MoS_2 纳米箱的形貌图

（a）扫描电镜图；（b）透射电镜图

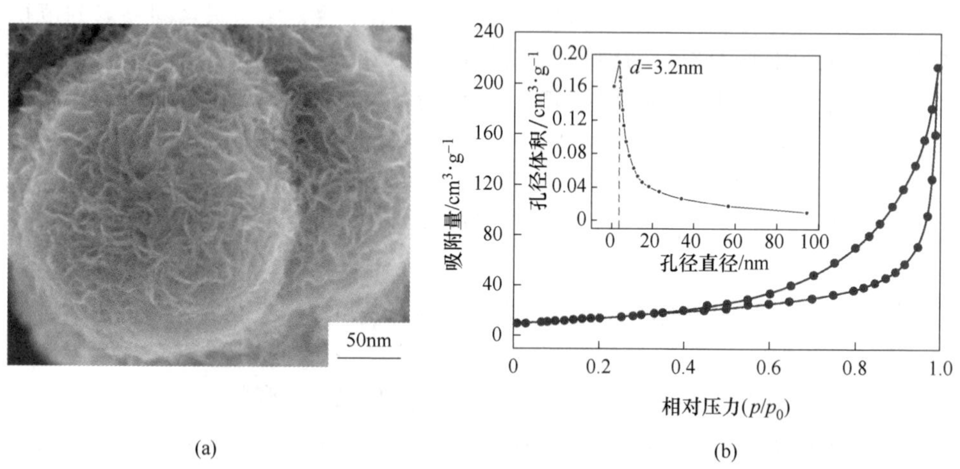

图 4-4　中空 MoS_2 纳米球的表征图

（a）扫描电镜图；（b）比表面积图

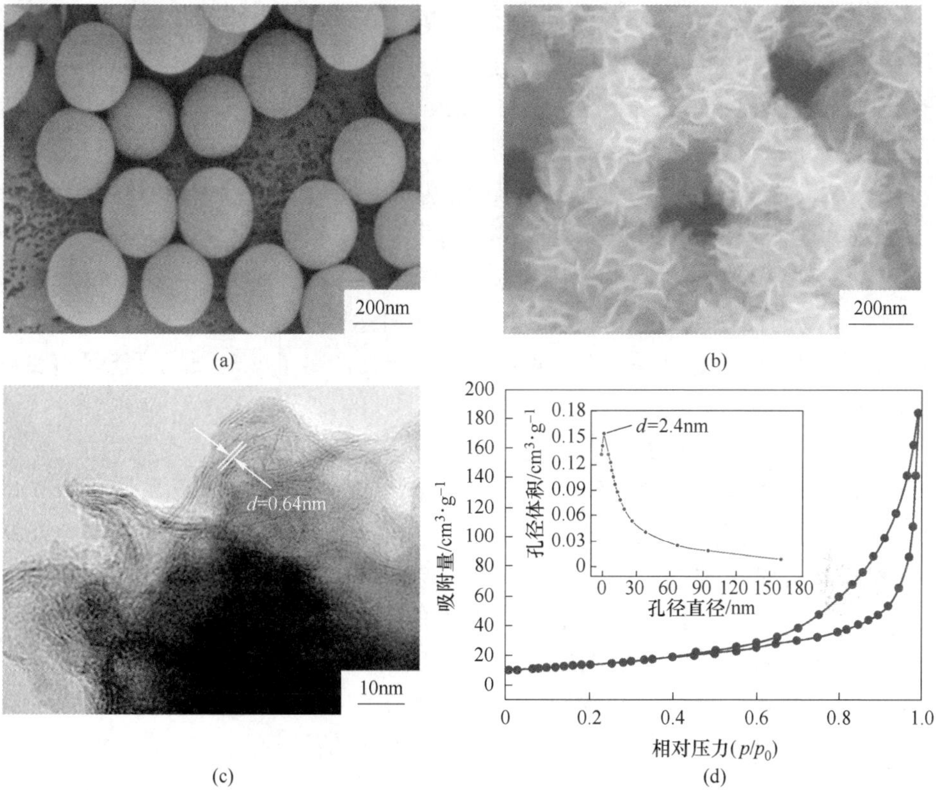
200nm
(a)
200nm
(b)
d=0.64nm
10nm
(c)
d=2.4nm
孔径体积/cm³·g⁻¹
孔径直径/nm
吸附量/cm³·g⁻¹
相对压力(p/p0)
(d)

图 4-5 中空 $MoSe_2$ 纳米球的表征图

(a) 低倍率扫描电镜图；(b) 高倍率扫描电镜图；(c) 透射电镜图；(d) 比表面积图

1μm
(a)
1μm
(b)
1μm
(c)
1μm
(d)
1μm
(e)
500nm
(f)
500nm
(g)
100nm
(h)

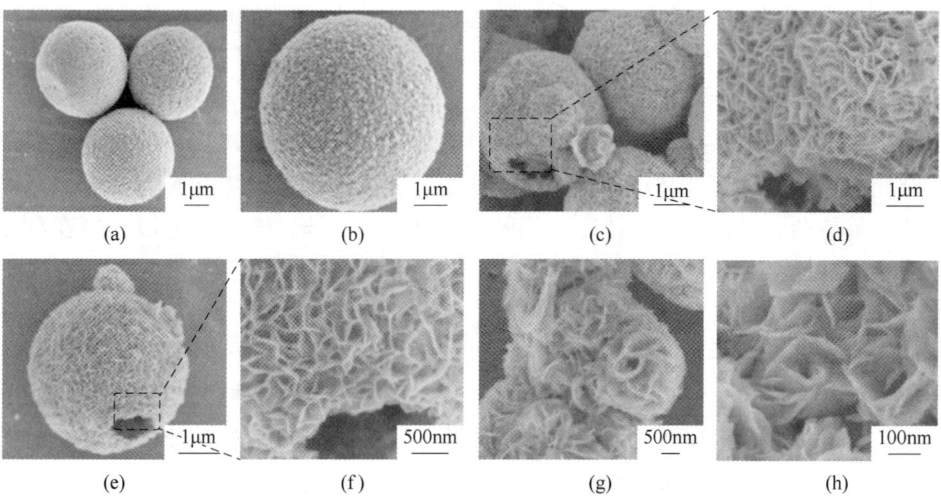

图 4-6 中空 MoS_2@ MnS 纳米球的表征图

(a)～(d) 低倍率扫描电镜图；(e)～(h) 高倍率扫描电镜图

使用第一性原理计算研究了使用二维 WS_2 单分子层作为镁离子电池负极材料的可能性。金属 Mg 原子在 WS_2 单分子层上的吸附能均为负，说明金属 Mg 原子可以吸附在 WS_2 单分子层上。此外，加入 Mg 后，Mg@ WS_2 体系表现出金属性能，提高了电极材料的导电性。计算得到的 Mg 的扩散势垒非常小，可以显著促进 Mg 在 WS_2 单分子层上的扩散，从而提高充电速率。WS_2 单分子层上掺杂 Mg 原子的浓度对材料的开路电压有显著影响。不同 Mg 浓度下的平均开路电压低至 0.85V，表明 WS_2 单层材料适合作为镁离子电池的负极材料。当吸附 Mg 原子数是 W 原子数的两倍时，开路电压和比容量均达到最大值，分别为 1.50V 和 360.78mA · h/g。上述结果表明，WS_2 单分子层在镁离子电池领域可能具有良好的实用价值。

近年来，有许多方法被用于进一步改善二维过渡金属二硫化物的性能。中空结构材料以其大比表面积、多活性位点及密度低等特点，在催化、光电子器件、能量存储与转化及环境污染治理等领域有重要的应用价值。中空结构材料被认为是一种在能源存储与转换系统应用中很有前途的候选材料。其独特的结构增大了活性材料与电解质溶液的活性接触面积并且降低了电解质离子在活性材料体系中的传输路径，极大地提高材料的性能[84-90]。由于它们具有的特殊性质，科学研究者们一直致力于中空结构的合理设计与良好形态的制定。中空材料的制备方法主要为模板法，包括硬模板法、软模板法和牺牲模板法。采用硬模板制备材料就是在模板表面覆盖一层均匀的前驱物和随后的选择性地移除模板。软模板方法就是在水热反应条件下加入表面活性剂或引入气泡来获得中空材料。牺牲模板包括利用模板合成材料，然后通过煅烧或刻蚀的方法除去模板和模板在合成过程中自身能组成材料的结构的自牺牲模板，其原理基于柯肯达尔效应。利用模板法，已有报道成功合成了过渡金属硫化物的中空结构。

杂原子掺杂也是提高材料性能的一种有效方式，从理论与实验的角度都已证实杂原子掺杂的优越性和可行性。目前研究比较多的杂原子掺杂改性一般包括硼掺杂、氮掺杂、氧掺杂、磷掺杂、氮磷共掺杂等，有研究表明，电极材料在杂原子掺杂后性能会有比较大的改善，比如掺杂可以改变漂移扩散和复合等电流情况，控制载流子数量，从而提高导电率；掺杂可以改变晶格，增加位错，使之离子通道变大，增强导电能力，提高导电性；掺杂到材料表面的杂原子官能团能够影响材料的表面化学性质和材料的物理性质。另外，杂原子掺杂会改变材料的电子结构，增加电容效应。除了单个杂原子掺杂，还可进行多种杂原子掺杂。在同一种非金属材料中掺杂多种杂原子，不同种类杂原子之间存在协同效应，使双掺杂或者多掺杂材料比单掺杂具有更好的电化学性能。目前，报道的双掺杂元素主要为 N 和 P、N 和 S、N 和 B、N 和 I、P 和 B 等，三掺杂元素主要有 B、P 和 N

及 S、P 和 N。

为了弥补各种单金属化合物性能的不足，同时充分利用各种金属原子电化学性能的优点，目前部分研究中利用多元金属形成化合物用作活性材料。将多元成分进行化合可以调控电极材料的电化学活性、稳定性等，实现成分间的协同效应，这为开发新型高性能电极材料提供了一种快捷有效的方法。过渡金属原子掺杂或自掺杂可以实现对二维过渡金属硫族化物纳米材料电子结构的连续调控。掺杂后，可以将掺杂原子价带上的电子注入到被掺杂的材料中，这对能带的态密度有很大影响，当费米能级附近的态密度增加时，被掺杂材料的导电性将会显著提高。

综上所述，基于第一性原理方法，某些二维材料，如缺陷石墨烯、过渡金属硫化物，已显示出作为镁离子电池负极的潜在应用价值。然而，目前二维材料的生产方法往往是复杂的、昂贵的、有毒的，只能在小规模的实验中实现。精确控制二维纳米薄片的尺寸和厚度的问题仍然没有解决。因此，二维材料在镁离子电池负极中的实际应用仍面临诸多障碍。

第一，新型负极材料的质量及体积容量远不如镁电极高；第二，镁离子在新型材料中的脱嵌过程十分缓慢，并且与之相关的机理研究非常少；第三，电池的电化学性能与电极、电解液界面膜层的性质有关。这些因素影响镁离子在反应过程中的脱嵌过程，阻碍镁离子电池的发展。关于如何提高锂离子电池放电容量和倍率性能的文献有很多，多种材料已经满足商业化生产要求。锂离子电池的电极材料可能也会适用于镁电池体系，这为我们后续镁电池的研究提供了很好的借鉴作用。镁离子电池的性能与电极表面钝化膜的特性直接相关，未来对镁离子电池的研究主要集中在钝化膜的设计上。在锂离子电池的相关研究中了解到，钝化膜界面膜层的存在会抑制电解液的分解直接影响电池的使用寿命。

本章简述了金属及其合金及二维材料等新型镁离子电池负极材料的研究进展。合金基材料是目前研究最多的新型镁负极材料，尤其是 Bi 基和 Sn 基负极材料。它们能与 Mg 反应形成不同的 Mg-金属合金相，因而具有较高的容量。然而，在循环过程中，它们经常发生巨大的体积变化并伴随着快速容量衰退。因此，各种策略如制备纳米材料和异质结构材料，正在被设计用来克服这些缺陷。二维材料因其独特的层状结构和较大的空隙空间而具有良好的性能，所以在钠离子和锂离子电池中利用其作为负极材料的研究取得了迅速的进展。因此，许多研究人员也开始从理论上研究在镁离子电池中使用它们作为负极的可能性。二维材料具有较好的理论性能，然而，它们在镁离子中的应用仍处于理论研究阶段，需要通过实验研究进一步论证。理想的负极材料应满足高容量、高库仑效率、优良的倍率性能和稳定的循环性能等条件。未来还需要开发更多有潜力的负极材料，合金基负极材料仍将是重点关注的领域。

参考文献

[1] GE P, LI S, XU L, et al. Hierarchical hollow-microsphere metal-selenide@ carbon composites with rational surface engineering for advanced sodium storage [J]. Adv. Energy Mater., 2019, 9 (1): 1803035-1803047.

[2] GE P, CAO X, HOU H, et al. Rodlike Sb_2Se_3 wrapped with carbon: The exploring of electrochemical properties in sodium-ion batteries [J]. ACS Appl. Mater. Inter., 2017, 9 (40): 34979-34989.

[3] ZHU L, YANG X X, XIANG Y H, et al. Neurons-system-like structured SnS_2/CNTs composite for high-performance sodium-ion battery anode [J]. Rare Metals, 2021, 6: 1383-1390.

[4] KUO Y M, HUANG K L, WANG J W, et al. An alternative approach to reclaim spent nickel-metal hydride batteries [J]. Environ. Prog. Sustain., 2020, 39: 13433.

[5] ZIELINSKI M, CASSAYRE L, DESTRAC P, et al. Leaching mechanisms of industrial powders of spent nickel metal hydride batteries in a pilot-scale reactor [J]. Chemsuschem., 2020, 13 (3): 616-628.

[6] SILVESTRI L, FORCINA A, ARCESE G, et al. Recycling technologies of nickel-metal hydride batteries: An LCA based analysis [J]. J. Clean Prod., 2020, 273: 123083.

[7] GAO Y P, ZHAI Z B, WANG Q Q, et al. Cycling profile of layered $MgAl_2O_4$/reduced graphene oxide composite for asymmetrical supercapacitor [J]. J. Colloid Interf Sci., 2019, 539: 38-44.

[8] YU Y, MAO J, CHEN X. Comparative analysis of internal and external characteristics of lead-acid battery and lithium-ion battery systems based on composite flow analysis [J]. Sci. Total Environ., 2020, 746: 140763-140772.

[9] GAO Y P, HUANG K J, ZHANG C X, et al. High-performance symmetric supercapacitor based on flower-like zinc molybdate [J]. J. Alloy Compd., 2018, 731: 1151-1158.

[10] ZHU L, WANG Z, WANG L, et al. ZnSe embedded in N-doped carbon nanocubes as anode materials for high-performance Li-ion batteries [J]. Chem. Eng. J., 2019, 364: 503-513.

[11] WANG Z, CAO X, GE P, et al. Hollow-sphere ZnSe wrapped around carbon particles as a cycle-stable and high-rate anode material for reversible Li-ion batteries [J]. New J. Chem., 2017, 41(14): 6693-6699.

[12] ZHAO X, ZHAO Z, MIAO Y. Chloride ion-doped polypyrrole nanocomposite as cathode material for rechargeable magnesium battery [J]. Mater. Res. Bull., 2018, 101: 1-5.

[13] YAGI S, ICHITSUBO T, SHIRAI Y, et al. A concept of dual-salt polyvalent-metal storage battery [J]. J. Mater. Chem. A., 2014, 2(4): 1144-1149.

[14] LIU H Q, HE Y N, GAO Z, et al. Self-induced matrix with Li-ion storage activity in ultrathin $CuMnO_2$ nanosheets electrode [J]. J. Colloid Interf. Sci., 2022, 606: 1101-1110.

[15] GREGORY T D, HOFFMAN R J, WINTERTON R C. Nonaqueous electrochemistry of magnesium: Applications to energy storage [J]. J. Electrochem. Soc., 1990, 137(3): 775.

[16] WANG F, GUO Y, YANG J, et al. A novel electrolyte system without a Grignard reagent for rechargeable magnesium batteries [J]. Chem. Commun., 2012, 48(87): 10763-10765.

[17] IKHE A B, HAN S C, PRABAKAR S J R, et al. $3Mg/Mg_2Sn$ anodes with unprecedented electrochemical performance towards viable magnesium-ion batteries [J]. J. Mater. Chem. A, 2020, 8(28): 14277-14286.

[18] LADHA D G. A review on density functional theory-based study on two-dimensional materials used in batteries [J]. Mater. Today Chem., 2019, 11: 94-111.

[19] WANG F, FAN X, GAO T, et al. High-voltage aqueous magnesium ion batteries [J]. ACS Central Sci., 2017, 3(10): 1121-1128.

[20] ASIF M, RASHAD M, ALI Z, et al. Synthesis of ternary metal oxides as positive electrodes for Mg-Li hybrid ion batteries [J]. Nanoscale, 2020, 12(2): 924-932.

[21] MACLAUGHLIN C M. Status and outlook for magnesium battery technologies: A conversation with stan Whittingham and Sarbajit Banerjee [J]. ACS Energy Lett., 2019, 4(2): 572-575.

[22] CHRITINA M M. Status and outlook for magnesium battery technologies: A conversation with stan whittingham and sarbajit banerjee [J]. ACS Energy Lett., 2019, 4(2): 572-575.

[23] FAN H Y, ZHENG Z Z, ZHAO L J, et al. Extending cycle life of Mg/S battery by activation of Mg anode/electrolyte interface through an LiCl-assisted $MgCl_2$ solubilization mechanism [J]. Advanced Functional Materials, 2020, 26: 1909370.

[24] DEIVANAYAGAM R, INGRAM B J, SHAHBAZIAN-YASSAR R. Progress in development of electrolytes for magnesium batteries [J]. Energy Storage Mater., 2019, 21: 136-153.

[25] LEVI E, GOFER Y, AURBACH D. On the way to rechargeable Mg batteries: The challenge of new cathode materials [J]. Chem. Mater., 2010, 22(3): 860-868.

[26] GUO Q, ZENG W, LIU S L, et al. Recent developments on anode materials for magnesium-ion batteries: A review [J]. Rare Metals, 2021, 40(2): 290-308.

[27] TANG M, LI H, WANG E, et al. Carbonyl polymeric electrode materials for metal-ion batteries [J]. Chinese Chem. Lett., 2018, 29(2): 232-244.

[28] DESILVESTRO J, HAAS O. Metal oxide cathode materials for electrochemical energy storage: A review [J]. J. Electrochem. Soc., 1990, 137(1): 5C.

[29] YUAN H, JIAO L, CAO J, et al. Development of magnesium-insertion positive electrode for rechargeable magnesium batteries [J]. J. Mater. Sci. Technol., 2004, 20(1): 41-45.

[30] WANG R, CHUNG C C, LIU Y, et al. Electrochemical intercalation of Mg^{2+} into anhydrous and hydrated crystalline tungsten oxides [J]. Langmuir, 2017, 33(37): 9314-9323.

[31] SPAHR M E, NOVAK P, HAAS O, et al. Electrochemical insertion of lithium, sodium, and magnesium in molybdenum (Ⅵ) oxide [J]. J. Power Sources, 1995, 54(2): 346-351.

[32] NOVAK P, DESILVESTRO J. Electrochemical insertion of magnesium in metal oxides and sulfides from aprotic electrolytes [J]. J. Electrochem. Soc., 1993, 140(1): 140.

[33] YU W, WANG D, ZHU B, et al. Insertion of bi-valence cations Mg^{2+} and Zn^{2+} into V_2O_5 [J]. Solid State Commun., 1987, 61(5): 271-273.

[34] GERSHINSKY G, YOO H D, GOFER Y, et al. Electrochemical and spectroscopic analysis of Mg^{2+} intercalation into thin film electrodes of layered oxides: V_2O_5 and MoO_3 [J]. Langmuir, 2013, 29(34): 10964-10972.

[35] ZHOU B, SHI H, CAO R, et al. Theoretical study on the initial stage of a magnesium battery based on a V_2O_5 cathode [J]. Phys. Chem. Chem. Phys., 2014, 16(34): 18578-18585.

[36] PARIJA A, LIANG Y, ANDREWS J L, et al. Topochemically de-intercalated phases of V_2O_5 as cathode materials for multivalent intercalation batteries: A first-principles evaluation [J]. Chem. Mater., 2016, 28(16): 5611-5620.

[37] SAI GAUTAM G, CANEPA P, ABDELLAHI A, et al. The intercalation phase diagram of Mg in V_2O_5 from first-principles [J]. Chem. Mater., 2015, 27(10): 3733-3742.

[38] AMATUCCI G G, BADWAY F, SINGHAL A, et al. Investigation of yttrium and polyvalent ion intercalation into nanocrystalline vanadium oxide [J]. J. Electrochem. Soc., 2001, 148(8): A940.

[39] JIAO L, YUAN H, SI Y, et al. Electrochemical insertion of magnesium in open-ended vanadium oxide nanotubes [J]. J. Power Sources, 2006, 156(2): 673-676.

[40] JIAO L, YUAN H, WANG Y, et al. Mg intercalation properties into open-ended vanadium oxide nanotubes [J]. Electrochem. Commun., 2005, 7(4): 431-436.

[41] JIAO L F, YUAN H T, SI Y C, et al. Synthesis of Cu0. 1-doped vanadium oxide nanotubes and their application as cathode materials for rechargeable magnesium batteries [J]. Electrochem. Commun., 2006, 8(6): 1041-1044.

[42] IMAMURA D, MIYAYAMA M. Characterization of magnesium-intercalated V_2O_5/carbon composites [J]. Solid State Ionics, 2003, 161(1/2): 173-180.

[43] IMAMURA D, MIYAYAMA M, HIBINO M, et al. Mg intercalation properties into V_2O_5 gel/carbon composites under high-rate condition [J]. J. Electrochem. Soc., 2003, 150(6): A753.

[44] SAI GAUTAM G, CANEPA P, RICHARDS W D, et al. Role of structural H_2O in intercalation electrodes: The case of Mg in nanocrystalline xerogel-V_2O_5 [J]. Nano Lett., 2016, 16(4): 2426-2431.

[45] SA N, KINNIBRUGH T L, WANG H, et al. Structural evolution of reversible Mg insertion into a bilayer structure of $V_2O_5 \cdot nH_2O$ xerogel material [J]. Chem. Mater., 2016, 28(9): 2962-2969.

[46] PETKOVV, TRIKALITIS P N, BOZIN E S, et al. Structure of $V_2O_5 \cdot nH_2O$ xerogel solved by the atomic pair distribution function technique [J]. J. Am. Chem. Soc., 2002, 124(34): 10157-10162.

[47] DELMAS C, COGNAC-AURADOU H, COCCIANTELLI J M, et al. The $Li_xV_2O_5$ system: An overview of the structure modifications induced by the lithium intercalation [J]. Solid State Ionics, 1994, 69(3/4): 257-264.

[48] YAO T, OKA Y, YAMAMOTO N, et al. Layered structures of vanadium pentoxide gels [J]. Mater. Res. Bull., 1992, 27(6): 669-675.

[49] TEPAVCEVIC S, XIONG H, STAMENKOVICV R, et al. Nanostructured bilayered vanadium oxide electrodes for rechargeable sodium-ion batteries [J]. ACS Nano, 2012, 6(1): 530-538.

[50] BACHHAV, NELSON E, CROWE A, et al. On growth and chemistry of electrodeposited Mg

layers with electrolytes having varying Cl content for battery application [J]. Microscopy and Microanalysis, 2016, 22: 1302-1303.

[51] OKOSHI M, YAMADA Y, YAMADA A, et al. Theoretical analysis on de-solvation of lithium, sodium, and magnesium cations to organic electrolyte solvents [J]. J. Electrochem Soc., 2013, 160(11): A2160.

[52] BERVAS M, KLEIN L C, AMATUCCI G G. Vanadium oxide-propylene carbonate composite as a host for the intercalation of polyvalent cations [J]. Solid State Ionics, 2005, 176(37/38): 2735-2747.

[53] TANG P E, SAKAMOTO J S, BAUDRIN E, et al. V_2O_5 aerogel as a versatile host for metal ions [J]. J. Non-Cryst Solids, 2004, 350: 67-72.

[54] KANNAN M B, RAMAN R K S. In vitro degradation and mechanical integrity of calcium-containing magnesium alloys in modified-simulated body fluid [J]. Biomaterials, 2008, 29 (15): 2306-2314.

[55] LEE S H, DILEO R A, MARSCHILOK A C, et al. Sol gel based synthesis and electrochemistry of magnesium vanadium oxide: A promising cathode material for secondary magnesium ion batteries [J]. Ecs Electrochemistry Letters, 2014, 3(8): A87.

[56] TANG P E, SAKAMOTO J S, BAUDRIN E, et al. V_2O_5 aerogel as a versatile host for metal ions [J]. J. Non-Cryst Solids, 2004, 350: 67-72.

[57] PARK O K, CHO Y, LEE S, et al. Who will drive electric vehicles, olivine or spinel? [J]. Energ. Environ. Sci., 2011, 4(5): 1621.

[58] YUASA M, HUANG X, SUZUKI K, et al. Discharge properties of Mg-Al-Mn-Ca and Mg-Al-Mn alloys as anode materials for primary magnesium-air batteries [J]. J. Power Sources., 2015, 297: 449-456.

[59] YANG Y Y, WANG W Q, NULI Y N, et al. High active magnesium trifluoromethanesulfonate-based electrolytes for magnesium-sulfur batteries [J]. ACS Applied Materials Interfaces, 2019, 11(9): 9062-9072.

[60] CHENG F, CHEN J. Metal-air batteries: From oxygen reduction electrochemistry to cathode catalysts [J]. Chem. Soc. Rev., 2012, 41(6): 2172-2192.

[61] RASUL S, SUZUKI S, YAMAGUCHI S, et al. High capacity positive electrodes for secondary Mg-ion batteries [J]. Electrochimica Acta, 2012, 82: 243-249.

[62] HUIE M M, BOCK D C, TAKEUCHI E S, et al. Cathode materials for magnesium and magnesium-ion based batteries [J]. Coordin. Chem. Rev., 2015, 287: 15-27.

[63] LIU M, RONG Z, MALIK R, et al. Spinel compounds as multivalent battery cathodes: A systematic evaluation based on *ab initio* calculations [J]. Energ. Environ. Sci., 2015, 8(3): 964-974.

[64] FENG Z, CHEN X, QIAO L, et al. Phase-controlled electrochemical activity of epitaxial Mg-spinel thin films [J]. ACS Appl. Mater. Inter., 2015, 7(51): 28438-28443.

[65] KIM C, PHILLIPS P J, KEY B, et al. Direct observation of reversible magnesium ion intercalation into a spinel oxide host [J]. Adv. Mater., 2015, 27(22): 3377-3384.

[66] CABELLO M, ALCANTARA R, NACIMIENTO F, et al. Tirado, direct observation of reversible magnesium ion intercalation into a spinel oxide host [J]. Cryst. Eng. Comm., 2015, 17: 8728-87.

[67] YUAN C, ZHANG Y, PAN Y, et al. Investigation of the intercalation of polyvalent cations (Mg^{2+}, Zn^{2+}) into λ-MnO_2 for rechargeable aqueous battery [J]. Electrochimica Acta, 2014, 116: 404-412.

[68] LING C, MIZUNO F. Phase stability of post-spinel compound AMn_2O_4 (A = Li, Na, or Mg) and its application as a rechargeable battery cathode [J]. Chem. Mater., 2013, 25(15): 3062-3071.

[69] SON S B, GAO T, HARVEY S P. An artificial interphase enables reversible magnesium chemistry in carbonate electrolytes [J]. Nat. Chem., 2018: 532-539.

[70] VASUDEVAN V, WANG M C, YUWONO J A, et al. Ion agglomeration and transport in $MgCl_2$-based electrolytes for rechargeable magnesium batteries electrochemical insertion of lithium, sodium, and magnesium in molybdenum (Ⅵ) oxide [J]. J. Power Sources., 1995, 54(2): 346-351.

[71] GERSHINSKY G, YOO H D, GOFER Y. Electrochemical and spectroscopic analysis of Mg^{2+} intercalation into thin film electrodes of layered oxides: V_2O_5 and MoO_3 [J]. Langmuir, 2013, 29(34): 10964-10972.

[72] NOVÁK P, IMHOF R, HAAS O. Magnesium insertion electrodes for rechargeable nonaqueous batteries-a competitive alternative to lithium? [J]. Electrochimica Acta, 1999, 45(1/2): 351-367.

[73] ARTHUR T S, SINGH N, MATSUI M. Electrodeposited Bi, Sb and $Bi_{1-x}Sb_x$ alloys as anodes for Mg-ion batteries [J]. Electrochem. Commun., 2012, 16(1): 103.

[74] LI W, CHENG F, TAO Z, et al. Vapor-transportation preparation and reversible lithium intercalation/deintercalation of α-MoO_3 microrods [J]. J. Phys. Chem. B, 2006, 110(1): 119-124.

[75] SWIATOWSKA-MROWIECKA J, DE DIESBACH S, MAURICEV, et al. Li-ion intercalation in thermal oxide thin films of MoO_3 as studied by XPS, RBS, and NRA [J]. J. Phys. Chem. C, 2008, 112(29): 11050-11058.

[76] SIAN T S, REDDY G B. Infrared spectroscopic studies on Mg intercalated crystalline MoO_3 thin films [J]. Applied Surface Science, 2004, 236(1/2/3/4): 1-5.

[77] WAN L F, INCORVATI J T, POEPPELMEIER K R, et al. Building a fast lane for Mg diffusion in α-MoO_3 by fluorine doping [J]. Chem. Mater., 2016, 28(19): 6900-6908.

[78] KRAVCHYK K V, PIVETEAU L, CAPUTO R, et al. Colloidal bismuth nanocrystals as a model anode material for rechargeable Mg-ion batteries: Atomistic and mesoscale insights [J]. ACS Nano, 2018, 12(8): 8297.

[79] PENKI T R, VALUROUTHU G, SHIVAKUMARA S, et al. In situ synthesis of bismuth(Bi)/reduced graphene oxide (RGO) nanocomposites as high-capacity anode materials for a Mg-ion battery [J]. New J. Chem., 2018, 42(8): 5996.

[80] SIAN T S, REDDY G B, SHIVAPRASAD S M. Effect of microstructure and stoichiometry on absorption in Mg intercalated MoO_3 thin films [J]. Electrochemica Solid ST., 2006, 9(3): A120.

[81] SIAN T S, REDDY G B, SHIVAPRASAD S M. Study of Mg ion intercalation in polycrystalline MoO_3 thin films [J]. Jpn. J. Appl. Phys., 2004, 43(9R): 6248.

[82] PAN M, ZOU J, LAINE R, et al. Using CoS cathode materials with 3D hierarchical porosity and an ionic liquid (IL) as an electrolyte additive for high capacity rechargeable magnesium batteries [J]. J. Mater. Chem. A., 2019, 7: 18880-18888.

[83] ZHANG Y, LI X, SHEN J, et al. Rechargeable Mg batteries based on a Ag_2S conversion cathode with fast solid-state Mg^{2+} diffusion kinetics [J]. Dalton Trans., 2019, 48: 14390-14397.

[84] CHEN Z, ZHANG Z, DU A, et al. Fast magnesiation kinetics in α-Ag_2S nanostructures enabled by an in situ generated silver matrix [J]. Chem. Commun., 2019, 55: 4431-4434.

[85] LIANG K, MARCUS K, GUO L, et al. A freestanding NiS_x porous film as a binder-free electrode for Mg-ion batteries [J]. Chem. Commun., 2017, 53: 7608-7611.

[86] CHEN D, ZHANG Y, SHEN J, et al. Facile synthesis and electrochemical Mg-storage performance of Sb_2Se_3 nanowires and Bi_2Se_3 nanosheets [J]. Dalton Trans., 2019, 48: 17516-17523.

[87] BAO S J, LI C M, GUO C X, et al. Biomolecule-assisted synthesis of cobalt sulfide nanowires for application in supercapacitors [J]. J. Power Sources, 2008, 180: 676-681.

[88] ZENG J, CAO Z L, YANG Y, et al. A long cycle-life Na-Mg hybrid battery with a chlorine-free electrolyte based on $Mg(TFSI)_2$[J]. Electrochimica Acta, 2018, 284: 1-9.

[89] HUIE M M, BOCK D C, TAKEUCHI E S, et al. Cathode materials for magnesium and magnesium-ion based batteries [J]. Coordin. Chem. Rev., 2015, 287: 15-27.

[90] HE D, WU D, GAO J, et al. Flower-like CoS with nanostructures as a new cathode-active material for rechargeable magnesium batteries [J]. J. Power Sources, 2015, 294: 643-649.

5 展　　望

21 世纪的曙光见证了锂离子电池的巨大成功，它已广泛用于便携式设备、电动工具和电动汽车等领域，为我们日常生活提供很大便利[1-5]。随着锂离子电池的开发接近极限，为了满足日益增长的能源存储需求，开发新技术是必不可少的。尽管锂离子电池几个关键性能指标，包括能量密度、功率密度和循环稳定性继续在许多应用中占据主导地位，但我们相信其他化学能源将在某些性能指标变得更具竞争力。可充电镁离子电池，结合了金属镁的高容量和无枝晶产生带来的安全效益相结合，具有极大的研究价值[6-10]。

另外，镁金属负极在与液态电解质接触时的钝化、低溶解度和缓慢的镁沉积动力学也会严重阻碍镁可充电电池的开发和实际应用，这就需要设计新的镁盐电解液体系。研究发现溶剂的性能和种类、还原稳定性及与非贵金属的相容性会在一定程度上影响有机电解质的离子电导率[11-18]。高电荷密度和固有的缓慢扩散极大地限制了固态电解质的发展。到目前为止，主要有两种设计液态电解质的方法。首先是在格氏试剂中寻找合适的路易斯酸和路易斯碱，这种试剂可以精确地识别出导电的阳离子种类，以寻找具有腐蚀性和可燃性的路易斯酸的替代品，同时保持其高氧化稳定性。其次是提高电解液的电负性，避免镁负极表面的钝化。目前，开发有利于 Mg^{2+} 迁移的新型固态材料是解决固态镁电解质的离子电导率问题和提高其电压稳定性的有效途径。此外，集流体种类对电解质性能也有很大的影响，尤其是电化学窗口和库仑效率[19-24]。到目前为止，许多化学计量计算方法，如量子化学计算、密度泛函理论（DFT）计算、第一原则等，也为寻找镁电池在商业应用中真正实用的电解质提供了理论基础。

未来可充电镁电池用电解质的发展方向是与电极兼容特别是与正极材料兼容[25-28]。在不发生钝化反应的前提下，电解质在环境气氛中可以保持稳定且具有可逆的沉积—溶解过程[29-31]。另外还需要保证镁负极和正极能稳定存在于复杂的环境中，具有良好的电化学性能[32-37]。最后，还需要集流体不再被腐蚀。电解质的发展将推动大规模可充镁离子电池向实际商业化生产方向发展，以满足人们日益增长的需求。

相比于电解液改进，正极材料改性对提升镁离子电池性能效果显著[38-40]。当前镁离子电池正极材料中插层化合物（具有 3D、2D 和 1D 扩散通道）研究最多[41-43]。电荷转移动力学和 Mg 在固体中的扩散限制了插层化合物的性能。Mg

在插层化合物中的扩散与结构和化学性质密切相关，表现为：（1）位点间的连通性；（2）扩散通道/腔体和嵌层剂的尺寸；（3）插层剂与主体结构的相互作用强度。切弗里相表现出最佳的动力学是因为高度离域的电子有效屏蔽了 Mg^{2+} 的电荷，同时由于表面原子的催化作用，促进电荷转移。对于给定的结构，化合物的化学性质起着决定性的作用。以尖晶石化合物为例，实验和计算均表明，由于 Mg^{2+} 的迁移障碍较低因而硫化物具有较好的动力学性能，这是因为硫离子越大，扩散通道的尺寸越大，电负性越小，Mg^{2+} 与主体正离子晶格的相互作用越小。对于聚阴离子，由于镁化产物的热力学不稳定性和高 Mg^{2+} 迁移障碍，橄榄石磷酸盐的镁化被表面非晶化所阻碍。虽然一些橄榄石硅酸盐的报道实现了可逆 Mg^{2+} 的嵌入，但它需要更多的实验和理论研究来验证。由于具有良好的 Mg^{2+} 扩散动力学和较高的能量密度，橄榄石硅酸盐的潜在用途值得进一步研究。为了提高正极材料的动力学速率，可以采取以下措施：（1）选择具有大扩散通道的结构；（2）以软阴离子（S、Se）替代阴离子或加入单价阴离子（F、Cl 等），减少宿主与中间体的相互作用；（3）利用无机化合物中的混合过渡金属离子（Mo、V 等）增强 Mg^{2+} 嵌层带来的电荷再分配；（4）减小颗粒尺寸以降低 Mg^{2+} 迁移长度；（5）提高温度以提升 Mg^{2+} 的迁移率。此外，更好地理解正极－电解质界面上的电荷转移过程以获得更好的界面反应动力学是必要的。

当前，许多转换正极正在被研究，包括过渡金属氧化物（MnO_2 等）、硫化物和硒化物（CuS、Cu_2Se 等）、氯化物（AgCl 等）[44-46]。但是由于镁化产物的热力学不稳定，尽管在其结构中存在扩散通道，但初始嵌入后各种锰氧化物的表面发生非晶化反应。这种非晶膜阻止了 Mg^{2+} 的进一步嵌入，造成低容量和显著的不可逆性。层状氧化物会发生非晶化反应（V_2O_5、MoO_3 等），其他过渡金属氧化物是否也会发生这种情况有待进一步研究。硫化物（TiS_2、Ti_2S_4、TiS_3 等）和硒化物（$TiSe_2$、WSe_2 等）的层状和尖晶石结构会发生嵌层反应，而 Cu_2Se 没有 Mg^{2+} 扩散通道而表现出置换反应，由于铜离子的高迁移率，使得快速镁化动力学得以实现。这种优异的性能表明，置换反应是研究快速动力学转化正极材料的一个很有前途的方向。氯化物在镁化过程中发生固液两相反应，因为形成了能溶解在电解液中的 $MgCl_2$。在两相反应中，固相 Mg 扩散的发生会使动力学显著提高，但其代价是容量的快速衰减，这种超快的动力学允许氯化物适用于要求高倍率的特殊应用。

有机材料由于与 Mg^{2+} 之间的弱相互作用，有机分子显示出比无机化合物更快的动力学。但严重的溶解和低电导率限制了其性能，通过开发新型电解质、有机聚合物和提高结构稳定性来缓解。水共嵌层可以改善某些氧化物（α-V_2O_5）的镁化动力学。目前还有一些基本问题有待解决：嵌入质子的数量；水合 Mg^{2+} 是否参与循环；共嵌层如何通过增加 Mg^{2+} 迁移率或减少脱溶能来改善动力学。

上述这些都是未来可充镁离子电池正极材料发展急需解决的核心问题。

由于 Mg^{2+} 在固态电解质中扩散缓慢对可充电镁离子电池性能有很大的影响，导致正极容量的损失。未来有效的发展策略之一是构建镁基混合电池。例如，通过在镁离子电解液中引入 Li^+，将镁金属负极与成熟的锂离子电池正极材料结合来构造镁锂混合电池来规避 Mg^{2+} 的嵌入，从而全面提升电池性能。混合电池在放电期间同时结合了大容量/高压锂电池正极、快速 Li^+ 嵌层、高容量/无枝晶镁负极，是一种极具商业价值的电化学储能体系[47]。在放电过程中，Li^+ 被嵌入正极材料中，镁从镁箔中溶解到电解液中，在充电过程中，Li^+ 从锂离子正极材料中被萃取出来，并将镁沉积在镁箔上。需要指出的是，与镁锂混合电池反应机理类似的混合 Mg^{2+}/Na^+ 和 Mg^{2+}/K^+ 离子电池也有所报道，并取得了一定的进展。与纯镁体系相比，它们的电化学性能都显著提高，这主要归因于单价离子的加入。为了从原子和宏观层面揭示杂化体系电化学性质的起源，进行了理论和实验研究。尽管在混合系统中嵌入 Li 元素可以显著增强动力学，但这一概念的存在具有一定的局限性。在传统的可充电电池中，电解液仅仅作为一个离子导体，所以它的重量并不影响整个电池的整体能量密度。而在杂化体系中，电解质也可作为离子储存器，储存嵌入正极所需要的 Li^+。因此，在评价混合动力系统的能量密度时，有必要考虑电解液的量来进行比较。尽管现有文献使用不同的电解质和插层化合物对混合系统进行了大量的研究，然而，需要彻底研究电解液质量的影响，来证明混合电池这一概念的实际的潜力。此外，还需要研究单价阳离子嵌入对 Mg 扩散行为的影响，这是以前从未研究过的。总之，关于混合系统，已经被证明原型电池与不同的嵌层化合物可以可逆地工作。关于镁基混合系统，进一步的研究需要认真思考电解液的量是如何影响系统的能量密度，因为电解液需要储存足够的离子才能使混合系统工作。此外，Li 的嵌入对 Mg 扩散的影响也需要阐明。考虑到有限的能量密度，混合动力系统可能是一个很好的选择，在某些应用中，安全、快速放电和充电是优先考虑的。

Mg/O_2、Mg/S 可以提供高的理论容量和能量密度，也是镁基电池未来的选择之一。Mg/O_2 电池体系由于惰性放电产物（MgO）的存在，会产生高过电位和不可逆性。引入一些氧化还原介质催化 MgO 的分解，能够提高 Mg/O_2 的可逆性，但与镁金属负极的反应机理仍需要认真研究。提高可逆性的方法包括提高氧气压力、降低操作温度和开发更高氧溶解度电解质。在 Mg/S 体系方面，电解液的研制取得了重大进展，并对反应机理有了基本的认识，其中反应机理为长链多硫化物生成和链缩短为 MgS_2 的三级反应，并揭示了镁的形成过程，对各阶段的动力学和热力学进行了详细研究。然而，低硫负载和短循环稳定性仍然是将这种有前途的化学物质转化为可用技术的主要挑战。为了解决这些问题，可以从 Li/S 体系中吸取经验，包括使用添加剂、高浓度电解质、定制隔板和特殊的集流器（化学或物理吸附)。

与锂离子电池的成功相比，可充电镁电池仍处于起步阶段。尽管还存在一些挑战，但在过去的十年中，许多正极材料的反应机理和动力学局限性的理解取得了重大进展，为今后的研究提供了宝贵的见解和指南。幸运的是，新的结构和广阔化学空间仍未被探索，这为具有更好的动力学和更高的能量密度的正极提供了可能性。作者希望本书能吸引更多的科研工作者积极投身高性能镁离子电池研发工作中，早日促进安全、高能镁离子电池的商业化进展。

参 考 文 献

[1] YU Z, TETARD L, ZHAI L, et al. Supercapacitor electrode materials: nanostructures from 0 to 3 dimensions [J]. Energy Environ., 2015, 8: 702-730.

[2] ERICKSON E M, MARKEVICH E, SALITRA G, et al. Review-development of advanced rechargeable batteries: A continuous challenge in the choice of suitable electrolyte solutions [J]. Electrochem. Soc., 2015, 162: 2424-2438.

[3] DU M, LI Q, ZHAO Y, et al. A review of electrochemical energy storage behaviors based on pristine metal-organic frameworks and their composites [J]. Coordin. Chem. Rev., 2020, 416: 213341.

[4] WANG K B, XUN Q, ZHANG Q. Recent progress in metal-organic frameworks as active materials for supercapacitors [J]. Energy Chem., 2020, 2: 100025.

[5] HE P, CHEN Q, YAN M Y, et al. Building better zinc-ion batteries: A materials perspective [J]. Energy Chem., 2019, 1: 100022.

[6] LI X, YANG X, XUE H, et al. Metal-organic frameworks as a platform for clean energy applications [J]. Energy Chem., 2020, 2: 100027.

[7] MULDOON J, BUCUR C B, GREGORY T. Quest for nonaqueous multivalent secondary batteries: Magnesium and beyond [J]. Chem. Rev., 2014, 114: 11683-11720.

[8] ZENG J, CAO Z L, YANG Y, et al. Magnesiophilic graphitic carbon nanosubstrate for highly efficient and fast-rechargeable Mg metal batteries [J]. ACS Applied Materials & Interfaces, 2019, 11(42): 38754-38761.

[9] SHAN Y Y, LI Y, PANG H. Applications of tin sulfide-based materials in lithium-ion batteries and sodium-ion batteries [J]. Adv. Funct. Mater., 2020, 30: 2001298.

[10] ZHANG Y, LIU J, LI S L, et al. Polyoxometalate-based materials for sustainable and clean energy conversion and storage [J]. Energy Chem., 2019, 1: 100021.

[11] ZHAO-KARGER Z R, ZHAO X Y, FUHR O, et al. Bisamide based non-nucleophilic electrolytes for rechargeable magnesium batteries [J]. RSC Adv., 2013, 3: 16330-16335.

[12] ATTIAS R, SALAMA M, HIRSCH B, et al. Anion effects on cathode electrochemical activity in rechargeable magnesium batteries: A case study of V_2O_5 [J]. ACS Energy Lett., 2019, 4: 209-214.

[13] MULDOON J, BUCUR C B, OLIVER A G, et al. Electrolyte roadblocks to a magnesium

rechargeable battery [J]. Energy Environ. Sci., 2012, 5: 5941.

[14] ZHANG W L, ZHANG F, MING F W, et al. Sodium-ion battery anodes: Status and future trends [J]. Energy Chem., 2019, 1: 100012.

[15] ZHENG S S, LI Q, XUE H G, et al. A highly alkaline-stable metal oxide@metal-organic framework composite for high-performance electrochemical energy storage [J]. Natl. Sci. Rev., 2020, 7: 305-314.

[16] WANG Y R, LIU Z T, WANG C X, et al. Highly branched VS_4 nanodendrites with 1D atomic-chain structure as a promising cathode material for long-cycling magnesium batteries [J]. Adv. Mater., 2018, 30: 1802563.

[17] XUE X L, CHEN R P, YAN C Z, et al. One-step synthesis of 2-ethylhexylamine pillared vanadium disulfide nanoflowers with ultralarge interlayer spacing for high-performance magnesium storage [J]. Adv. Energy Mater., 2019, 9: 1900145.

[18] HAO J N, LI X L, SONG X H, et al. Recent progress and perspectives on dual-ion batteries [J]. Energy Chem., 2019, 1: 100004.

[19] TATAIANA B, ELSA R, ARISTEA E M, et al. Dynamics of the coordination complexes in a solid-state Mg electrolyte [J]. Phys. Chem. Lett., 2018, 9: 6450-6455.

[20] NOVAK P, SCHEIFELE W, HAAS O. Magnesium insertion batteries-an alternative to lithium [J]. Power Sources, 1995, 54: 479-482.

[21] REN W, WU D, NULI Y N, et al. A chlorine-free electrolyte based on non-nucleophilic magnesium bis (diisopropyl) amide and ionic liquid for rechargeable magnesium batteries [J]. ACS Applied Materials Interfaces, 2021, 13(28): 32957-32967.

[22] SAHA P, DATTA M K, VELIKOKHATNYI O I, et al. Rechargeable magnesium battery: Current status and key challenges for the future [J]. Prog. Mater. Sci., 2014, 66: 1-86.

[23] FENG Z, NULI Y, WANG J, et al. Study of key factors: Influencing electrochemical reversibility of magnesium deposition and dissolution [J]. Electrochem. Society, 2006, 153: 689-693.

[24] WANG Y R, LIU Z T, WANG C X, et al. π-conjugated polyimide-based organic cathodes with extremely-long cycling life for rechargeable magnesium batteries [J]. Energy Storage Mater., 2020, 20: 494-502.

[25] WANG Y R, XUE X L, LIU P Y, et al. Atomic substitution enabled synthesis of vacancy-rich two-dimensional black TiO_{2-x} nanoflakes for high-performance rechargeable magnesium batteries [J]. ACS Nano, 2018, 12: 12492-12502.

[26] TUTUSAUS O, MOHTADI R. Paving the way towards highly stable and practical electrolytes for rechargeable magnesium batteries [J]. Chem. Electro. Chem., 2015, 2: 51-57.

[27] KIM D Y, LIM Y, ROY B, et al. Operating mechanisms of electrolytes in magnesium ion batteries: Chemical equilibrium, magnesium deposition, and electrolyte oxidation [J]. Physical Chemistry Chemical Physics, 2014, 16: 25789-25798.

[28] MULDOON J, BUCUR C B, OLIVER A G, et al. Corrosion of magnesium electrolytes: Chlorides-the culprit [J]. Energy Environ. Sci., 2013, 6: 482-487.

[29] REN W, WU D, NULI Y N, et al. $NaV_{1.25}Ti_{0.75}O_4$: A potential post-spinel cathode material for Mg batteries [J]. Chemistry of Materials, 2018, 30(1): 121-128.

[30] HE X J, WANG R C, YIN H M, et al. 1T-MoS_2 monolayer as a promising anode material for (Li/Na/Mg)-ion batteries [J]. Applied Surface Science, 2022, 584: 152537.

[31] LING C, BANERJEE D, MATSUI M. Study of the electrochemical deposition of Mg in the atomic level: Why it prefers the non-dendritic morphology [J]. Electrochimica Acta, 2012, 76: 270-274.

[32] WANG Y R, WANG C X, YI X, et al. Hybrid Mg/Li-ion batteries enabled by Mg^{2+}/Li^+ co-intercalation in VS_4 nanodendrites [J]. Energy Storage Mater., 2019, 23: 741-748.

[33] HE X J, WANG R C, YIN H M, et al. Colloidal bismuth nanocrystals as a model anode material for rechargeable Mg-ion batteries: Atomistic and mesoscale insights [J]. ACS Nano, 2018, 12(8): 8297-8307.

[34] VENKATA NARAYANAN N S, ASHOK RAJ B V, SAMPATH S. Magnesium ion conducting, room temperature molten electrolytes [J]. Electrochem. Commun., 2009, 11: 2027-2031.

[35] ZHOU Z F, DU A B, KONG W J, et al. High area-capacity Mg batteries enabled by sulfur/copper integrated cathode design [J]. Journal of Energy Chemistry, 2022, 72: 370-378.

[36] SUTTO T E, DUNCAN T T. Electrochemical and structural characterization of Mg ion intercalation into RuO_2 using an ionic liquid electrolyte [J]. Electrochimica Acta, 2012, 79: 170-174.

[37] WANG P, NULI Y, YANG J, et al. Mixed ionic liquids as electrolyte for reversible deposition and dissolution of magnesium [J]. Surf. Coat. Tech., 2006, 201: 3783-3787.

[38] SAKAMOTO S, IMAMOTO T, YAMAGUCHI K. Constitution of grignard reagent RMgCl in tetrahydrofuran [J]. Org. Lett., 2001, 3: 1793-1795.

[39] GREGORY T D, HOFFMAN R J, WINTERTON R C. Development of an ambient secondary magnesium battery [J]. Electrochem. Soc., 1990, 137: 775-780.

[40] ZHOU Z F, DU A B, KONG W J, et al. High energy density hybrid Mg^{2+}/Li^+ battery with superior ultra-low temperature performance [J]. Journal of Materials Chemistry A, 2016, 4: 2277-2285.

[41] ZHAO-KARGER Z, BARDAJI M E G, FUHR O, et al. A new class of non-corrosive, highly efficient electrolytes for rechargeable magnesium batteries [J]. J. Materials Chem. A, 2017, 5: 10815-10820.

[42] SHEN Y, WANG Y, MIAO Y, et al. High-energy interlayer-expanded copper sulfide cathode material in non-corrosive electrolyte for rechargeable magnesium batteries [J]. Adv. Mater., 2020, 32: 1905524-1905532.

[43] TASHIRPO Y, TANIGUCHI K, MIYASAKA H. Copper selenide as a new cathode material based on displacement reaction for rechargeable magnesium batteries [J]. Electrochim. Acta, 2016, 210: 655-661.

[44] YUAN H, WANG N, NULI Y, et al. Hybrid Mg^{2+}/Li^+ batteries with Cu_2Se cathode based on displacement reaction [J]. Electrochim. Acta, 2018, 261: 503-512.

[45] YANG S, JI F, WANG Z, et al. Microwave-assisted synthesis of CuSe nano-particles as a high-performance cathode for rechargeable magnesium batteries [J]. Electrochim. Acta, 2019, 324: 134864-134870.

[46] TASHIRO Y, TANIGUCHI K, MIYASAKA H. The effect of anion-sublattice structure on the displacement reaction in copper sulfide cathodes of rechargeable magnesium batteries [J]. Chem. Lett., 2017, 46: 1240-1242.

[47] CHEN D, ZHANG Y, LI X, et al. Nanosheets assembling hierarchical starfish-like $Cu_{2-x}Se$ as advanced cathode for rechargeable Mg batteries [J]. Chem. Eng. J., 2019, 384: 123235-123243.